# 目标跟踪中的群智能优化方法

张焕龙　著

電子工業出版社
Publishing House of Electronics Industry
北京 • BEIJING

## 内容简介

全书内容分为9章，系统地介绍了群智能优化方法的发展及其在目标跟踪中的应用，包括基于标准群智能优化算法的目标跟踪（第3～4章）、基于改进群智能优化算法的目标跟踪（第5～6章）、基于混合群智能优化算法的目标跟踪（第7～8章）及基于群优化算法的目标跟踪方法的比较分析（第9章）。第1章为绪论；第2章介绍了优化算法与目标跟踪的关系；第3章介绍了基于SCA算法的目标跟踪方法；第4章介绍了基于飞蛾-火焰算法的目标跟踪方法；第5章讨论了基于改进布谷鸟搜索算法的目标跟踪方法；第6章给出了基于改进蚱蜢优化算法的目标跟踪方法；第7章给出了基于改进蚁狮优化算法的目标跟踪方法；第8章给出了基于混合AWOA-DE算法的目标跟踪方法；第9章给出了基于群优化算法的目标跟踪方法的比较分析。

本书对于在计算机科学、自动化、应用数学、人工智能、智能控制系统、通信工程领域从事相关研究的科技工作者和工程技术人员有较高的研究和参考价值，也可作为计算机科学、控制科学与工程、应用数学等相关专业的本科生和研究生的教材及教师的教学参考书。



**图书在版编目（CIP）数据**

目标跟踪中的群智能优化方法/张焕龙著. —北京：电子工业出版社，2020.4
ISBN 978-7-121-37470-8

Ⅰ. ①目… Ⅱ. ①张… Ⅲ. ①最优化算法－应用－目标跟踪 Ⅳ. ①O242.23②TN953

中国版本图书馆CIP数据核字（2019）第209172号

责任编辑：朱雨萌　　文字编辑：苏颖杰
印　　刷：北京盛通商印快线网络科技有限公司
装　　订：北京盛通商印快线网络科技有限公司
出版发行：电子工业出版社
　　　　　北京市海淀区万寿路173信箱　　邮编：100036
开　　本：720×1 000　1/16　印张：12　字数：276千字　彩插：18
版　　次：2020年4月第1版
印　　次：2022年4月第3次印刷
定　　价：68.00元

凡所购买电子工业出版社图书有缺损问题，请向购买书店调换。若书店售缺，请与本社发行部联系，联系及邮购电话：（010）88254888，88258888。

质量投诉请发邮件至zlts@phei.com.cn，盗版侵权举报请发邮件至dbqq@phei.com.cn。

本书咨询联系方式：（010）88254750。

# 前　　言

随着计算机硬件和人工智能理论的飞速发展，机器视觉的应用领域越来越广，人工智能和机器视觉应用领域的企业数量也快速增长，作为机器视觉热点研究方向之一的目标跟踪技术获得了空前绝后的发展机遇，在智能安防监控、交通流预测、人机交互和医学辅助诊断等领域发出耀眼的光芒。实际应用场景中存在跟踪环境复杂、相似目标干扰和目标遮挡等外在因素，也存在目标自身运行模糊、有形变和尺寸不稳定等内在因素，因此实现目标持续性跟踪具有很大的困难。目标跟踪技术融合了计算机科学与技术、控制科学与工程、信息与通信工程与数学等多学科知识，是涉及内容多、挑战性强、交叉性强、更新速度快且极具前瞻性的研究课题。

目标跟踪是在给定目标的条件下，对视频序列中的兴趣区域进行连续识别与定位的过程，主要包含目标定位、外观模型、运动模型和观测模型等几部分。为了提高目标跟踪方法的泛化能力和健壮性，子空间学习、流形学习、度量空间学习、稀疏学习、多任务学习和深度学习等机器学习策略不断地被引入目标跟踪研究，大大加快了其发展速度。依据不同的分类，目标跟踪技术可以分为：①产生式和判别式跟踪；②短期和长期跟踪；③单目标和多目标跟踪；④自底向上式和自顶向下式跟踪；⑤随机采样式和概率模型式跟踪；⑥基于相关滤波和基于非相关滤波跟踪等多种形式。而不同的形式又具有不同的研究方法，丰富的研究内容和技术难点使得目标跟踪技术具有很大的研究潜力和很高的研究价值。

群智能优化算法（以下简称“群优化算法”）是一种在目标函数解空间中获得最优解的动态迭代优化过程，涉及数据挖掘、人工智能和仿生学等领域的思想和理念，研究内容包含能量函数、迭代策略、步长设计、开发和探索等几个方面。目标跟踪也可以视为在观测模型度量下目标模型和候选目标集合动态匹配以获得最佳候选目标的过程，它使目标跟踪任务转换为优化求解任务具有可行性。因此，分析目标跟踪与群优化算法的关系，解读群优化算法在目标跟踪技术中应用的适应性意义重大，能够促进目标跟踪技术的进一步深入发展。

本书是作者近几年来将群优化算法应用于目标跟踪研究领域成果的积累，主要针对跟踪过程中出现的低帧率、大位移、镜头切换和运动突变等现象，从优化的视角解决跟踪任务，以实现算法的健壮性。全书内容分为 9 章，系统地介绍了群优化算法的发展及其在目标跟踪中的应用。

本书的特色主要包括：①目前虽有研究目标跟踪的相关文献，但讨论的多是基于外观模型的分析方法，而本书将局部搜索方法、全局搜索方法与步长变化函数有机结合，提出了新的目标跟踪方法，解决了突变运动目标和低帧率视频目标的跟踪问题。②对特定运动状态下的目标跟踪问题，以随机产生、轮盘赌、大步长加小步长等方式避免了局部最优问题，结合概率分布、统计法、仿生学等的相关理论，设计了不同的搜索策略，以覆盖目标运动状态空间，实施特定情况下的目标跟踪。这种方法能够针对跟踪过程中的具体问题设计群优化策略，获得全局最优解，很好地保障了目标跟踪的持续能力。③本书包含许多国内外专家的重要思想及成果，但主要内容是作者近几年来的研究成果（部分研究成果公开发表在国内外重要刊物上，得到了同行专家的认可），研究内容能够给研究目标跟踪的学者提供借鉴和启发，同时也能给从事相关研究的研究生提供参考。

本书对于在计算机科学、自动化、应用数学、人工智能、智能控制系统、通信工程领域从事相关研究的科技工作者和工程技术人员有较高的研究和参考价值，也可作为计算机科学、控制科学与工程、应用数学等相关专业的本科生和研究生的教材及教师的教学参考书。

在本书的编写和出版过程中，中央民族大学杨国胜教授，上海交通大学胡士强教授，郑州轻工业大学王延峰和张建伟教授、张杰讲师及研究生张秀娇、高增、陈键、聂国豪和程利云等人提供了很多帮助，并提出了许多宝贵意见和建议，在此表示衷心的感谢！最后，谨以此书献给所有关心、支持和帮助过本书出版的朋友和同人。

本书的研究得到国家自然科学基金面上项目（61873246、61672471）、国家自然科学基金-河南联合基金重点项目（U1804262），国家自然科学基金青年项目（61603347、61702464、61703373）、河南省高校科技创新团队项目（19IRTSTHN013）及郑州轻工业大学重点学科建设资助项目的资助，在此表示感谢!

鉴于作者的水平有限，书中难免有疏漏与不妥之处，热忱欢迎广大读者批评指正。

郑州轻工业大学　张焕龙

2020 年 2 月

# 目　录

# 第1章　绪　论

## 1.1　研究背景和意义

基于视觉的目标跟踪[1]技术作为计算机视觉领域的重要分支，一直都备受关注。目标跟踪需要完成的任务是在第一个视频序列帧中标记出目标位置后，通过计算机对后续的连续视频序列帧进行分析和处理，精确地计算出目标在每一帧中的位置信息，为后期的目标运动轨道、速度等信息的获取做准备，涉及计算机、数学等学科。在现阶段，设计一个可以在任意场景下对任意指定目标进行跟踪的实时跟踪算法是跟踪领域的热点。

目标跟踪技术从一开始仅在军事领域应用，到现在与人们的日常生活息息相关，对人们的生活有着重要的影响。目标跟踪技术通常应用在如以下几个方面。

（1）军事领域[2]

导弹通过光电系统对目标进行识别跟踪，在飞行的过程中根据跟踪到的位置信息不断调整方向和速度，这期间对跟踪算法的实时性、健壮性、准确性都有非常高的要求。无人侦察机、战斗机器人等武器装备均离不开跟踪算法的支持。

（2）智能视频监控[3-4]

视频监控系统是一种对安全部门、私人住宅、公共场合等特定区域的目标行为进行实时监控和检查的自动测量系统。智能监控可以跟踪运动目标，通过获取目标的运动轨迹判断目标的状态是否异常，使监控人员从枯燥无味的工作中解放出来。例如，在医院的护理监护中，可以通过大量数据得到患者在通常情况下的运动状态；在银行、居民小区等地方，可以通过跟踪识别技术判断是否有异常的现象，以避免危险的出现。

（3）人机交互[5]

当前，人机交互在生活中应用较多的是体感游戏。机器通过跟踪人的肢体位置变化计算出人的动作姿态参数，游戏中对应的虚拟人物会根据这些参数识别出动作姿态并产生相应的动作。由微软公司开发的体感游戏机 Xbox 360，使人可以和游戏机内的虚拟人物进行互动，使人在室内进行某些室外运动成为可能。

（4）医学诊断[6]

在进行病情诊断时，医生经常会使用超声波和核磁共振设备对患者进行检查，但这两种技术的成像通常含有较多的噪声，对单张图像的观察会影响对器官状态的分析。如果使用目标跟踪算法对序列图像进行分析，则可以获得器官的更多状态信息，从而提高诊断的准确率。

（5）智能交通系统[7]

目标检测和目标跟踪在现代智能交通系统中得到了广泛应用。目标检测应用于监控视频或在监视器中定位车辆；目标跟踪应用于对被检测车辆的跟踪，可以计算出车辆的流量、状态和异常行为等。将实时计算机视觉系统用于车辆跟踪和交通监控是非常有效的。

## 1.2 国内外目标跟踪研究现状

### 1.2.1 国内外目标跟踪方法综述文献概况

目标跟踪技术之所以在近些年发展迅猛，在国际上得益于计算机视觉领域召开的三大学术会议，即 IEEE Conference on Computer Vision and Pattern Recognition（CVPR）、International Conference on Computer Vision（ICCV）和 European Conference on Computer Vision（ECCV）；在国内得益于 2002—2012 年召开的智能视觉监控学术会议、2007—2017 年召开的全国模式识别学术会议（Chinese Conference on Pattern Recognition，CCPR）、2011—2019 年召开的视觉与学习青年学者研讨会（Visual and Learning Seminar，VALSE），以及从 2018 年开始召开的中国模式识别与计算机视觉大会（Chinese Conference on Pattern Recognition and Computer Vision，PRCV）等。相关学术成果的及时报道和交流促进了目标跟踪技术的深入发展。众多研究者对该领域的研究情况进行了归纳与总结（见表 1.1）。文献[14,16,17]较全面地总结了目标跟踪的应用领域、研究内容和研究分类，文献[9,10,21]从目标外观建模角度对跟踪效果的不同贡献进行了分析和总结，文献[8,13]对多种跟踪器在不同数据库中的表现进行了分析和总结，文献[15,18]对视觉注意机制、稀疏编码和深度学习等先进理论在目标跟踪中的应用进展进行了总结，文献[20]对弱目标跟踪技术进行了综述。这些研究成果有效地推动和促进了目标跟踪技术的发展。文献[1,16]对深度学习在目标跟踪中的研究成果进行了分类，给出了深度学习在目标跟踪技术中应注意的问题；文献[24]综述了传统手工特征和深度特征在目标跟踪中的区别和优势，为目标外观表示指明了研究方向。

表 1.1 目标跟踪技术相关综述

| 文献编号 | 研究内容 | 主题 | 发表年份 |
|---|---|---|---|
| [1] | 目标跟踪算法综述 | 深度及相关滤波跟踪应用 | 2018 |
| [8] | 对 9 类视频数据进行分类研究 | 视频数据库 | 2016 |
| [9] | 外观模型跟踪综述，从特征描述、外观建模类型角度进行总结 | 特征描述和外观建模 | 2013 |
| [10] | 颜色特征在目标跟踪中的应用综述 | 颜色特征的外观建模 | 2015 |
| [11] | 对外观模型进行分类，从产生式、判别式和混合式三方面进行综述 | 外观建模的学习策略 | 2014 |
| [12] | 19 个跟踪器和 315 个视频比较算法的性能 | 视频数据库及算法比较 | 2014 |
| [13] | 31 个算法和 100 个视频比较算法的性能 | 视频数据库及算法性能比较 | 2015 |
| [14] | 特征描述，运动模型，点、核及轮廓三类跟踪方法的总结 | 跟踪算法 | 2006 |
| [15] | 稀疏理论在目标跟踪中的表现；20 个测试视频 | 稀疏表示的外观建模 | 2013 |
| [16] | 深度学习在跟踪中的表现 | 外观建模的学习策略 | 2016 |
| [17] | 目标跟踪应用领域总结 | 目标跟踪 | 2006 |
| [18] | 视觉注意机制在目标跟踪领域的总结 | 视觉注意 | 2014 |
| [19] | 增强现实技术在目标跟踪应用中的总结 | 增强现实 | 2013 |
| [20] | 弱目标跟踪技术综述 | 弱目标 | 2014 |
| [21] | 特征描述和外观建模三类方式的总结 | 特征描述和外观建模 | 2015 |
| [22] | 目标检测和跟踪 | 目标检测和跟踪 | 2016 |
| [23] | 运动目标跟踪 | 跟踪方法分析 | 2017 |
| [24] | 手工和深度跟踪方法和趋势综述 | 手工和深度特征应用 | 2018 |

### 1.2.2 国内外目标跟踪测试数据库概述

目标跟踪技术在过去的 20 多年内获得了飞速的发展，这与不断出现的目标跟踪测试数据库关系紧密。这些测试数据库包含遮挡、光线变化、尺度变化、运动模糊等挑战性因素，以及针对无人机跟踪目标产生的高速运动测试数据和长时间目标跟踪测试数据库等。数量从早期的 50 个到当前的 366 个，从几秒的短视频到几分钟的长视频，目标跟踪数据库越来越精细，同时也越来越具有挑战性，为不同跟踪算法进行测试提供了便利，也使所有研究者的成果有了一个公平的比较平台，极大地促进了目标跟踪技术的发展。具有代表性的数据库信息见表 1.2。

表 1.2 目标跟踪具有代表性的数据库信息

| 文献编号 | 数据集 | 数量 | 发布网址 | 发表年份 |
|---|---|---|---|---|
| [25] | OTB2013 | 50 | http://cvlab.hanyang.ac.kr/tracker_benchmark | 2013 |
| [26] | PTB | 100 | http://tracking.cs.princeton.edu/index.html | 2013 |

（续表）

| 文献编号 | 数据集 | 数量 | 发 布 网 址 | 发表年份 |
|---|---|---|---|---|
| [27] | ALOV300+ | 314 | http://imagelab.ing.unimore.it/dsm | 2014 |
| [28] | OTB-100 | 100 | http://cvlab.hanyang.ac.kr/tracker_benchmark | 2015 |
| [29] | NUS-PRO | 365 | https://sites.google.com/site/li00annan/nus-pro | 2015 |
| [30] | TColor-128 | 128 | http://www.dabi.temple.edu/~hbling/data/TColor-128.html | 2015 |
| [31] | UAV123 | 123 | https://ivul.kaust.edu.sa/Pages/Dataset-UAV123.ASPX | 2016 |
| [32] | NFS | 240 | http://ci2cv.net/nfs/index.html | 2017 |
| [33] | VOT | 292 | http://www.votchallenge.net | 2013—2018 |
| [34] | OxUvA | 366 | https://oxuva.github.io/long-term-tracking-benchmark | 2018 |

### 1.2.3 国内外目标跟踪方法概述

随着计算机技术的不断发展，目标跟踪技术在人工智能、计算机视觉等领域越来越受到关注。在 2010 年之前，对于目标跟踪技术的研究基本都停留于一些经典的跟踪方法，如均值漂移（Mean Shif，MS）[35]、粒子滤波（Particle Filter，PF）[36-37]和卡尔曼滤波（Kalman Filter，KF）[38-39]、基于特征点匹配的光流[40]等方法。

在 2010 年左右，依据跟踪过程中外观模型的产生方式，目标跟踪的方法被分为生成式方法和判别式方法。生成式方法专注于搜索与被跟踪对象最相似的区域，包括基于模板的跟踪方法、基于子空间的跟踪方法、稀疏表示等。Adam 等人[41]提出基于片段的跟踪（Fragments-based Robust Tracking，FRT），将匹配目标边界框分割为块的集合，并与目标区域的相应块通过移动距离进行比较，找出得分最低的候选，实现了局部遮挡和姿态变化的处理。Oron 等人[42]提出局部无序跟踪（Locally Orderless Tracking，LOT），将目标状态分割为超像素，每个超像素都由质心和平均 HSV 值表示。每个候选的可能性来自它的超像素与目标之间的陆地移动距离（Earth Mover's Distance，EMD），新的目标状态是所有候选的概率的加权和。Ross 等人[43]提出增量式的目标跟踪（Incremental Visual Tracking，IVT），在目标强度值模板的基础上，采用增量主成分分析（Principal Component Analysis，PCA）方法计算目标的特征图像。样本的置信度是候选到目标特征子空间的强度特征集的距离，有效地解决了遮挡、形变等问题。Kwon 等人[44]提出基于二维仿射群（Tracking on the Affine Group，TAG）的几何跟踪方法，采用了 IVT 的外观模型，包括目标强度值的 PCA 增量。通过对主成分分析测量函数进行泰勒展开，得到几何定义的最优重要性函数，进一步提高了跟踪性能。Mei 等人[45]提出 L1 范数最小化（L1-minimization Tracker，L1T）跟踪算法，采用 L1 范数将过去的外观稀疏优化，使用目标附近采样的强度值作为稀疏表示的基础，单独的、非目标的强度值用作替代基准，通过粒子滤波抽取候选，形成稀疏基的线性组合，并使用 L1 最小化。接着，Mei 等人[46]提出了带有遮挡检测的 L1 跟踪器（L1 Tracker with Occlusion Detection，L1O）算法，采用 L1 进行稀疏优化，采用 L2 最小二乘优化来提高速度，并进一步考虑了遮挡的情况。

随着各种机器学习方法的不断发展，以及其在计算机视觉领域的不断应用，判别式跟踪方法越来越受到人们的喜爱。相比之下，判别的外观模型将目标跟踪作为一个二元分类问题，目标是最大限度地区分对象和非对象区域之间的可分性，且专注于发现目标跟踪的高信息量特征。基于支持向量机（Support Vector Machine，SVM）、多实例学习（Multi Instance Learning，MIL）、朴素贝叶斯及 boosting 类等的方法，都是目标跟踪领域比较典型的判别式跟踪方法。Avidan 等人[47]利用 SVM 离线训练分类器，并将其与光流相结合进行目标跟踪。Babenko 等人[48]在 MIL 框架中提出了跟踪问题，用于处理在线获取的模糊标记的积极和消极数据，以减少视觉漂移。Godec 等人[49]提出了一种基于广义 hough 变换的跟踪检测方法，将霍夫森林的概念扩展到网络领域，并将基于投票的检测与基于抓取的粗糙分割结合起来，以减少在线学习过程中训练样本的噪声，防止跟踪器漂移。Kalal 等人[50]提出了一种长期跟踪（Tracking Learing Dection，TLD）算法，TLD 跟踪器具有恢复能力，由 3 个基本单元组成，包括跟踪预测新的目标位置；目标在当前帧中的定位；通过学习不同的目标变化来校正检测器的误差。

2010 年，Bolme 等人[51]提出的最小输出误差平方和（Minimum Output Sum of Squared Error，MOSSE）相关滤波器第一次将相关滤波引入目标跟踪领域，开启了基于相关滤波跟踪算法的大门。MOSSE 采用灰度特征提取，以 669fps 的高速运行，在速度上遥遥领先于其他算法，但准确度一般。2012 年，Henriques 等人[52]在 MOSSE 算法的基础上，提出了 CSK（Circulant Structure of Tracking with Kernels）跟踪器，该算法利用目标外观的循环结构，采用核正则化最小二乘法进行训练，提升了相关滤波的跟踪性能，虽然速度只有 MOSSE 算法的一半，但是精度却提高了很多。从此，循环矩阵和核技巧在相关滤波的目标跟踪领域被各领域研究者追捧。2014 年，Henriques 等人[53]提出的 KCF（Kernelized Correlation Filters）跟踪器，使用高斯核函数进行跟踪，以区分目标对象及其周围环境，并使用多通道特征的处理，不但可以提取目标物体颜色特征，还可以对目标物体的方向梯度直方图特征[54]（Histogram of Oriented Gradient，HOG）进行建模，相比于 CSK，其效果显著提升，在 KCF 的基础上又发展了一系列方法。2014 年，Danelljan 等人[55]基于 MOSSE 算法提出判别尺度空间跟踪器（Discriminative Scale Space Tracker，

DSST)，实现了尺度变化的跟踪。DSST 采用了 33 种不同尺度，牺牲了一些运行时间，实现了较高精度的尺度估计。另外，2014 年，Li 等人[56]提出尺度自适应多特征（Scale Adaptive with Multiple Features Tracker，SAMF），在 KCF 的基础上将 CN（Color Names）特征和 HOG 特征串联，并且加入尺度估计，共有 7 种尺度变换，并对遮挡具有一定的抵抗能力。2015 年，Ma 等人[57]提出 LCT（Long-term Correlation Tracking），在 DSST 的基础上增加了置信度滤波器，借鉴了 TLD 中的随机蕨分类器，使用 PSR 来判断目标被遮挡情况，以实现长时间目标跟踪，提高了准确度，但速度却不容乐观。2015 年，Danelljan 等人[58]提出基于空间区域正则化的相关滤波器（Spatially Regularized Correlation Filter，SRDCF），是在 DCF 的基础上针对边界效应提出的解决方案，提出了空间正则化 DCF；在跟踪过程中，正则化分量削弱了背景信息，为位于目标区域之外的系数分配更高的值，以此抑制背景。2017 年，Mueller 等人[59]提出上下文感知相关滤波器跟踪（Context-Aware Correlation Filter Tracking，CACF）框架，将全局上下文信息集成到 SAMF 中作为基线跟踪器。Kiani 等人[60]利用背景补丁，提出了背景感知相关滤波器（Background Aware Correlation Filters，BACF）跟踪器。

自 2013 年以来，深度学习方法在目标跟踪领域的使用逐渐展开，很多新提出的算法在性能上超越了传统方法。Wang 等人[61]提出深度学习跟踪器（Deep Learning Tracker，DLT），第一次将深度学习运用于单目标跟踪，使用离线预训练结合在线微调的方法来解决目标跟踪中训练样本不足的问题，取得了较突出的效果。随着深度学习的发展，考虑到底层的特征不能完全实现对物体的表征，一个顺理成章的思路，即使用深度特征将相关滤波的低层特征替换掉出现了。2015 年，Danelljan 等人[62]在由相关滤波发展来的跟踪算法 SRDCF 的基础上，将原算法中的 HOG 特征替换为卷积神经网络（Convolutional Neural Networks，CNN）中单层卷积层的深度特征，跟踪效果有了很大的提升。而 Ma 等人[63]在 KCF 的基础上提出 HCF（Hierarchical Convolutional Features），使用 VGG 网络[64]的 3 个不同层的输出作为特征，使用双线性插值将深度特征调整为相同的大小，每个 CNN 特征都使用一个独立的自适应 CF，并计算响应图。为了减少单分辨率特征图的影响，2016 年，Danelljan 等人[65]提出了 C-COT（Continous Convalution Operators for Tracking），融合了不同分辨率的特征图，使用连续卷积取得了较好的跟踪效果，但其较复杂的计算使得跟踪速度只有 1 帧/秒，难以实现实时跟踪。2017 年，Danelljan 等人[66]改进了 C-COT 方法，提出了 ECO（Efficient Convolution Operators for Tracking），构造了一组更小的滤波器，以便使用矩阵分解来快速捕获目标表示，并使用高斯混合模型（Gaussian Mixed Model，GMM）来表示不同的目标外观；

ECO 相对于 C-COT 来说，其跟踪速度有很大的提高。2018 年，Li 等人[67]提出基于空域与时域正则化的相关滤波器（Spatial-Temporal Regularized Correlation Filters，STRCF）算法，在 SRDCF 中引入了时间正则化，并引入了时空正则化 CF，采用被动攻击学习方法对单图像 SRDCF 进行时间正则化，相比于 SRDCF，其准确率有显著提升。

随着大量人力物力的投入，大量可用的标注数据不断产生，基于深度学习的目标跟踪技术得到了快速发展，更多基于深度卷积神经网络的目标跟踪算法也不断被提出。2016 年，Bertinetto 等人[68]提出了基于深度学习的全卷积孪生网络（Fully-Convolutional Siamese，SiamFC），采用相似学习方法，将样本（目标）图像与相同大小的候选图像进行比较，解决了跟踪问题，如果两幅图像相同，则获得高分。SiamFC 利用卷积嵌入函数和相关层集成目标和搜索块的深度特征图，在响应图中以最大值估计目标位置。2017 年，Song 等人[69]提出的卷积残差学习（Convolutional RESidual Learning Scheme for Visual Tracking，CREST）算法首次使用残差网络进行目标跟踪，利用残差学习[70]适应目标外观，并在不同尺度上搜索补丁进行尺度估计。

## 1.3 群优化算法在目标跟踪中的应用

### 1.3.1 元启发式优化算法

跟踪算法的主要目的是找到目标模型和一组潜在解之间的最佳匹配，近似于在合理的运行时间内，在离散搜索空间中找到一个满意的解。目标跟踪的解决方法与元启发式优化算法的求解行为一致。元启发式优化算法可以看作一种近似求解算法，它为解决采用传统优化技术所无法解决的优化问题提供了技术保证。大多数元启发式优化算法的健壮性通常来自它的本质启发。

元启发式优化算法通过模仿生物或物理现象来解决优化问题，可以分为基于进化的方法、基于物理的方法和基于群体的方法。基于进化的方法受到自然进化规律的启发，搜索过程从随机产生的种群开始，进行几代种群的进化。这类方法的优点是，最优的个体总是结合在一起形成下一代个体，使得种群可以在几代进化的过程中得到优化。受进化论启发的最流行的技术是遗传算法（Genetic Algorithm，GA）[71]，它模拟了达尔文的进化论。其他流行的算法有基于概率的增量学习（Probability Based Incremental Learning，PBIL）[72]、遗传规划（Genetic Programming，GP）[73]和基于生物地理学的优化器（Biogeography-Based Optimizer，

BBO）[74]等。

基于物理的方法模拟了宇宙中的物理规则。最受欢迎的算法有模拟退火算法（SA）[75]、引力搜索算法（Gravitational Search Algorithm，GSA）[76]、人工化学反应优化算法（Artificial Chemical Reaction Optimization Algorithm，ACROA）[77]、射线优化算法（Ray Optimization，RO）[78]及曲线空间优化算法（Curved Space Optimization，CSO）[79]等。

基于群体的方法模仿动物群体社会行为的群居技术，即群优化算法。群优化算法中最为人熟知的是PSO算法。它是由Kennedy和Eberhart[80]开发的。PSO算法的灵感来自鸟类群体的社会行为。它使用大量粒子在搜索空间中寻找最佳解，同时在各粒子的路径中跟踪最佳位置。还有另一种比较常用的基于群体的算法是蚁群优化（Ant Colony Optimization，ACO）算法，由Dorigo等人[81]首先提出。该算法的灵感来自蚂蚁寻找离巢穴最近的路径和食物来源方面的行为。其他流行的群优化算法还有海豚回声定位（Dolphin Echolocation，DE）算法[82]、蜂群算法（Artificial Bee Colony，ABC）[83]、布谷鸟搜索（CS）算法[84]、蝙蝠算法（Bat-inspired Algorithm，BA）[85]、萤火虫算法（Firefly Algorithm，FA）[86]、蜻蜓算法（Dragonfly Algorithm，DA）[87]、蚁狮优化（ALO）算法[88]、鲸鱼优化算法（Whale Optimization Algorithm，WOA）[89]、樽海鞘群算法（Salp Swarm Algorithm，SSA）[90]、蝴蝶算法（Butterfly-inspired Algorithm）[91]等。

另外，也有其他受人类行为启发的元启发式优化算法，目前流行的有基于教学学习的优化（Teaching Learning Based Optimization，TLBO）算法[92]、禁忌搜索（Taboo Search，TS）算法[93]、群体搜索优化器（Group Search Optimizer，GSO）算法[94]、内部搜索算法（Interior Search Algorithm，ISA）[95]、团体咨询优化（Group Counseling Optimization，GCO）算法[96]等。

### 1.3.2 基于群优化算法的目标跟踪方法

由1.3.1节可知，模仿动物群体社会行为的群优化算法在元启发式优化算法中研究最多、发展最快，它们具有一个共同的特征，即搜索过程分为两个阶段：探索阶段和开发阶段。在探索阶段，移动（设计变量的扰动）应尽可能随机化；开发阶段可以定义为对搜索空间中有希望的区域进行详细调查的过程。种群中的每个个体都具有相对较低的智能因子，从而提高了其有效探索搜索空间的能力；群体中进行沟通和共享信息的能力会增强群体的整体智力，并带来更好的解决方案。因为具有较强的全局寻优能力，所以很多群优化算法已被应用于目标跟踪方法研究中，通过将跟踪问题转换为全局匹配获得最优解的处理方式，实现目标状态的跟踪。表 1.3 列出了部分群优化算法在目标跟踪中的应用。

**表 1.3　部分群优化算法在目标跟踪中的应用**

| 算法名称 | 贡　献 | 发表年份 |
|---|---|---|
| PSO | Zhang 等人[97]将时间连续性信息结合到 PSO 算法中，以在 PF 的框架内形成多层重要性采样，获得了良好的跟踪性能，尤其是当目标具有不确定运动或经历较大外观变化时 | 2008 |
| ACO | Lai 等人[98]将 ACO 算法的性能与边缘流技术相结合，使用轮廓检测器进行轮廓检测，实现了主动轮廓跟踪，并结合 ACO 算法在匹配步骤之前对边缘进行细化，提高了系统收敛的效率 | 2009 |
| PSO | Zhang 等人[99]提出了基于 PSO 算法的关节三维人体跟踪算法。基于该算法的跟踪器对噪声和人体遮挡具有较强的健壮性，能够缓解图像似然与真实模型不一致的问题 | 2010 |
| HS | Fourie 等人[100]设计了一种基于改进的和声搜索（IHS）算法的目标跟踪系统。目标被建模为一个颜色直方图，并使用 Bhattacharyya 系数作为适应度度量，以实现实时跟踪建模不良的目标 | 2010 |
| | Gao 等人[101]对基于和声搜索（HS）算法的跟踪系统进行了进一步的研究。对 IHS、全局最优 HS、自适应 HS、差分 HS 这 4 个显著改进的 HS 算法变体在多个具有挑战性的视频序列中的性能进行了测试和比较分析 | 2012 |
| BFO | Nguyen 等人[102]提出了一种改进的细菌觅食优化（Bacterial Foraging Optimization，BFO）算法，并设计了一种基于细菌觅食优化的目标跟踪系统 | 2012 |
| FA | Gao 等人[103]提出了一种基于 FA 算法的跟踪器。不考虑跟踪系统中分布的形状和噪声时，该跟踪器能够在具有挑战性的环境中实现潜在的跟踪 | 2013 |
| CS | Ljouad 等人[104]将改进的 CS 算法与 KF 算法的预测步骤相结合，提高了初始种群的质量，并对 Levy 飞行模型进行了修改，在算法接近期望解时重新调整步长 | 2014 |
| | Walia 等人[105]将改进布谷鸟搜索（ECS）算法嵌入 PF 框架中。ECS 算法利用莱维飞行算法在解中生成新的粒子，并通过丢弃部分粒子引入样本的随机性，克服了 PF 算法的样本贫乏问题，实现了较好的跟踪效果 | 2014 |
| | Gao 等人[106]提出了应用 CS 算法解决目标跟踪问题的方法。提取图像的颜色直方图作为特征描述，以 CS 算法为搜索策略，测量目标与候选之间的 Bhattacharyya 距离，构成一个跟踪框架，取得了较好的跟踪效果 | 2015 |
| BA | Gao 等人[107]提出了基于 BA 算法的跟踪器，给出了基于 BA 算法的跟踪架构，结果表明这是一种能力较强的跟踪器 | 2016 |
| FPA | Gao 等人[108]提出了基于花粉算法（Flower Pollination Algorithm，FPA）的跟踪器，用于解决跟踪问题 | 2016 |
| ACO | Wang 等人[109]提出了一种基于 ACO 算法的迭代粒子滤波器。用 ACO 算法的基本思想来模拟粒子向后验密度方向运动的行为，将 ACO 算法引入 PF 框架中以克服粒子贫化问题，取得了较好的跟踪效果 | 2017 |
| PSO | Misra 等人[110]提出了量子粒子群优化（Quantum Particle Swarm Optimization，QPSO）算法，对检测到的目标的优势点进行检测，搜索粒子的两个连续优势点之间的曲率连接，直到满足适应度准则。该算法可应用于可变背景及静态背景，使跟踪速度大大加快 | 2017 |

（续表）

| 算法名称 | 贡　献 | 发表年份 |
|---|---|---|
| ECS | Zhang 等人[111]提出了改进布谷鸟搜索（ECS）算法，将 ECS 算法引入 KCF 算法以获得可以同时跟踪平滑或突变运动的统一框架 | 2018 |
| MFO | Zhang 等人[112]提出基于飞蛾-火焰（Moth-Flame Optimization，MFO）算法的目标跟踪算法，取得了较好的跟踪效果，实现了多种问题的成功跟踪 | 2018 |

尽管各种基于群优化及其改进的跟踪方法不断被提出，但没有哪种方法能够适应所有的问题。因此，更多的方法被继续引入目标跟踪领域。本书提出基于群优化及其改进的跟踪方法解决目标跟踪中的突变运动问题。

### 1.3.3 基于混合群优化算法的目标跟踪方法

前文提及的算法在某些特定问题上表现较好，而在其他问题上则表现较差。到目前为止，如何针对优化问题设计一种新的启发式优化算法仍然是一个悬而未决的问题[113]。

群优化领域研究大致有 3 个重点方向：提出新的算法、改进现有算法和混合不同的算法。其中，第三个研究方向是通过杂交或混合不同的算法来改革已有的成果或解决不同的问题[114]。近年来，混合算法由于在处理许多具有不确定性、复杂性、不精确性和模糊性的现实问题方面效率较高，越来越受到欢迎。

针对高维优化问题，元启发式优化算法采用了不同的探索和利用策略。混合元启发式优化算法是解决高维问题的最新研究趋势，克服了一种算法搜索能力较差和另一种算法开发能力较差的缺点。在大量文献中均提及混合元启发式算法，如混合 Cat Swarm Optimization（CSO）[115]、Particle Swarm and Artificial Bee Colony（PS-ABC）[116]、Hybrid Spiral-Dynamic Bacteria-Chemotaxis（HSDBC）[117]、Genetic Algorithms and Cross Entropy（GACE）[118]、Cultural Algorithms Framework with Trajectory-Based Search[119]、Artificial Bee Colony Algorithm Based on Improved-Global-Best-Guided Approach and Adaptive-Limit[120]和 Gravitational Search Algorithm-Particle Swarm Optimization with Time Varying Acceleration Coefficients[121]等。目前，已有很多混合优化算法被应用于目标跟踪。Chen 等人[122]提出了一种基于欧几里得距离的混合量子 PSO（Hybrid Quantum PSO，HQPSO）算法。Nenavath 等人[123-125]提出了混合正余弦算法（Sine Cosine Algorithm，SCA）和基于教与学的优化（Teaching-Learning-Based Optimization，TLBO）算法、混合 SCA 与 PSO 算法和 SCA 与 DE 算法，并用于全局优化和目标跟踪。Zhang 等人[126]提出了一种基于模拟退火（Simulated Annealing，SA）算法的扩展核相关滤波器（Kernel Correlation Filter，KCF）跟踪器。Zhang 等人[127]提出了一种基于 KCF 的布谷鸟

搜索扩展的跟踪器。Xu 等人[128]提出了一种基于差分进化的跟踪框架。Gao 等人[129]提出了一种基于萤火虫算法的改进粒子滤波算法，应用于目标跟踪。Gao 等人[130]提出了一种新的元启发式优化算法——微分和谐搜索（DHS），可用于解决人脸跟踪问题。Gao 等人[131]提出了一种基于蝙蝠的粒子滤波算法。Hua 等人[132]提出了一种利用 SDAE 多级特征学习能力的目标跟踪算法。这些混合算法在一定程度上均使原始的优化算法在性能上有所提升，并且将其应用在目标跟踪领域使其跟踪精度或跟踪效率得到了很大的提高。

## 1.4　本书内容及安排

本书主要研究群优化方法在目标跟踪中的研究和应用，包括以下内容。

第 1 章为绪论，首先阐述了目标跟踪的一些应用领，包括军事、民用等方面；然后详细介绍了目标跟踪的国内外研究现状；接着对群优化方法在目标跟踪中的一些应用情况进行了描述；最后对本书主要研究内容进行了说明。

第 2 章介绍了优化算法与目标跟踪的关系，阐述了目标跟踪问题如何转换为求解最优化问题，对目标跟踪算法中常用的一些特征提取方法及相似度量函数的应用进行了概述，最后对优化算法和跟踪算法性能评价指标进行了简单的介绍。

第 3 章中，正余弦算法被引入目标跟踪框架，设计了一种基于 SCA 算法的跟踪系统，用来解决目标跟踪中的突变运动问题，并对该跟踪系统中参数的自适应和灵敏度进行了实验研究。

第 4 章中，飞蛾-火焰算法被引入跟踪框架，设计了一种基于 MFO 算法的跟踪系统，用来解决目标跟踪中的突变运动问题，并对该跟踪系统中参数的自适应和灵敏度进行了实验研究。

第 5 章针对布谷鸟搜索算法存在后期收敛速度慢的问题，将具有局部搜索能力的 SM 算法引入 CS 算法中，设计了一个基于改进 CS 算法的跟踪框架，改善了其跟踪性能。

第 6 章针对蚱蜢优化算法陷入局部最优的问题，将长期短距离和偶尔长距离游走的 Levy 飞行引入 GOA 算法中，设计了一个基于 Levy 飞行的改进的 GOA 算法，进一步加强和平衡了探索和开发阶段的性能，从而应用于改善跟踪精度和速度。

第 7 章针对蚁狮优化算法中单个精英易造成局部最优的问题，将精英库的概念引入 ALO 算法中形成拓展的 ALO（EALO）算法，改善了算法的探索能力，从而增强了全局搜索能力；然后利用 EALO 算法的全局搜索能力和 SCA 算法的局部搜索能力，设计了一个基于混合 EALO-SCA 算法的跟踪框架，并对跟踪算法采用定性和定量的实验分析，验证了跟踪算法的有效性。

第 8 章针对鲸鱼优化算法中采用线性自适应参数易造成算法难以跳出局部最优的问题，将五分之一的原则引入 WOA 算法中，形成了改进的 WOA（AWOA）算法，改善了算法的探索能力和开发性能；然后利用 DE 算法的混合能力及较快的收敛至全局最优的能力，设计了一个基于混合 AWOA-DE 算法的跟踪框架，采用 23 个基准函数对混合优化算法进行了性能评估，并对跟踪算法采用定性和定量的实验分析，验证了跟踪算法的有效性。

第 9 章对基于蚁狮优化算法的目标跟踪方法、基于改进布谷鸟搜索算法的目标跟踪方法、基于粒子群优化算法的目标跟踪方法的跟踪性能进行了实验，并将实验结果与基于 SA 算法的目标跟踪系统的跟踪结果进行比较，分析了它们在各种应用场景中的运行能力。

# 第 2 章　优化算法与目标跟踪

本章主要讨论优化问题与目标跟踪的关系，并介绍基于优化算法的目标跟踪方法的主要机制及跟踪效果的评估方法。

## 2.1　优化问题与目标跟踪

优化问题求解，就是在一些已规定的约束条件下，去寻找最好的匹配解，在大多数情况下，都是通过最大化或最小化一个既定的目标函数来实现的。将优化问题作为数学模型讨论，可定义为：

$$\begin{aligned}&\min \sigma = f(\boldsymbol{X})\\&\text{s.t.}\quad \boldsymbol{X} \in S = \{\boldsymbol{X} \big| g_j\left(\boldsymbol{X}\right) \leqslant 0 \quad j = 1,\cdots,m\}\end{aligned} \tag{2.1}$$

式中，$\sigma = f(\boldsymbol{X})$ 和 $g_j(\boldsymbol{X})$ 分别表示目标函数和约束函数；$S$ 表示约束区间；$\boldsymbol{X}$ 表示需要优化的变量 $\boldsymbol{X} = (x_1, x_2, \cdots, x_n)$，$n$ 表示维数。由于 $g_j(X) \geqslant 0$ 的约束可以转换为 $-g_j(\boldsymbol{X}) \leqslant 0$ 的约束，所以当 $-g_j(\boldsymbol{X}) \leqslant 0$ 时转换为最小化问题[$\min \sigma = -f(\boldsymbol{X})$]。

从本质上讲，在视频序列中跟踪目标或在每帧中定位目标时，当目标被以一定的特征形式描述后，目标跟踪就转化为在搜索空间中寻找最优匹配的过程，这可以通过最优化方式来解决。目标与候选目标之间的观测距离构成相似函数（适应度函数）。定位目标可以解释为最小化或最大化候选解决方案中的相似函数。在这方面，目标跟踪作为一个优化问题，可以使用优化技术来实现。

根据目标跟踪算法的搜索机制，可以将其分为确定性跟踪算法和随机性跟踪算法。目标在一定的特征空间中表示时，目标跟踪可以归结为搜索任务，并表示为优化问题。也就是说，跟踪结果通常是通过基于距离、相似性或分类测度的目标函数最小化或最大化来获得的。为了优化目标函数，可采用梯度下降或变分等微分算法对确定性方法进行求解。基于梯度下降的确定性方法通常是有效的，但往往存在局部极小问题。基于采样的方法可以避免局部极小问题，但代价是计算量较大。随机方法通常通过在贝叶斯公式中考虑多个帧的观测值来优化目标函数。

与基于采样的方法在每帧上独立运行相比，该方法具有较小的计算复杂度，能够避免局部极小问题，从而提高了确定性方法的健壮性。

## 2.2 特征提取

特征描述方法的选择在一定程度上决定了跟踪的成败。一般来说，视觉特征最理想的特性是具有唯一性，这样就可以很容易地在特征空间中区分对象。特征选择与对象表示密切相关。目前，特征可分为人工特征和深度学习特征。

常用的人工特征包括 SIFT（Scale-Invariant Feature Transform）特征[133]、SURF（Speeded Up Robust Features）特征[134]和 HOG 特征等。通常，基于 SIFT 特征表示直接利用对象区域内的 SIFT 特征来描述对象外观的结构信息。Zhou 等人[135]建立了基于 SIFT 特征的表示方法，并将该特征表示与均值漂移相结合，利用两者的相互支持机制实现了跟踪性能的一致性和稳定性。然而，该方法可能会受到背景杂波的影响，导致决策失败。Tang 等人[136]使用基于 SIFT 的属性构建关系图来表示对象。该图基于稳定的 SIFT 特征，但这种特征不太可能在复杂的情况下存在，如形状变形和光照变化。建立 SIFT 特征描述向量的计算量较大，为了减少计算，Bay 等人[134]提出了 SURF 点特征描述算法，它在重复性、独特性和健壮性方面与基于 SIFT 特征的方法相似，但计算速度要快得多。HOG 是在 2005 年 CVPR 会议上，法国国家计算机科学及自动控制研究所的 Dalal 等人[54]提出的一种解决人体目标检测的图像描述子，是一种对图像局部重叠区域的密集型区域的描述符。HOG 特征对光照变化等不敏感，性能很稳定，因此后来被广泛使用。KCF[53]使用了单元格大小为 4 的 HOG，在跟踪过程中，在新的帧中裁剪一个图像补丁，计算该补丁的 HOG 特征，并在傅里叶域中采用点乘的方式代替域中的卷积操作，得到响应图。Bertinetto 等人[137]提出 STAPLE（Sum of Template And Pixel-Wise LEarners）算法，将 HOG 特征和全局颜色直方图用于表示目标。在每个输入帧中都提取一个以之前估计位置为中心的搜索区域，并将其 HOG 特征与 CF 进行卷积，得到一个密集的模板响应。目标位置由模板和直方图响应得分作为线性组合估计，最终的估计位置由得分较多的模型确定。Abdechiri 等人[138]在 MIL（Multiple Instance Learning）中提出了混沌理论，利用最优维数的 HOG 特征和分布域（DF）特征进行目标表示。Zhao 等人[139]提出了 PF 框架下的 PSO 算法，以增加粒子的多样性，实现了基于 HOG 特征和颜色直方图特征向量的视频序列跟踪。

近年来，深度学习在目标跟踪领域得到越来越多的关注[16]。与人工特征相比，深层特征具有许多优点，具有更多的潜力来编码多层次的信息，并且对目标外观变化表现出更多的不变性。目前，已经有多种深层特征提取方法，如卷积神经网络（Convolutional Neural Networks，CNN）[140]、残差网络（Residual Networks，RN）[141]和自动编码器[142]等。

由深度神经网络提取的目标特征，是一种从简单到复杂、具有结构性的特征。底层的某些网络对图像的一小部分进行理解，随着网络逐渐加深，对特征的抽象层次越来越高、范围越来越大、内容也越来越丰富，最后提取出整个目标的特征，是一个由底层到高层的结构性抽象过程。在解决单目标跟踪问题时，深层次的卷积层会提取出更抽象的特征，包含更丰富的语义信息，它们区分不同种类物体的能力较强，而且对形变和遮挡问题的适应性强，但在区分同类物体的不同个体时，判别能力稍弱；浅层次的卷积层将会提供更具体的局部特征，它们区分同类物体的不同个体的能力更强，但对急剧的外观变化问题难以适应。因此，使用者可根据不同的情况进行特征层次选择。Ma 等人[143]利用将 CF 表示为 CF2 开发了层次化卷积特征，从 VGGNet 的 conv3-4 层、conv4-4 层和 conv5-4 层中提取层次卷积特征开发目标外观，使用双线性插值将深度特征调整为相同大小。Ma 等人[144]还提出了基于层次相关特征的跟踪器（Hierarchical Correlation Feature Based Tracker，HCFT），它是 CF2 的扩展，融合了对目标的再检测和尺度估计。Qi 等人[145]利用多层 CNN 特征，提出了 HDT（Hedged Deep Tracking）算法，使用 VGGNet 计算出图像的 6 个深度特征，用于 CF 计算响应映射。Bertinetto 等人[68]提出了 SiameseFC 网络，利用卷积嵌入函数和相关层来集成目标和搜索补丁的深度特征图。Chen 等人[146]利用浅层和深层特征计算搜索区域和目标之间的相似度图，提出了一种端到端的学习方法 YCNN。

## 2.3　相似函数

相似函数用于衡量目标与候选特征之间的相似性程度，以评估图像之间的相匹配程度。从某种程度上讲，相似性度量构成了图像之间是否匹配的评价尺度和标准，直接关系到跟踪算法的成败。相似性度量的形式取决于特征空间中的特征属性及其描述形式。例如，直线特征的相似性度量常取决于特征的固有属性（如位置、方向、长度等），而轮廓、闭合边缘等特征的相似性度量常依赖于特征的描述子（如周长、矩、形状直方图等）。

相似函数一般可以分为相似测度、距离测度两种。其中，相似测度是两个矢量方向（目标与候选样本）的相关性函数，相似值越大，表示目标与候选样本的相似度越高，则候选样本越有可能成为所搜索的目标。相关系数、指数相似系数等都是经常使用的相似测度。文献[111-112,126]中使用相关系数计算目标与候选样本之间的 HOG 特征的相似度，并使用相关系数构造目标函数，通过求解目标函数最大值实现了目标跟踪。Zhang 等人[147]提出利用退火 PSO 算法进行全局搜索以覆盖不确定运动状态空间，利用颜色时空特征表征目标外观，利用基于 bin-rato 的相似测度，最终实现了低帧率场景下有效的目标跟踪。

距离测度经常被用来测量点之间的距离，如巴氏距离（Bhattacharyya Distance）、Hausdorff 距离和欧氏距离等。Kailath 等人[148]将巴氏距离定义为一种统计度量，通过 Bhattacharyya 系数计算两个分布之间的相似性，该系数值表示两个样本之间的重叠。文献[103-108]中提取了图像的颜色特征，并采用巴氏距离测量两个图像颜色直方图之间的相似性。Gao 等人[149]提出了一种基于花粉算法的跟踪算法，利用个体在搜索空间中与目标最相似的候选样本完成目标跟踪。另外，Misra 等人[110]提出了 QPSO，将粒子到被跟踪的曲率的垂直距离作为代价函数，对每个粒子都计算这个与曲率垂直的距离，并根据这个距离判断是否继续进行迭代。

本章中提取目标和候选样本的 HOG 特征作为特征描述，使用相关系数作为两者的相关度测量标准，并依据相关系数定义了目标函数。目标函数定义为 $E=2+2\rho(u,v)$。其中，$\rho(u,v)$ 为相关系数，取值范围是[−1,1]。目标函数绝对值最大的候选样本即视为目标图像。

## 2.4 优化算法性能评估机制

为了验证优化算法的有效性，可使用 23 个基准函数（见附录 A）进行基准测试[88-89]。这 23 个基准函数可以分为 3 组：单峰函数（$F_1$～$F_7$）、固定维函数（$F_8$～$F_{13}$）和高维多模态基准函数（$F_{14}$～$F_{23}$）。

### 2.4.1 收敛精度分析

实验结果由若干统计参数，如上一代最佳解的平均值、标准差和最差值等组成。基于平均值、标准差和最差值的算法是在 30 次独立运行后进行比较而不是在每次运行中进行比较，通过这 3 个指标可以评价优化算法的收敛精度，即

$$x_{\text{mean}}=\frac{\sum_{i=1}^{n}x_i}{n} \tag{2.2}$$

其中，$x_{\text{mean}}$ 是运行结果的平均值；$n$ 是运行的次数。若想求标准差，则先求方差，然后开方得标准差，数学描述如下：

$$\sigma^2=\frac{\sum_{i=1}^{n}(x_i-x_{\text{mean}})^2}{n}=\frac{\sum_{i=1}^{n}x_i^2}{n}-x_{\text{mean}}^2 \tag{2.3}$$

$$x_{\text{std}}=\sqrt{\sigma^2} \tag{2.4}$$

式中，$\sigma^2$ 为方差；$x_{\text{std}}$ 为平均值。最差值 $x_{\text{worst}}$ 的描述如下：

$$x_{\text{worst}}=\max/\min(x_1,x_2,\cdots,x_n) \tag{2.5}$$

### 2.4.2　收敛效率分析

为了确定优化算法的收敛性，采用收敛速度这个指标进行评价。保存每代最佳解的适应度值并绘制成收敛曲线。通过收敛曲线观察优化算法的下降趋势，可以有力地证明优化算法逼近最优解的能力，也就是可以有效地评价优化算法的收敛速度。

## 2.5　目标跟踪性能评估机制

### 2.5.1　定性评估

定性评估主要是为了实现跟踪效果的直观分析，定性地给出不同时刻各对比算法的目标预测位置边界框效果图，并辅助定量数值指标进行跟踪性能评价，但是这种依靠肉眼的观察一般不能体现较小的差别，并带有主观性。

### 2.5.2　定量评估

#### 1．中心位置误差（Center Location Error）

中心位置误差定义为跟踪目标框的中心位置和真实位置之间的平均欧氏距离。计算公式为

$$\varepsilon_{\text{t}}=\sqrt{(x_{\text{G}}-x_{\text{T}})^2+(y_{\text{G}}-y_{\text{T}})^2} \tag{2.6}$$

式中，$(x_{\text{G}},y_{\text{G}})$、$(x_{\text{T}},y_{\text{T}})$ 分别表示跟踪目标框的中心位置与真实的中心位置。

#### 2．重叠率（Overlap Rate）

由于中心位置误差会影响目标的相对位置，因此对于目标图像的大小和形状无法给出一个清晰的精度估计。因此，跟踪结果与基准结果的重叠率被提出，以进一步评估算法的跟踪性能。

#### 3．成功率图（Success Rate）

成功率是指跟踪方法成功地跟踪目标的帧数与序列中总的帧数的比值。这个

值允许在整个序列中给出目标跟踪器的总体评估，在 1 和 0 之间变化，此处设置阈值为 0.5 进行评估。成功率定义为 $S=\dfrac{|R_{\mathrm{G}} \cap R_{\mathrm{T}}|}{|R_{\mathrm{G}} \cup R_{\mathrm{T}}|}$，其中，$R_{\mathrm{G}}$ 为基准结果区域；$R_{\mathrm{T}}$ 为跟踪算法跟踪结果区域；$\cap$ 与 $\cup$ 分别表示两区域的交与并。最后，为了直观地看出跟踪效果，可画出成功率图。

#### 4．精确度图（Precision Plot）

精确度图是根据精确度绘制的图，一般横坐标表示给定阈值，纵坐标表示精确度。精确度是指跟踪算法评估目标的中心坐标与真实坐标之间的欧式距离小于给定阈值的图像帧数与总帧数的比值。此处设置阈值距离为 50 像素。

#### 5．一次性评估（One-Pass Evaluation）

一次性评估是指在手动标记目标在第一帧位置的情况下，计算目标跟踪的结果的平均精度及平均成功率。这种评估方式存在以下两个缺陷：一个是如果目标在跟踪过程中出现某帧跟踪失败的情况，那么算法可能因没有重新初始化的机制，而导致整个跟踪过程的失败；另一个是可能由于跟踪算法对初始化的目标位置比较敏感，以致在后续帧中的位置不同而导致跟踪失败。

# 第3章　基于SCA算法的目标跟踪方法

## 3.1　引言

正余弦算法（SCA）[150]是 Mirjalili 在 2016 年提出的一种基于群体的方法，已被成功应用于很多领域[151-156]。随后，一些改进方法也被相继提出。郎春博等人[157]提出了基于改进正余弦算法（Improved Sine Cosine Algorithm）的多阈值图像分割方法。该方法通过混沌初始化来提高初始种群质量，然后通过自适应调整参数和反向学习策略提高算法性能。郭文艳等人[158]提出了基于精英混沌搜索策略的交替正弦余弦算法。该方法首先采用非线性策略控制参数，然后通过混沌搜索策略及反向学习算法增强了算法的探索性能，从而提高了算法的收敛精度和效率。张校非等人[159]引入动态惯性权重平衡算法的局部与全局搜索能力，通过自适应变异算子提高了种群多样性，防止了陷入局部最优，并采用指数型递减函数代替线性递减函数来提高收敛速度。Yong 等人[160]用抛物线递减函数和指数递减函数替换 SCA 算法中线性减少的参数。对基准函数的测试结果表明，指数递减函数的 SCA 算法具有较高的计算精度和较快的收敛速度。Li 等人[161]提出了一种基于 Levy 飞行的正余弦算法，该算法根据适应度值标记可能陷入局部最优的粒子，并利用 Levy 飞行对所标记的粒子进行位置更新，提高了算法在探测期的全局搜索能力和在探测期的局部搜索能力。Chiwen 等人[162]提出了一种改进的正余弦算法，采用指数递减参数和线性递减惯性权重的方法来平衡算法的全局寻优和局部开发能力，利用最优个体附近的随机个体代替原算法中的最优个体，使算法容易跳出局部最优，并对最优个体采用 Levy 飞行策略，提高了算法的局部开发能力。Abd Elaziz 等人[163]提出了一种基于反向学习的正余弦算法，将基于反向学习（OBL）作为一种机制来更好地探索搜索空间，生成更精确的解决方案，提高了算法的收敛精度。

目标跟踪被认为是不同粒子在序列图像中搜索目标的过程。本章提出了一种基于 SCA 算法的跟踪框架，并对其参数灵敏度和调整进行了实验研究。同时，为了验证基于 SCA 算法的跟踪器的跟踪能力，对所提出的跟踪器和其他先进跟踪器的跟踪性能进行了比较研究。

## 3.2 SCA 算法原理

一般来说，基于群体的优化技术是以一组随机解开始优化过程的。该组随机解由目标函数反复求值，并由优化技术的核心规则集进行改进。由于基于群体的优化技术是随机地寻找优化问题的最优解的，因此不能保证在每次运行中都找到一个解。然而，随着随机解的数量和优化步骤（迭代）的增加，找到全局最优解的概率将增加。

尽管不同的基于随机解的优化算法之间存在差异，但其共同点是将优化过程划分为两个阶段：探索阶段与开发阶段[164]。在探索阶段，一种优化算法将解集中的随机解突然结合起来，以较高的随机性寻找搜索空间的有希望区域。在开发阶段，随机解是逐渐变化的，随机变化要比探索阶段小得多。

SCA 算法是一种基于群体的优化算法，它主要依赖正余弦算子使搜索代理朝目标方向移动。该算法基于以下位置更新方程：

$$X_i^{t+1} = X_i^t + r_1 \sin r_2 \left| r_3 P_i^t - X_i^t \right| \tag{3.1}$$

$$X_i^{t+1} = X_i^t + r_1 \cos r_2 \left| r_3 P_i^t - X_i^t \right| \tag{3.2}$$

式中，$X_i^t$ 为第 $t$ 次迭代时，当前解在第 $i$ 维中的位置；$r_1 \sim r_3$ 为随机数；$P_i^t$ 为目标点在第 $i$ 维中的位置。于是有：

$$X_i^{t+1} = \begin{cases} X_i^t + r_1 \sin r_2 \left| r_3 P_i^t - X_i^t \right|, r_4 < 0.5 \\ X_i^t + r_1 \cos r_2 \left| r_3 P_i^t - X_i^t \right|, r_4 < 0.5 \end{cases} \tag{3.3}$$

式中，$r_4$ 是[0,1]中的一个随机数。

如式（3.3）所示，SCA 中有 4 个主要参数：$r_1 \sim r_4$。$r_1$ 指示下一个位置 s 区域（或移动方向），该区域可以位于解和目标之间的空间，也可以位于目标之外。$r_2$ 定义了朝向目标或远离目标移动的距离。为了随机地加强（$r_3 > 1$）或减弱（$r_3 < 1$）目标在定义距离时的影响，$r_3$ 为目标带来一个随机权重。最后，在式（3.3）中，$r_4$ 在正弦分量和余弦分量之间均匀切换。

由于式（3.3）中使用了正弦函数和余弦函数，所以这个算法被命名为正余弦算法（SCA）。图 3.1 显示了该算法如何在搜索空间中定义两个解之间的空间。需要注意的是，虽然图 3.1 中显示了一个二维模型，但实际上可以扩展到更高的维度。正弦函数和余弦函数的循环模式允许一个解围绕另一个解重新定位。这可以保证利用两个解之间定义的空间。为了探索搜索空间，解还应该能够在其对应目标之间的空间之外进行搜索。

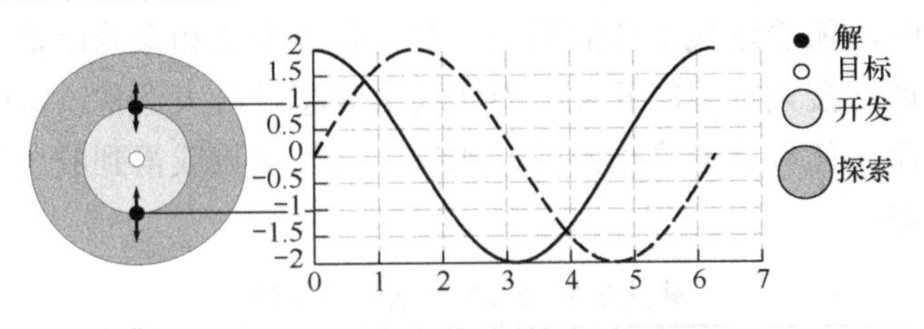


图 3.1　朝向目标或远离目标

从图 3.1 可以看出，当搜索代理进入[−2,1]和(1,2)时，当前解将离开目标，探索搜索空间；但是，当搜索代理在[−1,1]中移动时，当前的解将向目标移动并利用搜索空间。

算法应该能够平衡探索和开发，找到搜索空间中有希望的区域，并最终收敛到全局最优。众所周知，探索和开发阶段寻求相互矛盾的目标。因此，为了平衡探索和开发，在优化过程中利用下式自适应地改变 $r_1$ 的值：

$$r_1 = a - t\frac{a}{T} \tag{3.4}$$

式中，$t$ 为当前迭代；$T$ 为最大迭代次数；$a$ 为常数。图 3.2 显示了随着迭代次数的增加，正弦函数值和余弦函数值的范围是如何减小的。

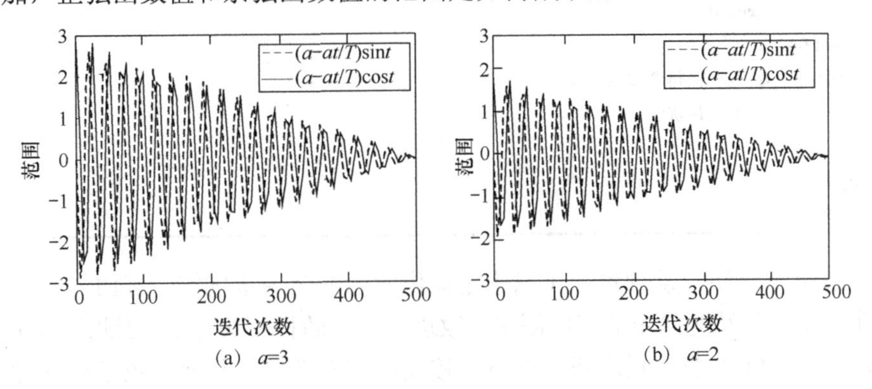


图 3.2　迭代次数的变化与正、余弦函数值的变化

从图 3.2 可以看出，随着迭代次数的增加，搜索空间的范围逐渐缩小，开发变得越来越重要。此外，图 3.2（b）的范围小于图 3.2（a）的范围，这表明，$a$=2 时比 $a$=3 时更容易进入搜索空间的开发阶段，但探索能力较弱。也就是说，参数 $a$ 决定了搜索空间的探索和开发之间的平衡。在本章中，将参数模型设为 $a$=2 。

SCA 算法的伪代码如算法 3.1 所示。该算法首先通过一组随机解启动优化的过程，然后保存到目前为止获得的最佳解，将其指定为目标解，并更新与之相关的其他解。同时，随着迭代次数的增加，对正弦函数值和余弦函数值的范围进行了更新，以强调对搜索空间的开发。当迭代次数超过最大迭代次数时，算法终止优化过程。然而，任何其他终止条件，如最大迭代次数或得到的全局最优解的精度都可以被考虑。

**算法 3.1　SCA 算法的伪代码**

**初始化**：搜索代理的数量，最大迭代次数为 T

计算所有搜索代理的适应度值

寻找最优解

**While** 当前迭代次数($t$)<$T$+1

　　使用式（3.4）更新 $r_1$

　　**for** 每个搜索代理

　　　　更新 $r_2$ 和 $r_3$

　　　　$r_4$=rand()

　　　　　　**if** $r_4$<0.5

$$X_i^{t+1} = X_i^t + r_1 \sin r_2 \left| r_3 P_i^t - X_i^t \right|$$

　　　　　　**else if**

$$X_i^{t+1} = X_i^t + r_1 \cos r_2 \left| r_3 P_i^t - X_i^t \right|$$

　　　　　　**end if**

　　**end for**

　　通过目标函数评估每个搜索代理

　　更新目前获得的最优解

　　$t = t$+1

**end while**

返回得到的全局最优解

通过以上介绍，从理论上可以确定优化问题的全局最优解，理由如下。

① SCA 算法为给定的问题创建并改进了一组随机解决方案，因此与基于个人的算法相比，SCA 算法在本质上受益于较高的探索性能，从而避免了局部优化。

② 当正弦函数和余弦函数返回值大于或小于−1 时，搜索空间的不同区域。

③ 当正弦函数和余弦函数返回值在−1 和 1 之间时，搜索空间中有希望的区域被利用。

④ 该算法利用正弦函数和余弦函数的自适应范围，实现了由探索到开发的平稳过渡。

⑤ 全局最优解的最佳逼近作为目标点存储在一个变量中，在优化过程中不会

丢失。

⑥ 由于解总是围绕目前得到的最优解更新位置，所以在优化过程中搜索空间的最优区域是有趋势的。

⑦ 由于该算法将优化问题视为黑盒问题，所以只要问题表述得当，就可以很容易地将其应用到不同领域的问题中。

为了说明 SCA 算法的收敛性能，选取 23 个基准函数（见附录 A）中的 $F_1$、$F_9$、$F_{11}$ 和 $F_{14}$ 进行测试。参数设置如下：种群大小为 30；迭代次数为 1000。测试函数和收敛曲线如图 3.3 所示。

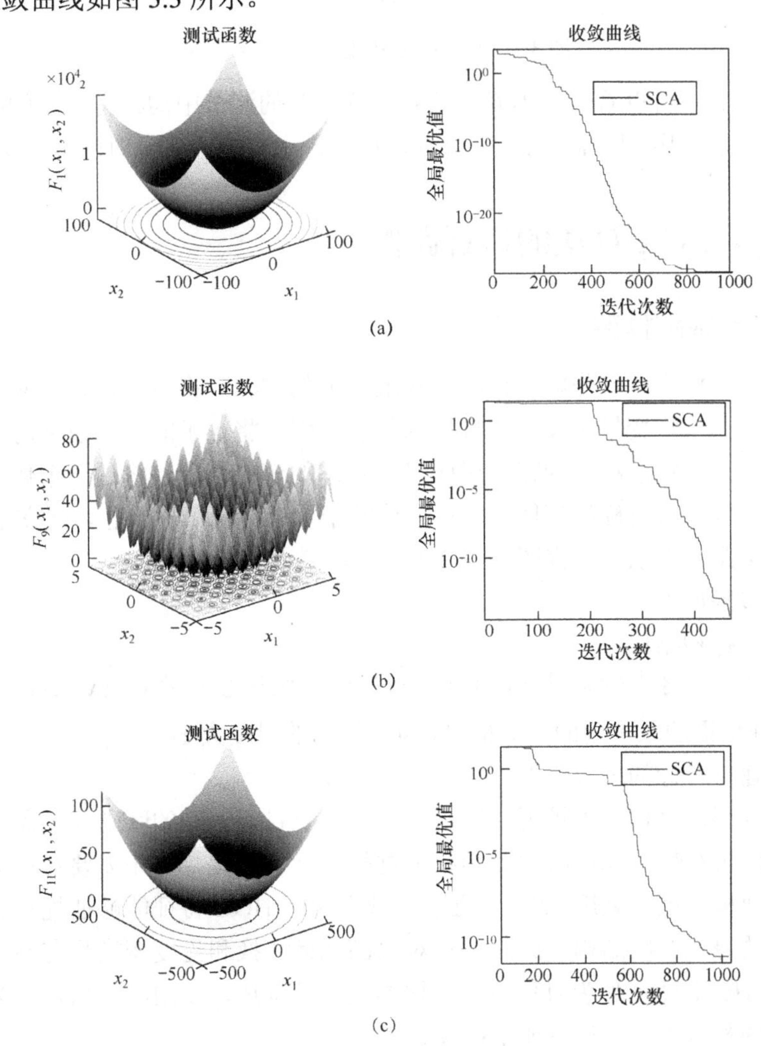


图 3.3　测试函数和收敛曲线

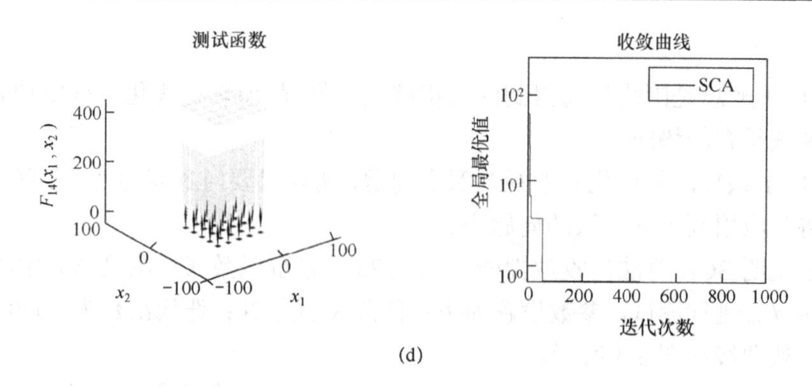


(d)

图 3.3　测试函数和收敛曲线（续）

从图 3.3 中可以看出，单峰函数和多峰函数的测试中均具有明显的收敛性。因此，可以将其用在目标跟踪上，可看作在图像上有多个变量时的求最优解问题。

## 3.3　基于 SCA 算法的目标跟踪

### 3.3.1　跟踪框架

将视频目标跟踪看作粒子群体寻找最优解的过程，将粒子群体对应图像中的候选目标区域，将变量空间对应目标的状态空间，将粒子的运动模型对应目标状态的变化量，将粒子移动的范围对应目标状态的变化范围，将粒子个体的适应度值对应候选区域与目标的相似度，将最佳粒子状态对应目标状态，建立基于 SCA 算法的目标跟踪方法，流程图如图 3.4 所示。

具体步骤如下。

（1）跟踪初始化

在初始帧图像中确定目标，并得到目标的初始状态矢量 $\boldsymbol{x}=(x,y,s)$。其中，$x$、$y$ 为目标外接框的左上角的坐标值；$s$ 为目标框的尺度大小。

（2）建立目标的表观模型

采用的运动目标属于扩展目标，与传统的点目标跟踪的区别在于需要同时对运动目标的表观特征和质心运动学状态进行估计。因此，首先需要对目标的表观特征进行建模。这里采用 HOG 特征。众所周知，HOG 特征能够捕捉具有局部形状特征的边缘或梯度结构。此外，它对局部几何变换和光度变换具有不变性。因此，采用 HOG 特征作为目标或候选样本的特征描述，使用相关系数作为目标与候选样本的相似度量，计算如下：

$$\rho(X,Y)=\frac{\mathrm{Cov}(X,Y)}{\sqrt{D(X)}\sqrt{D(Y)}} \tag{3.5}$$

式中，$\sqrt{D(\cdot)}$ 表示方差；$\mathrm{Cov}(X,Y)$ 表示协方差；$X$ 和 $Y$ 分别表示目标和候选样本的 HOG 特征。适应度函数设置为：

$$E=2+2\rho(X,Y) \tag{3.6}$$

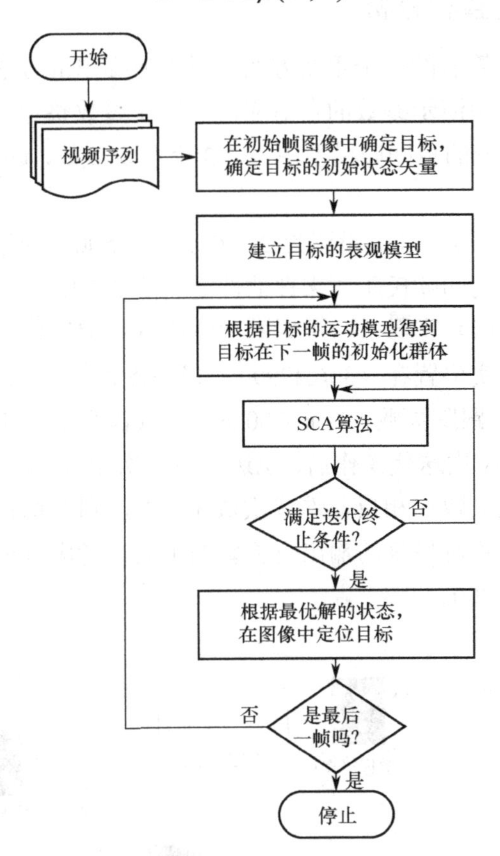


图 3.4　基于 SCA 的目标跟踪方法流程图

（3）根据目标的运动模型初始化所有粒子

考虑到目标运动具有随机性的特点，采用随机游走运动模型。

（4）通过蝙蝠算法不断优化蝙蝠个体的状态

在不满足迭代终止条件的情况下，采用 3.2 节中介绍的 SCA 算法的基本原理对粒子按照式（3.3）进行更新。

（5）定位目标

得到适应度值最大（最优）的粒子个体，并根据该个体的状态矢量在图像中定位目标。

（6）跟踪完成

判断视频中是否有新图像输入，如果有，则继续执行步骤（3）；否则，跟踪结束。

### 3.3.2　参数调整和分析

参数调整是优化算法的一个重要方面。对于所提出的方法，首先要解决的问题是如何在目标跟踪中演示参数的自适应，其次在参数整定过程中要同时考虑收敛速度和精度。在传统的自回归模型中，有 3 个主要参数，即群体大小 $n$、常数 $a$ 和最大迭代次数 $T$。

这里分析群体大小 $n$，将 $a$ 设置为 2，$T$ 设置为 500。使用每个迭代操作的真实位置与输出位置之间的欧氏距离来评估性能。图 3.5 中显示了在不同 $n$ 值下，$(X,Y)$ 在图像中左上角的位置，$Z$ 轴仪表迭代次数，最优位置表示每次迭代操作的输出位置。设置真实位置在（336,499）。如图 3.5 所示，当 $n$=50 时，迭代收敛到位置（394,255），即跟踪失败；当 $n$=200 时，迭代次数达到 150，得到最优位置；当 $n$=300 时，经过 231 次迭代操作后，轨迹与前一次相似。总之，如果迭代次数 $n$ 过小，则跟踪将面临失败；相反，迭代次数 $n$ 越大，则跟踪精度越高，但时间也越长。此外，初始位置对最终的输出位置影响不大。考虑到准确性和效率，这里将 $n$ 的初始值设置为 200。

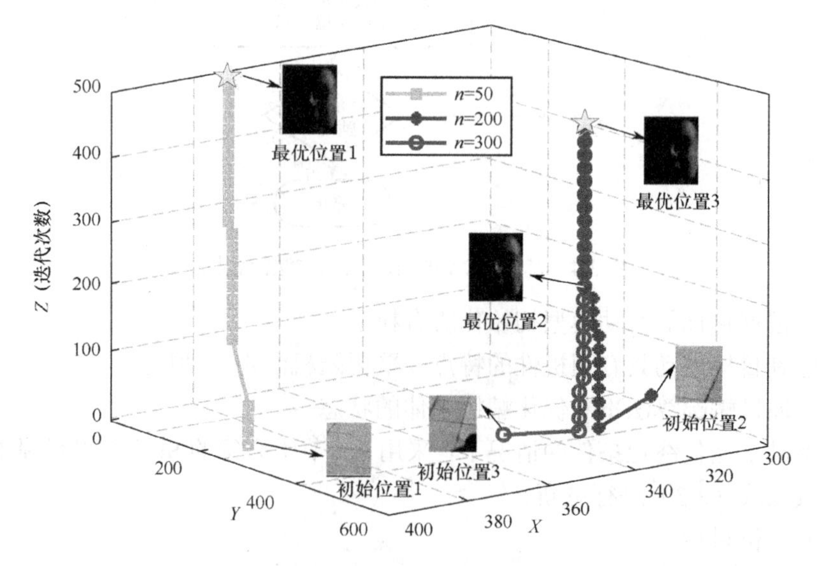


图 3.5　不同群体大小 $n$ 的性能比较

# 3.4 实验分析

## 3.4.1 实验设置

我们使用 MATLAB R2014a 实现了提出的跟踪器。实验是在 Intel Core i5-7500 3.40GHz、8GB RAM 的 PC 上进行的。在本书所选取的视频序列中，FACE2、ZXJ、ZT 和 FHC 视频序列是作者自己拍摄的，FACE1 的来源是数据集 AVSS2007。其他视频序列可以在 visual-tracking.net 网站上下载。注意，我们提取了 BLURFACE 序列中的 306～310 帧，这可以表示帧丢失的问题。为了验证提出的跟踪器的可行性，我们选择了 8 个视频序列（包括 MHYANG、FISH、HUAMN7、DEER、ZXJ、BLURBODY、BLURFACE 和 ZT 视频序列）进行测试，并与 7 个最先进的跟踪器（包括 DSST [55]、Fast Compressive Tracking（FCT）[165]、KCF[53]、CSK[52]、Fast Tracking via Spatio-Temporal Context Learning（STC）[166]、Least Soft-Threshold Squares Tracking（LSST）[167] 和 Context-Aware Correlation Filter Tracking（CACF）[168]）进行了比较。另外，我们分别从定性和定量两个方面对实验结果进行了分析。

## 3.4.2 定性分析

我们采用 8 个视频序列对提出的跟踪器进行了定性分析，部分跟踪结果如图 3.6 所示。

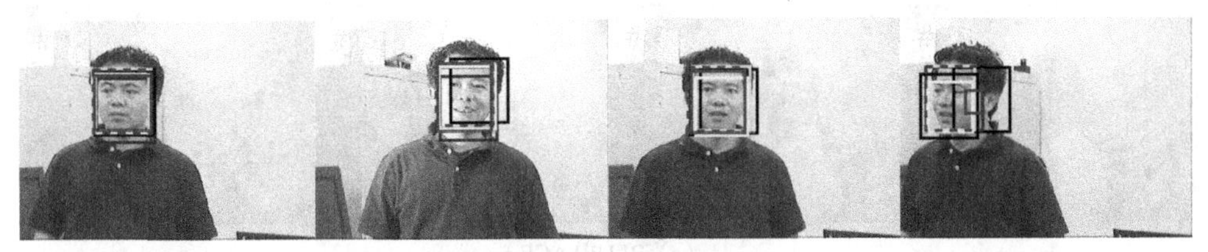

（a）MHYANG

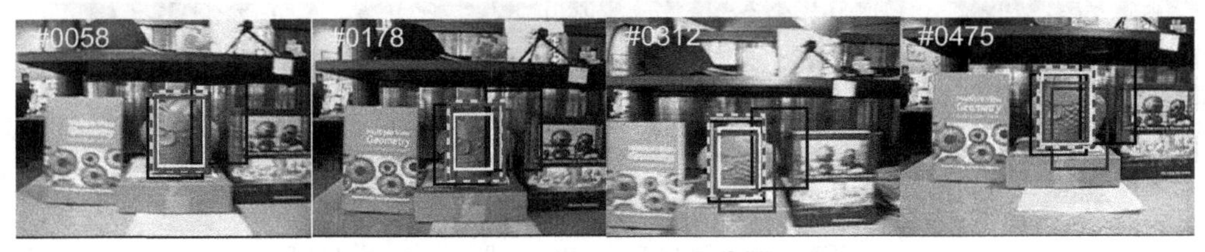


（b）FISH

图 3.6 部分跟踪结果

(c) HUAMN7

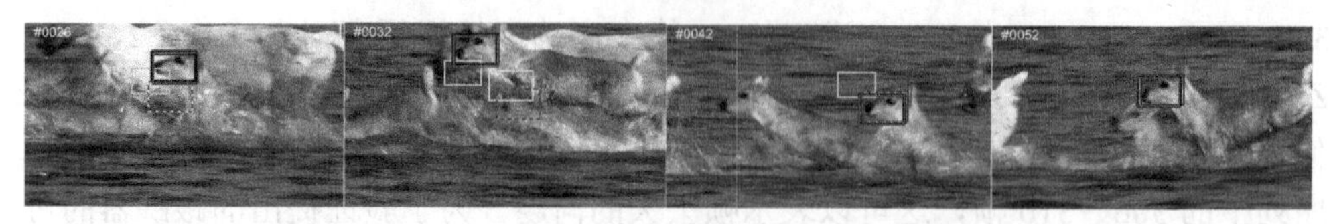

(d) DEER

(e) ZXJ

(f) BLURBODY

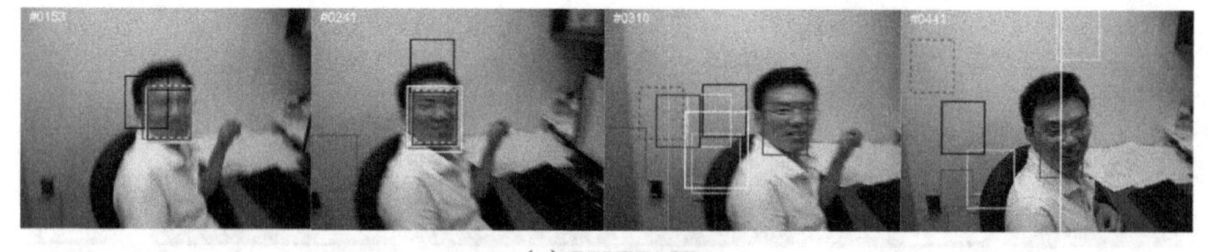

(g) BLURFACE

(h) ZT

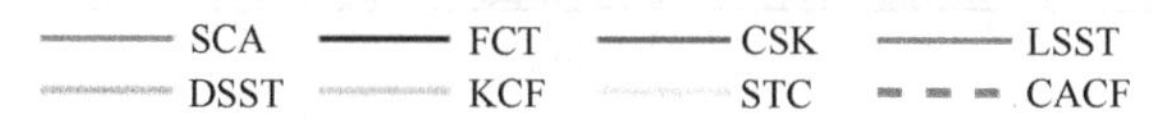


图 3.6 部分跟踪结果（续）

（1）MHYANG 视频序列

一个人在一个有灯光的房间里行走，使目标出现了严重的光照变化。FCT 在#0378 帧出现目标偏离现象，并且在之后的视频序列中也没有恢复，导致跟踪结果较差。其他的跟踪器均能成功地完成整个视频序列。部分跟踪结果如图 3.6（a）所示。

（2）FISH 视频序列

照相机的强烈晃动导致目标出现严重模糊，而且目标和背景具有低对比度，同时伴有强烈的灯光变化。CSK 首先在#0058 帧开始偏离目标，并在之后的视频序列中脱离目标，导致跟踪失败。提出的跟踪器和 FCT 在#0178 帧虽然目标有了轻微的偏离，但是算法能够完成整个视频序列，并且维持了较好的跟踪结果。STC 和 LSST 成功地完成整个视频序列的跟踪，但是由于其自身的尺度变换而没有获得很好的跟踪结果。部分跟踪结果如图 3.6（b）所示。

（3）HUAMN7 视频序列

一个人由近到远在路上行走，在行走的过程中有树荫及墙的遮挡，从而导致目标经历了遮挡、光照变化、尺度变换等情况。这些情况导致除 CACF 和提出的跟踪器外，其他跟踪器均跟踪失败。部分跟踪结果如图 3.6（c）所示。

（4）DEER 视频序列

目标包含了快速运动、相似目标和背景杂波等干扰因素。DSST、KCF、CACF 在#0026 帧出现运动模糊，丢失跟踪目标，随后 KCF 和 CACF 在#0042 帧恢复跟踪，DSST 在#0052 帧也恢复跟踪，尽管其他跟踪器均能完成整个视频序列的跟踪任务，但是提出的跟踪器和 CSK 表现出最好的跟踪结果。部分跟踪结果如图 3.6（d）所示。

（5）ZXJ 视频序列

目标主要包含了快速运动。所有跟踪器在#0042 帧之前均能成功地跟踪。当跟踪#0069 帧图片时，只有提出的跟踪器和 CACF 能跟踪目标，其他跟踪器均脱离了目标，但 LSST 在之后的图片序列中很快地恢复。部分跟踪结果如图 3.6（e）所示。

（6）BLURBODY 视频序列

一个人在走廊里行走，但是拍摄时出现照相机的严重晃动，导致目标经历了模糊、尺度变换和快速运动等情况。LSST 首先在#0100 帧丢失目标，STC 和 CSK 在#0212 帧丢失目标，当经历#0271 帧时，只有提出的跟踪器成功地包含目标，但是在#0323 帧时，提出跟踪器和 CACF 也偏离了目标。总而言之，所有跟踪器均没有成功地跟踪整个视频序列。部分跟踪结果如图 3.6（f）所示。

（7）BLURFACE 视频序列

一个人坐在椅子上，通过照相机的晃动使目标经历了运动模糊、快速运动等情况。FCT 首先在#0153 帧偏离目标，FCT 和 LSST 在#0241 帧脱离目标，导致跟踪失败。所有跟踪器在#0310 帧之后全部脱离目标，只有提出的跟踪器成功地跟踪了整个视频序列。部分跟踪结果如图 3.6（g）所示。

（8）ZT 视频序列

目标主要包含了快速运动。FCT 和 LSST 首先在#0018 帧脱离目标；在#0035 帧时，KCF 和 DSST 偏离目标，STC 由于尺度变换使跟踪结果与目标尺度有较大的差距。CSK、CACF 和提出的跟踪器完成了整个视频序列，并且 CACF 和提出的跟踪器表现出较好的跟踪结果，部分跟踪结果如图 3.6（h）所示。

### 3.4.3 定量分析

为了直观地评估这些跟踪器的性能，我们采用两个评价标准，分别是平均重叠率和平均中心误差率[25]。表 3.1 给出了平均重叠率；表 3.2 给出了平均中心误差率。其中，表现第一和第二的跟踪结果分别用红色和绿色标记。图 3.7 展示了跟踪成功率图。其中，横轴表示阈值范围；纵轴表示重叠量高于阈值的帧数占总帧数的比率。成功率图中曲线下的面积越大的，表示跟踪的效果越好。图 3.8 展示了跟踪精度图，纵轴表示预测和真实边界框的距离低于阈值的帧数占总帧数的比率。在图 3.8 中，曲线斜率较高的跟踪器的跟踪效果较好，代表更多的序列中心误差低于阈值。结合表 3.1 和表 3.2 的数据可知，提出的跟踪器表现出较好的跟踪结果，但是相比于 CACF，该跟踪器还存在一定的缺陷，因此应对其进行进一步改善，具体的实施方法见本书第 7 章。注意，针对抽帧处理后的 BLURFACE 视频序列，CACF 丢失了目标，提出的跟踪器能成功跟踪。因此，提出的跟踪器在丢帧处理方面具有一定的优势。

表 3.1 平均重叠率

| 视频序列 | SCA | DSST | FCT | KCF | CSK | STC | LSST | CACF |
|---|---|---|---|---|---|---|---|---|
| MHYANG | 0.71 | 0.81 | 0.59 | 0.80 | 0.80 | 0.69 | 0.78 | 0.78 |
| FISH | 0.70 | 0.80 | 0.66 | 0.84 | 0.21 | 0.58 | 0.63 | 0.83 |
| HUMAN7 | 0.48 | 0.36 | 0.28 | 0.28 | 0.34 | 0.28 | 0.30 | 0.49 |
| DEER | 0.74 | 0.64 | 0.66 | 0.62 | 0.75 | 0.04 | 0.71 | 0.63 |
| ZXJ | 0.63 | 0.48 | 0.45 | 0.45 | 0.49 | 0.46 | 0.79 | 0.83 |
| BLURBODY | 0.46 | 0.46 | 0.44 | 0.44 | 0.39 | 0.16 | 0.07 | 0.50 |
| BLURFACE | 0.66 | 0.53 | 0.23 | 0.51 | 0.51 | 0.30 | 0.51 | 0.51 |
| ZT | 0.71 | 0.65 | 0.09 | 0.59 | 0.66 | 0.35 | 0.09 | 0.84 |

表 3.2　平均中心误差率

| 视频序列 | SCA | DSST | FCT | KCF | CSK | STC | LSST | CACF |
|---|---|---|---|---|---|---|---|---|
| MHYANG | 8.74 | 2.43 | 14.72 | 3.61 | 3.61 | 4.22 | 2.60 | 6.71 |
| FISH | 11.62 | 4.36 | 11.99 | 4.08 | 41.19 | 4.64 | 3.97 | 4.32 |
| HUMAN7 | 7.51 | 25.67 | 40.84 | 48.43 | 17.89 | 33.07 | 45.29 | 5.77 |
| DEER | 5.62 | 16.65 | 10.68 | 21.13 | 4.79 | 509.55 | 7.20 | 22.96 |
| ZXJ | 59.03 | 21.19 | 26.74 | 88.46 | 189.55 | 23.68 | 5.06 | 4.84 |
| BLURBODY | 55.93 | 90.77 | 40.68 | 68.35 | 73.24 | 147.65 | 208.55 | 33.80 |
| BLURFACE | 17.26 | 74.93 | 116.33 | 84.83 | 1573.68 | 89.75 | 162.05 | 111.94 |
| ZT | 30.83 | 54.01 | 642.35 | 127.53 | 53.52 | 99.65 | 684.85 | 16.71 |

为了更详细地描述跟踪结果的定量比较，图 3.7 和图 3.8 分别给出了平均重叠率和平均中心误差率在不同视频序列中的变化过程。平均重叠率体现了跟踪过程的稳定性，平均中心误差率体现了跟踪结果的精确度。从图中可以看出，提出的跟踪器保持了较高的平均重叠率和较低的平均中心误差率。

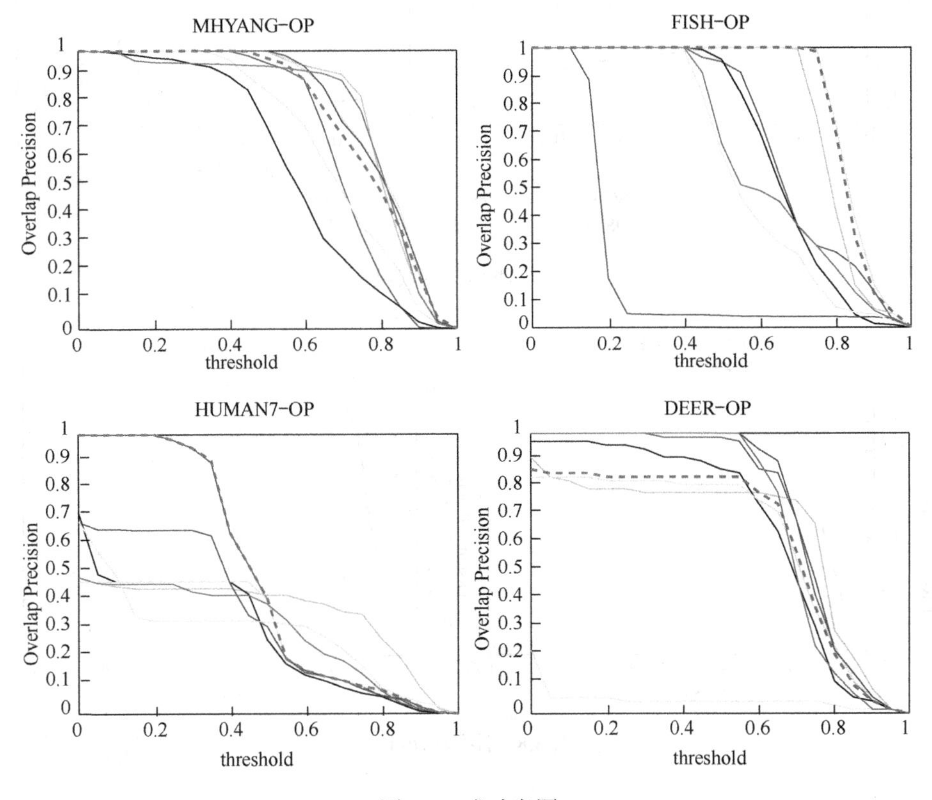


图 3.7　成功率图

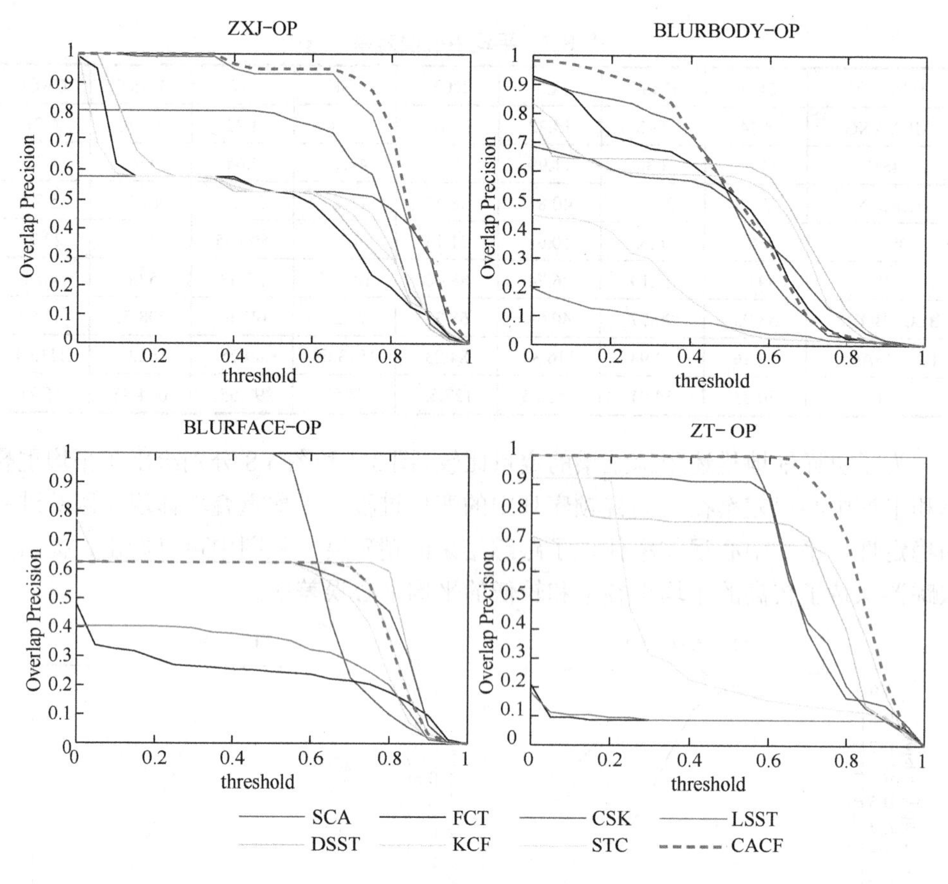


图 3.7 成功率图（续）

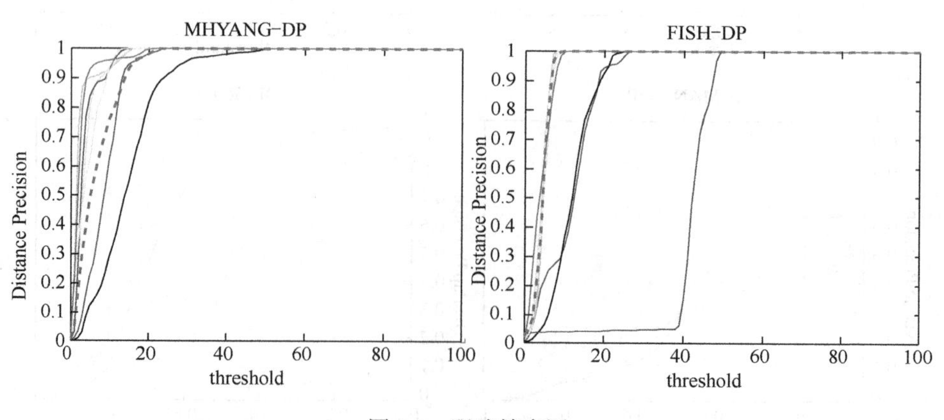


图 3.8 跟踪精度图

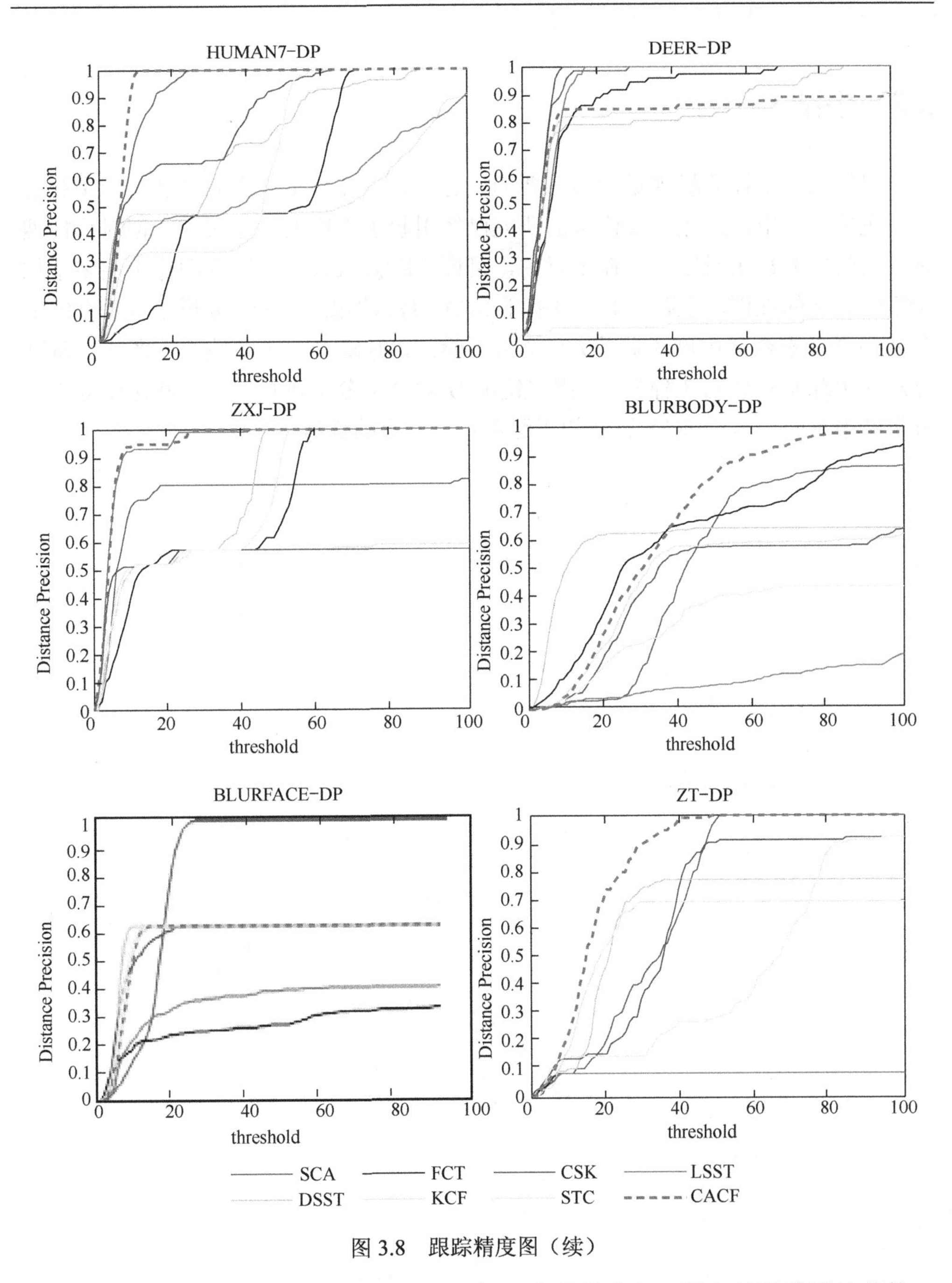


图 3.8　跟踪精度图（续）

从表 3.1、表 3.2、图 3.7 和图 3.8 中可以明显看出，提出的跟踪器比其他 7 个跟踪器有更好的性能，因此，在目标跟踪方面具有一定的优势。

## 3.5 小结

目标跟踪是计算机视觉中最重要的任务之一，在许多视觉问题和应用中起着至关重要的作用。虽然外观模型的研究已经引起了人们的广泛关注，但对目标搜索策略的研究却相对较少。在本章中，目标跟踪被认为是在序列图像中由多个粒子搜索目标的过程，并给出了一种基于 SCA 算法的跟踪结构；分析了跟踪系统中 SCA 算法的参数灵敏度和调节方法。为了验证该跟踪器的跟踪能力，将基于 SCA 算法的跟踪器与其他 7 种先进的跟踪器的实验结果分别进行了定性和定量分析，分析结果表明，基于 SCA 算法的跟踪器具有一定的优势。

# 第4章　基于飞蛾-火焰算法的目标跟踪方法

## 4.1　引言

为了有效地实现视频目标跟踪，以往研究的跟踪算法一般都基于一个运动平滑性假设条件，也就是说目标在帧间的变化是连续且光滑的。然而，在实际中，由于目标运动和跟踪环境的不确定性，这一假设条件往往难以实现。在运动不确定场景下目标跟踪方法的研究中，为了能够获得不确定运动状态的评估方法，将跟踪问题转换成通过全局匹配获得最优解的处理方式，能够较好地实现状态空间的完全覆盖。

Li 等人[169]提出结合 PSO 和水平集理论两种方法，构造两层结构的跟踪框架，通过 PSO 实现全局性的目标运动捕捉，从而粗糙地定位目标，然后利用水平集理论方法完成突变运动场景下目标的精确定位。Lim 等人[170]提出一种基于群智能优化方法的采样机制，它能够在获得最建议分布的过程中探索和开发的搜索空间，并自适应调节建议分布的均值和方差，构造的运动预测模型具有较好的弹性范围，能够对突变目标实现较好的跟踪。随后，Lim 等人[171]进一步提出一种新颖的 PSO 跟踪框架，算法利用 PSO 作为运动评估器，构造动态加速参数（Dynamic Acceleration Parameters，DAP）和探索因子，并将其引入 PSO 跟踪框架，以避免优化过程中出现群爆炸和发散问题，实现了运动突变场景下的目标跟踪。Zhang 等人[172]提出将模拟退火（Simulated Annealing，SA）优化方法引入 KCF 跟踪框架，利用 SA 优化方法能够跳出局部最小达到全局最优的特点，实现对大位移运动场景下目标运动状态的捕捉，从而实现运动不确定目标的跟踪。随后，Zhang 等人[126]进一步完善了基于模拟退火的 KCF 跟踪框架，将 SA 优化方法融入全局的运动预测模型中评估突变运动状态，利用置信度阈值切换平滑或突变运动的响应模型，提高了目标跟踪的实时性和精确性。Zhang 等人[97]将时间连续性信息引入粒子群优化中，在粒子滤波框架下形成多层重要采样。在这种情况下，跟踪器获得了更好的性能，特别是当对象具有任意运动或经历较大的外观变化时。Hao 等人[173]提出了一种基于蚁群优化的粒子滤波算法，提高了小样本集粒子滤波的性能，有效提高了视频目标跟踪系统的效率。Nguyen 等人[102]提出了一种改进的细菌觅食优化（Bacterial Foraging Optimization，BFO）算法，并设计了一种基于细菌觅食优化的目标跟踪系统来应对一些挑战。Gao 等人[103]提出了一种基于萤火虫算法（Firefly Algorithm，FA）的跟踪器，该跟踪器能够在各种条件下对任意目标进行鲁棒跟踪。Ljouad 等人[104]提出了一种改进的 CS（Cuckoo Search）算法，结合著名的卡尔曼滤波，设计了一种基于 HKCS（Hybrid Kalman-Cuckoo Search）算法的目标跟踪系统。在本章中，提出了一种基于飞蛾-火焰优化算法（Moth-Flame Optimization Algorithm，MFO）的目标跟踪框架。

2015 年，Mirjalili[174]提出了一种新的群优化算法——MFO 算法，并使用 MFO 算法对 29 个基准单目标函数优化问题和 7 个工程优化问题（如齿轮系设计、桁架设计、压力容器设计和悬臂梁设计等）进行了测试。自提出以来，MFO 算法以其良好的健壮性、较快的收敛速度和全局最优性受到越来越多的关注。Yamany 等人[175]利用 MFO 算法训练多层感知的权重，对 5 个基准数据集进行分类。Zhao 等[176]提出了一种灰色模型，并利用 MFO 算法对其权重进行优化，以预测内蒙古地区的用电量。Li 等人[177]提出了一种基于最小二乘支持向量机（LSSVM）和 MFO 算法的混合年度电力负荷预测模型，使用 MFO 算法优化确定该模型的参数以提高年负荷预测精度。Trivedi 等人[178]将 MFO 算法与 Levy 飞行相结合，使得算法更快地收敛，实现了离散和连续控制参数下都具有较好结果，并将其应用于解决经济负荷调度问题。Zawbaa 等人[179]将 MFO 算法应用于机器学习领域的特征选择，利用 MFO 算法作为一种搜索方法来寻找最优特征集，使分类性能最大化，以实现更高效率地寻找最优的特征组合。Li 等人[180]针对 MFO 算法收敛速度慢、精度低的问题，提出了一种基于 Levy 飞行策略的改进 MFO 算法，提高了种群的多样性，避免了过早收敛，使算法更有效地跳出局部最优。Jangir 等人[181]将 MFO 算法用于约束优化和工程设计问题，得出了 MFO 算法在精度和标准差方面的最优函数值。Vikas 等人[182]对原 MFO 算法进行了适当的修改，用以处理多目标优化问题。Allam 等人[183]提出将 MFO 算法用于参数提取过程优化。Metwall 等人[184]首次在自动测试生成中使用了 MFO 算法。崔东文等人[185]针对 PPR 模型矩阵参数难以确定的不足，利用 MFO 算法优化 PPR 模型矩阵参数，提出 MFO-PPR 预测模型，并构建 MFO-BP 模型进行对比。吴伟民等人[186]针对基本 MFO 算法收敛速度慢和易陷入局部最优的缺陷，提出一种飞蛾纵横交叉混沌捕焰（CCMFO）算法。为飞蛾-火焰算法引入纵横交叉机制和混沌算子，通过横向全方位交叉寻优减少搜索盲点，纵向维交叉开发和混沌映射增强跳出局部最优的能力，火焰信息在种群中纵横交叉呈链式反应传播，加快了收敛速度，避免了算法早熟。包义钊等人[187]针对当前贝叶斯网络结构学习算法普遍存在的收敛性差、精确度低、易陷入局部最优等问题，保留了 MFO 算法的整体框架，通过借鉴遗传算法的杂交、变异等操作，替换了原 MFO 算法的位置更新方法，提出了一种基于 MFO 算法的贝叶斯网络结构学习算法 BN-MFO。王子琪等人[188]针对电力系统最优潮流问题，采用发电成本及发电成本结合有功网损、节点电压偏移的加权和作为优化问题的目标函数，提出采用 MFO 算法的最优化求解方案。

## 4.2　飞蛾-火焰算法

### 4.2.1　生物学原理

飞蛾是一类昆虫，它们在夜里有特殊的导航方式——利用月光来飞行。它们利用一种叫作横向定位的机制进行导航飞行。在这种导航方式中，飞蛾相对于月球保持一个固定的角度飞行，如图 4.1 这种方式对于直线轨道上的长距离飞行是一种非常有效的机制。由于月球距飞蛾较远，所以这种机制能确保其沿直线飞行。

在现实世界里，我们时常看到飞蛾围绕着人造光做螺旋形飞行，这是因为当飞蛾遇到一束人造光时，它们试图与人造光维持一个同样的角度沿直线飞行。而由于这样一束人造光与飞蛾的距离较近，所以与这束光维持一个相同的角度飞行便导致了飞蛾的螺旋飞行，如图 4.2 所示。飞蛾被人造光误导而表现出这样的行为说明了横向定位的低效性。横向定位的低效性决定了仅当光源非常远的时候进行直线飞行时才是可行的。

图 4.1　横向定位

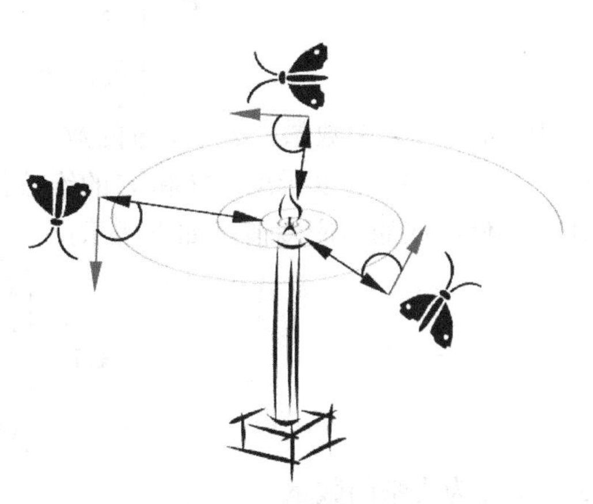

图 4.2　围绕人造光的螺旋飞行路径

### 4.2.2 数学原理

在 MFO 算法中，假设候选解是飞蛾，问题的变量是飞蛾在空间中的位置。因此，飞蛾可以在一维、二维、三维或改变位置向量的超维空间中飞行。由于 MFO 算法是一种基于群体的算法，因此飞蛾集合的数量用矩阵表示如下：

$$\boldsymbol{M}=\begin{bmatrix} m_{1,1} & m_{1,2} & \cdots & m_{1,d} \\ m_{2,1} & m_{2,2} & \cdots & m_{2,d} \\ \vdots & \vdots & \vdots & \vdots \\ m_{n,1} & m_{n,2} & \cdots & m_{n,d} \end{bmatrix} \tag{4.1}$$

式中，$n$ 为飞蛾的数量；$d$ 为变量的数量（维数）。

对于所有飞蛾，还假设存在一个数组，用于存储相应的适应度值，如下所示：

$$\mathbf{OM}=\begin{bmatrix} \mathrm{OM}_1 \\ \mathrm{OM}_2 \\ \vdots \\ \mathrm{OM}_n \end{bmatrix} \tag{4.2}$$

式中，$n$ 是飞蛾的数量。

注意，适应度值是每个飞蛾的适应度（目标）函数的返回值。将每个飞蛾的位置向量（如矩阵 $\boldsymbol{M}$ 中的第 1 行）传递给适应度函数，并将适应度函数的输出赋给对应的飞蛾作为适应度值（如矩阵 $\mathbf{OM}$ 中的 $\mathrm{OM}_1$）。

该算法的另一个关键部分是火焰。一个类似飞蛾矩阵的矩阵如下：

$$\boldsymbol{F}=\begin{bmatrix} F_{1,1} & F_{1,2} & \cdots & F_{1,d} \\ F_{2,1} & F_{2,2} & \cdots & F_{2,d} \\ \vdots & \vdots & \vdots & \vdots \\ F_{n,1} & F_{n,2} & \cdots & F_{n,d} \end{bmatrix} \tag{4.3}$$

式中，$n$ 为飞蛾的数量；$d$ 为变量的数量（维数）。

由式（4.3）可以看出，$\boldsymbol{M}$ 和 $\boldsymbol{F}$ 的维数相等。对于火焰，还假设存在一个数组，用于存储相应的适应度值，如下所示：

$$\mathbf{OF}=\begin{bmatrix} \mathrm{OF}_1 \\ \mathrm{OF}_2 \\ \vdots \\ \mathrm{OF}_n \end{bmatrix} \tag{4.4}$$

式中，$n$ 为飞蛾的数量。

需要注意的是，飞蛾和火焰都是解。它们之间的区别在于每次迭代中处理和更新它们的方式。飞蛾是实际的搜索代理，它们在搜索空间中移动，而火焰是飞蛾目前获得的最佳位置。换句话说，火焰可以看作是飞蛾在搜索空间时落下的旗帜。因此，每只飞蛾都会搜索旗帜（火焰）并更新它，以便找到更好的解决方案。有了这个机制，飞蛾永远不会失去它最优的解。

MFO 算法是一个近似优化问题全局最优的三元组算法，定义如下：

$$\text{MFO} = (I, P, T) \tag{4.5}$$

式中，$I$ 是一个函数，它生成一个随机的飞蛾种群和相应的适应度值。该函数的方法模型如下：

$$I : \varnothing \to \{\boldsymbol{M}, \mathbf{OM}\} \tag{4.6}$$

式中，$P$ 是使飞蛾在搜索空间里移动的主函数。该函数接收 $\boldsymbol{M}$ 的矩阵，并最终返回更新后的矩阵，即

$$P : \boldsymbol{M} \to \boldsymbol{M} \tag{4.7}$$

如果满足终止条件，则 $T$ 函数返回 true；如果不满足终止条件，则返回 false，即

$$T : \boldsymbol{M} \to \{\text{true}, \text{false}\} \tag{4.8}$$

根据 $I$、$P$ 和 $T$ 描述 MFO 算法的一般框架定义如下：

```
M = I();
While T(M)=false
    M = P(M);
end
```

$I$ 函数必须生成初始解并计算目标函数值。任何随机分布都可以用在这个函数中。默认使用以下方法：

```
for i=1:n
   for j=1:d
      M(i,j)=[ub(i)−lb(i)]rand()+lb(i);
   end
end
OM=f(M);
```

注：$f$ 指适应度函数。

可以看到，还有另外两个数组 **ub** 和 **lb**。这些矩阵定义变量的上界和下界如下：

$$\mathbf{ub} = [\text{ub}_1, \text{ub}_2, \text{ub}_3, \cdots, \text{ub}_{n-1}, \text{ub}_n] \tag{4.9}$$

式中，$\text{ub}_i$ 表示第 $i$ 个变量的上界。

$$\mathbf{lb} = \left[\mathrm{lb}_1, \mathrm{lb}_2, \mathrm{lb}_3, \cdots, \mathrm{lb}_{n-1}, \mathrm{lb}_n\right] \tag{4.10}$$

式中，$\mathrm{lb}_i$表示第 $i$ 个变量的下界。

初始化之后，$P$ 函数迭代运行，直到 $T$ 函数返回 true。$P$ 函数是在搜索空间中移动飞蛾的主要函数。如上所述，该算法的灵感来自横向定向。为了建立这种行为的数学模型，每只飞蛾相对于火焰的位置都使用下面的方程进行更新：

$$M_i = S(M_i, F_j) \tag{4.11}$$

式中，$M_i$为第 $i$ 只飞蛾；$F_j$为第 $j$ 个火焰；$S$ 为螺旋函数。

MFO 算法选择对数螺旋作为飞蛾更新的主要机制。然而，任何类型的螺旋都可以使用，但要满足以下条件：

① 螺旋的起始点应该从飞蛾开始。

② 螺旋的最后一点的位置应该是火焰的位置。

③ 螺旋范围的波动不应超出搜索空间。

考虑到以上条件，MFO 算法定义了一个对数螺旋，如下所示：

$$S(M_i, F_j) = D_i \mathrm{e}^{bt} \cos 2\pi t + F_j \tag{4.12}$$

式中，$D_i$表示第 $i$ 只飞蛾到第 $j$ 个火焰的距离；$b$ 为定义对数螺旋形状的常数；$t$ 为[−1,1]中的随机数。$D_i$的计算如下：

$$D_i = \left|F_j - M_i\right| \tag{4.13}$$

式中，$M_i$表示第 $i$ 只飞蛾；$F_j$表示第 $j$ 个火焰；$D_i$表示第 $i$ 只飞蛾到第 $j$ 个火焰的距离。

式（4.12）模拟了飞蛾螺旋飞行的路径。从这个方程中可以看出，飞蛾的下一个位置是相对于火焰而确定的。螺旋方程中的 $t$ 参数定义了飞蛾的下一个位置应该离火焰有多远（$t$=−1 是离火焰最近的位置，$t$=1 是离火焰最远的位置）。螺旋运动是该方法的主要组成部分，因为它决定了飞蛾如何更新它们在火焰周围的位置。螺旋方程允许飞蛾绕着火焰飞行，而不一定是在火焰之间的空间飞行。因此，可以保证搜索空间的探索和利用。曲线上的对数螺旋、火焰周围的空间及考虑不同 $t$ 的位置如图 4.3 所示。

图 4.4 所示为飞蛾在火焰周围位置更新的概念模型。注意，虽然图 4.4 的纵轴只显示一个维度（给定问题的一个变量/参数），但是所提出的方法可以用来改变问题的所有变量。图 4.4 清楚地表明，飞蛾可以在一维空间内探索和利用火焰周围的搜索空间。当下一个位置在飞蛾和火焰之间的空间之外时，探索就发生了，如图 4.4 中的箭头 1、箭头 3 和箭头 4 所示。当下一个位置位于飞蛾和火焰之间的空间时，就会发生开发行为，如图 4.4 中的箭头 2 所示。下面是对这个模型的一些有趣的观察。

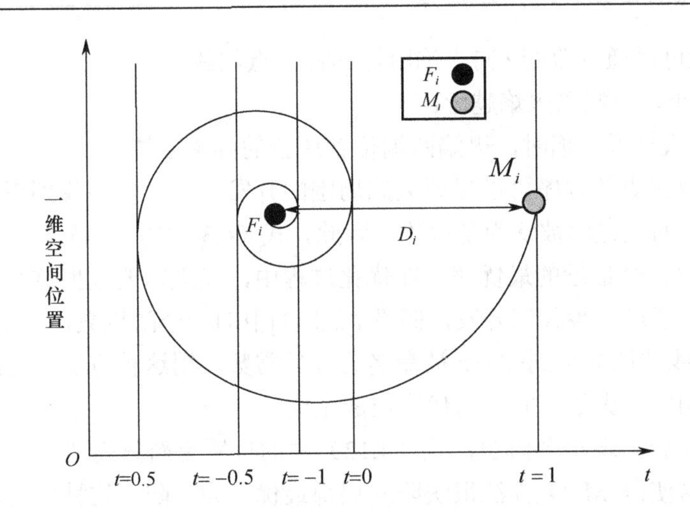


图 4.3　通过对火焰使用对数螺旋飞蛾可能达到的一些位置

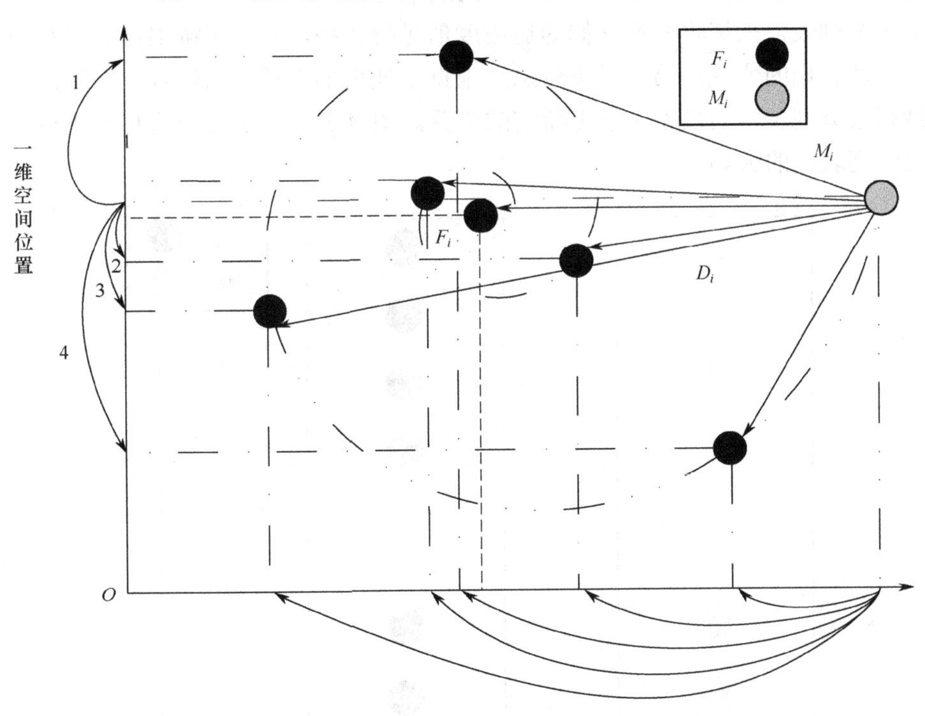


图 4.4　飞蛾在火焰周围位置更新的概念模型

—·—·— 飞蛾可能存在的位置

—·—··· 飞蛾在火焰周围运动的的下一个位置

------ 围绕火焰

① 飞蛾可以通过改变 $t$ 向火焰附近的任一点收敛。

② $t$ 越小，飞蛾离火焰越近。

③ 当飞蛾靠近火焰时，火焰两侧位置更新的频率增加。

提出的位置更新程序可以保证火焰周围的开发，为了提高找到更好的解的概率，目前得到的最佳解被认为是火焰。因此，式（4.3）中的矩阵 $\boldsymbol{F}$ 总是包含迄今为止所得到的 $n$ 个最近的最优解。在优化过程中，飞蛾需要根据这个矩阵更新它们的位置。为了进一步强调开发，假设 $t$ 是$[r,1]$中的一个随机数，其中，$r$ 在迭代过程中从$-1$ 线性地减小到$-2$。$r$ 被命名为收敛常数。用这种方法，飞蛾会更精确地利用它们相应的火焰，并与迭代次数成正比。

这里可能会出现一个问题，式（4.12）中的位置更新只需要飞蛾向火焰移动就可以了，这使得 MFO 算法很快陷入局部最优。为了防止这种情况的发生，每只飞蛾都需要使用式（4.12）中的一个火焰来更新它的位置。每次迭代之后都会更新火焰列表，火焰将根据它们的适应度值进行排序，然后飞蛾根据各自相应的火焰更新它们的位置。第一只飞蛾总是根据最佳火焰更新它的位置，而最后一只飞蛾则根据列表中的最差火焰更新它的位置。图 4.5 显示了如何将每只飞蛾分配给火焰列表中的火焰。

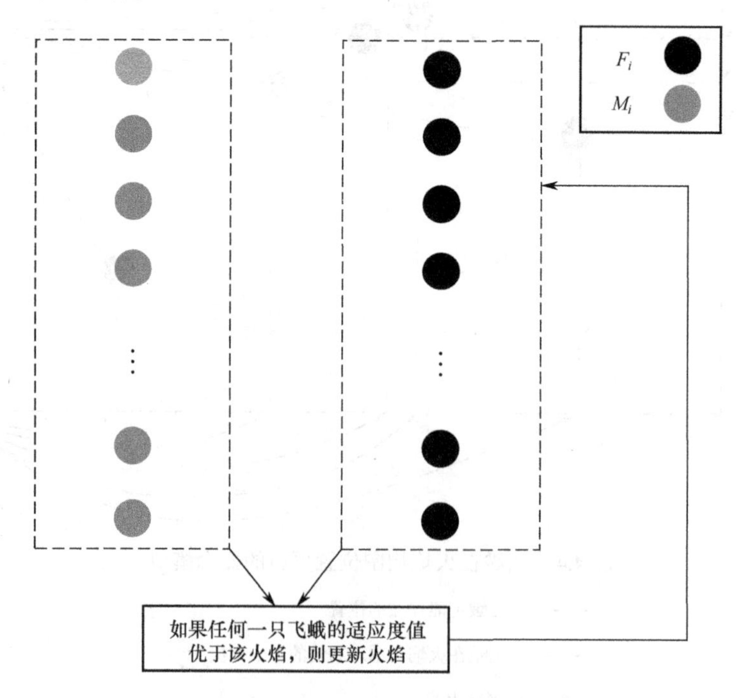


图 4.5　飞蛾–火焰分配图

值得注意的是，这个假设是为设计 MFO 算法而做的，可能并不是自然界中飞蛾的实际行为。然而，横向定向仍然是由假定的飞蛾来完成的。给每只飞蛾都分配一个特定火焰的原因是为了防止陷入局部最优。如果所有的飞蛾都被一个火焰所吸引，它们就会在搜索空间中收敛到一个点，因为它们只能飞向特定的火焰而不能扩散。要求飞蛾在不同的火焰中移动，会使搜索空间的探索程度更高，从而降低陷入局部最优的概率。并且，由于以下原因，该方法保证了对目前所获得的最佳位置周围搜索空间的探索：

① 飞蛾更新其在超空间中的位置，以获得迄今为止最好的解决方案。

② 火焰的顺序根据每次迭代的最佳解决方案改变，并且需要飞蛾根据更新的火焰更新它们的位置。因此，飞蛾的位置更新可能发生在不同火焰附近，这是一种使飞蛾在搜索空间内突然移动，从而促进探索的机制。

另一个问题是，飞蛾相对于搜索空间中的 $n$ 个不同位置的更新可能会减少对最有希望的解决方案的利用。为了解决这一问题，提出了一种火焰数量的自适应机制。图 4.6 显示了在迭代过程中火焰数量是如何自适应地减少的。这时采用了下列公式：

$$\text{flame}\quad \text{no} = \text{round}\left(N - l\frac{N-1}{T}\right) \tag{4.14}$$

式中，$l$ 为当前迭代次数；$N$ 为最大火焰次数；$T$ 为最大迭代次数。

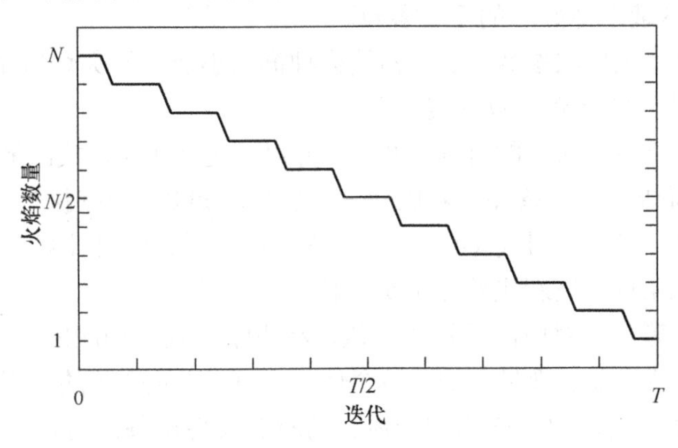


图 4.6　在迭代过程中，火焰的数目自适应地减少

由图 4.6 可知，迭代初始阶段的火焰数为 $N$。飞蛾只在迭代的最后步骤中根据最佳火焰更新其位置。火焰数量的逐渐减少平衡了搜索空间的探索和开发。$P$ 函数的一般步骤如下：

```
更新火焰数量，使用式（4.14）
OM = FitnessFunction(M);
if iteration = 1
    对 M 排序;
    对 OM 排序;
Else
    对 M_{t-1} 和 M_t 排序;
    对 OM_{t-1} 和 OM_t 排序;
End
for i = 1: n
    for j = 1: d
        更新 r 和 t
        将相对应的飞蛾，使用式（4.13）计算 D
        将相应的飞蛾，使用式（4.11）和（4.12）更新 M(i,j)
    end
end
```

如上所述，执行 $P$ 函数直到 $T$ 函数返回 true。在终止 $P$ 函数后，返回最优解。因此，MFO 算法优化的步骤如下。

步骤 1：建立算法优化模型，找出需优化的参数及它们的上、下限。

步骤 2：确定 MFO 算法的适应度函数，也就是目标函数，在算法迭代过程中，这是衡量飞蛾个体好坏的重要参数。

步骤 3：初始化算法参数。确定初始化种群大小及初始火焰数量 $n$、优化变量的维数、算法迭代的次数、算法终止条件。

步骤 4：计算飞蛾对应的目标函数值，并对其进行排序，找出最优个体并保存火焰，同时判断迭代终止条件，若成立，则执行步骤 8，否则执行步骤 5。

步骤 5：迭代寻优。用式（4.14）更新火焰的数量；同时计算火焰和飞蛾间的距离，且用式（4.11）更新飞蛾与火焰的位置。

步骤 6：计算飞蛾对应的目标函数值，将飞蛾位置和相应的火焰位置保存。

步骤 7：寻找当前表现最好的飞蛾个体，若当前飞蛾个体的表现优于上一次已保留的飞蛾个体，则保留当前飞蛾个体。判断迭代终止条件是否满足，若满足则执行步骤 8；否则继续迭代。

步骤 8：得到整个迭代过程中表现最好的飞蛾个体及对应的适应度值，也就是输出最佳目标函数值和对应的最佳变量值，算法结束。

为了说明 MFO 算法的收敛性能，我们选取 23 个经典函数中的 $F_1$、$F_9$、$F_{11}$ 和 $F_{14}$ 进行测试（见附表 1），参数设置如下：种群大小为 30，迭代次数为 1000。

结果如图 4.7 所示。从图 4.7 中的测试函数中可以看出，MFO 算法具有明显的收敛至全局最优的能力。另外，从图 4.7 中可以看出，收敛曲线的横坐标是迭代次数，间隔均为 200；考虑到该算法在每个函数中表现出不同的收敛性，为了便于观察，分别采用线性（$F_9$ 和 $F_{14}$）和对数（$F_1$ 和 $F_{11}$）形式绘制算法的收敛情况。

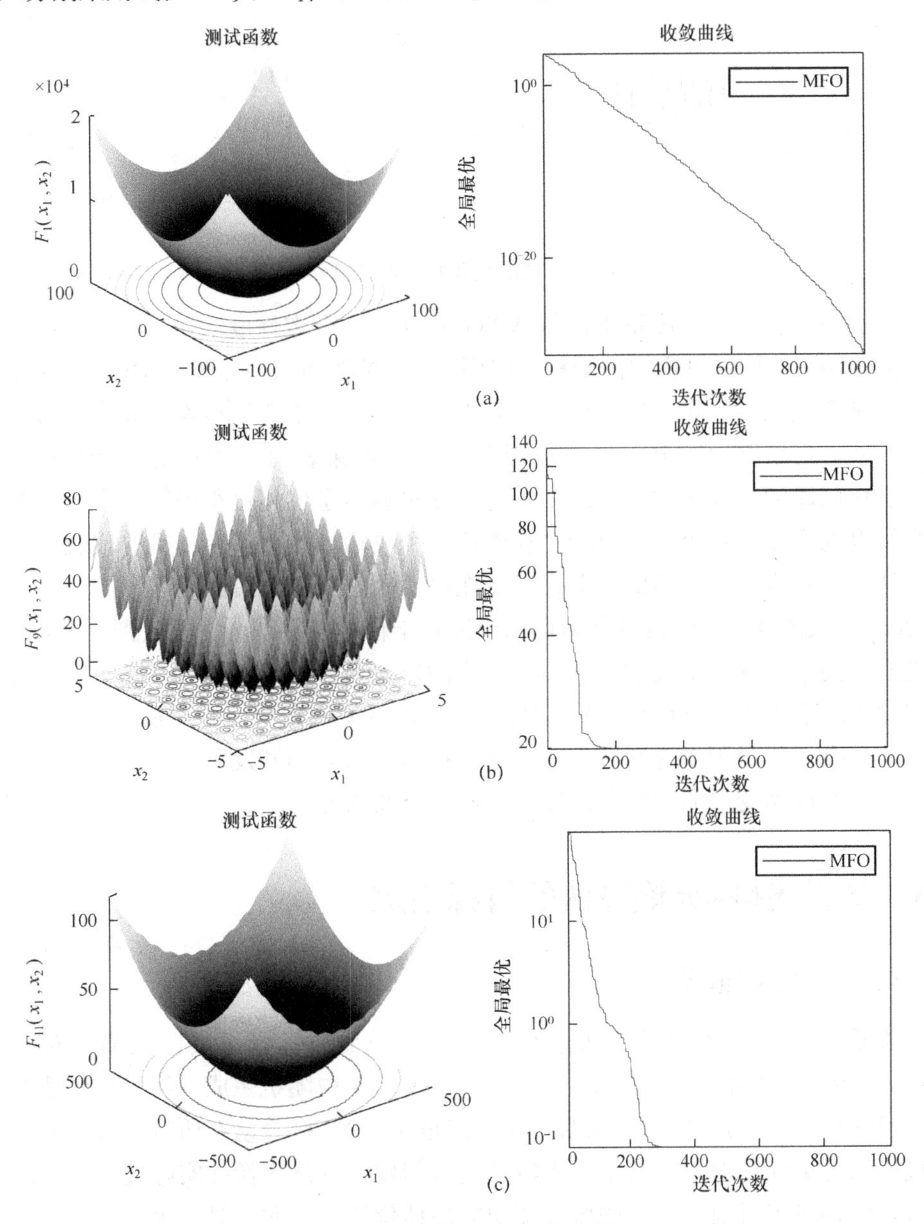


图 4.7　测试函数和收敛曲线

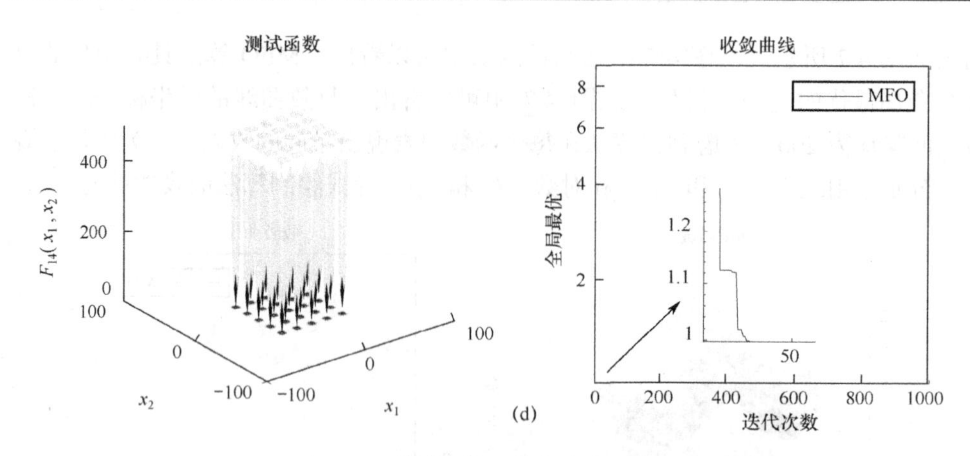


图 4.7 测试函数和收敛曲线（续）

一般使用两个定性度量来评估 MFO 算法。一个定性度量显示了迭代过程中采样点的历史。优化过程中的采样点用图 4.7 中的黑点表示。似乎 MFO 算法在所有的测试函数上都遵循类似的模式，其中，飞蛾倾向于探索搜索空间中有希望的区域，并非常精确地利用全局最优。图 4.7 中的结果表明，MFO 算法能够有效地逼近优化问题的全局最优解。另一个定性度量显示了优化过程中第一个飞蛾的第一个维度的变化。这个度量有助于观察第一个飞蛾（作为所有飞蛾的代表）在最初的迭代中是否面临突然的移动，以及在最后的迭代中是否面临逐渐的变化。根据 Berg 等人的观点[57]，这种行为可以保证基于群体的算法最终收敛到一个点，并在搜索空间中进行局部搜索。从图 4.7 中的轨迹可以看出，第一个飞蛾以突变开始优化（超过搜索空间的 50%），这种行为可以保证搜索空间的探索。还可以观察到，波动在迭代过程中逐渐减少，这是一种保证探索和开发之间过渡的行为。最终，飞蛾的运动变得非常缓慢，促进了搜索空间的开发。

## 4.3 基于飞蛾-火焰算法的目标跟踪

### 4.3.1 跟踪框架

假设在被搜索的图像（状态空间）中有一个与目标（最佳火焰）对应的 ground-truth（真实位置），并且在图像（状态空间）中随机生成一组目标候选对象（飞蛾和火焰）。基于 MFO 算法的目标跟踪是使用 MFO 算法在所有候选对象中找到最优的目标候选对象。其中，飞蛾是搜索图像中候选图像的实际搜索者，而火焰可以保存飞蛾目前搜索到的候选图像的最佳位置。与此同时，火焰指引着下一步如何寻找飞蛾。最好的候选图像保存在火焰中，这样它们就不会丢失。

基于 MFO 算法的目标跟踪框架如图 4.8 所示。

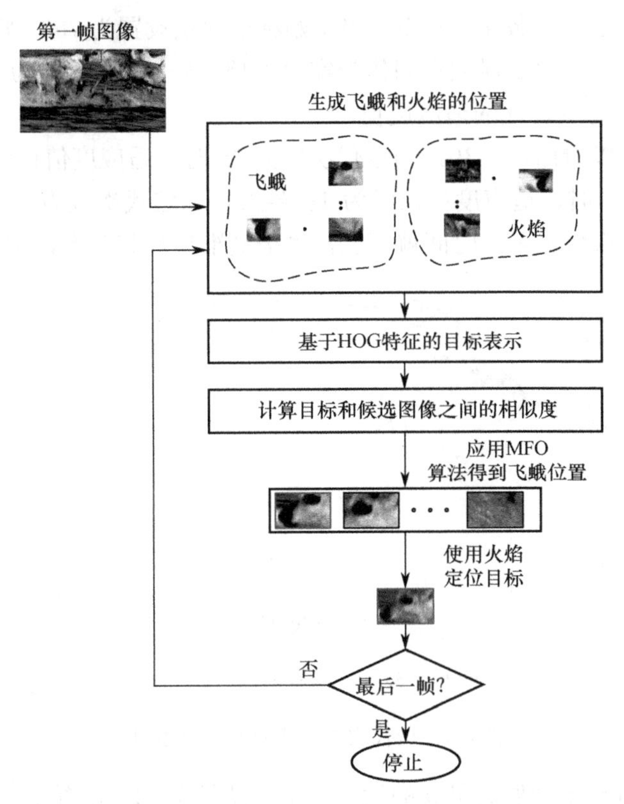


图 4.8　基于 MFO 算法的目标跟踪流程图

图 4.8 中，首先，由用户在视频序列的第一帧中标出目标位置，在下一帧中随机生成新的候选状态向量；然后，建立基于状态向量的观测模型来描述物体的外观和状态，这里采用 HOG 特征来表示对象的外观。在描述状态向量时，采用相关系数来度量目标与候选对象之间的相似性。最后，采用 MFO 算法对候选解进行更新。这个过程是通过最大化相似性函数来实现的。每次查找优化的目标位置时，都会显示框图来指示目标的位置。然后循环查找图像序列，直到没有更多的帧可用为止。

## 4.3.2　参数调整和分析

参数调整是优化算法的一个重要方面。对于所提出的方法，首先，要解决的问题是如何调节参数来适应目标跟踪过程；其次，在参数调节过程中要同时考虑收敛速度和精度。这里的参数主要包括飞蛾和火焰的初始种群数量 $n$ 和迭代次数 $k$ 。

首先，分析迭代次数 $k$ 的设置。将初始种群数量设置为 700，将 $k$ 分别设置为 30、50、70，使用 FACE2 视频序列作为实验视频序列，图片大小为 480×640 像素，观察最优火焰的每次迭代的适应度值。

由图 4.9 可以看出，$k$=30，当迭代次数为 25 时，适应度值已经为 1；$k$=50，当迭代次数为 33 时，适应度值已经为 1；$k$=70，当迭代次数为 27 时，适应度值已经为 1。迭代次数越多，时间就越长，考虑到准确性和效率，将 $k$ 设置为 50。

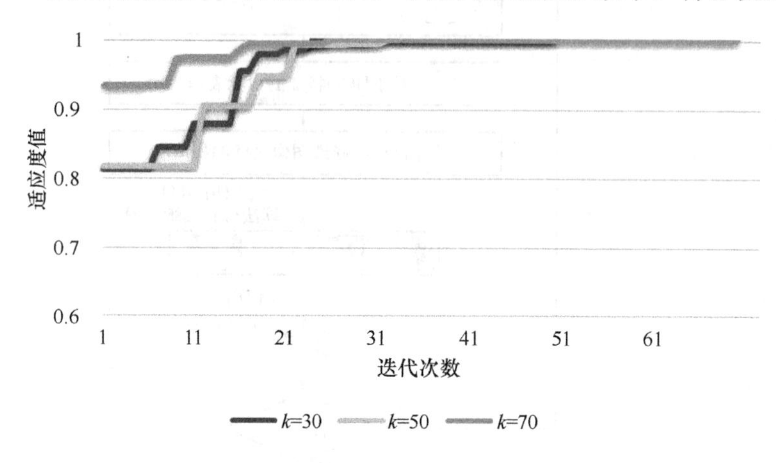


图 4.9 迭代次数对适应度值的影响

接着，分析初始种群数量 $n$ 的设置。将 $k$ 设置为 50，设置初始种群数量 $n$ 分别为 300、500、700，使用 FACE2 视频序列作为实验视频，视频序列帧数为 310，对跟踪的成功率进行实验分析。实验结果如表 4.1 所示。

**表 4.1 种群大小对跟踪的成功率的影响**

| 初始种群数量 $n$ | 成功帧数 | 成功率 |
|---|---|---|
| 300 | 239 | 77% |
| 500 | 310 | 100% |
| 700 | 310 | 100% |

由表 4.1 可以看出，当 $n$ 为 500 时，已经可以实现 100%成功跟踪。

因此，设置 $n$=500、$k$=50，以此作为最终的参数，并使用这组数据进行跟踪实验。

## 4.4　实验分析

为了证明基于 MFO 算法的跟踪方法在目标跟踪方面的能力，将它与 3 种典型的基于优化的跟踪方法，即基于布谷鸟搜索算法的目标跟踪方法、基于粒子群算法的目标跟踪方法、基于模拟退火的目标跟踪方法进行了比较。

在基于 MFO 算法的跟踪器中，参数设置如下：飞蛾/火焰数 $n$=500，最大迭代次数 $k$=50，对数螺旋形常数 $b$=2。为了进行公平的比较，使用相同的特征描述方法（HOG 特征），且每个算法都执行 25000 个目标函数的评估，这对于跟踪器的相对性能是足够的。在基于 MFO 算法的跟踪器中，当搜索空间太小或太大时，可以通过调整参数来防止工作过度或不足。但在本次实验中保持参数不变，且实验中有 10 个具有挑战性的序列。

### 4.4.1　定性分析

在 BLURFACE 视频序列中，#0150 帧和#0272 帧等都存在严重的运动模糊，因而减少了特征向量中的判别信息，使得跟踪器难以预测它们的位置。开始时，所有跟踪器在序列中表现良好，但是当目标对象在#0311 帧处经历突然运动时，基于 SA 算法的跟踪器发生了漂移。在 BLURFACE 视频序列中，基于 MFO 算法的跟踪算法器和基于 CS 算法的跟踪器优于其他跟踪器。部分跟踪结果如图 4.10（a）所示。

在 DEER 视频序列中，当目标经历大的运动位移时，一些图像发生模糊现象，如#0036 帧。同时，#0052 帧的类似目标也会干扰跟踪。即使在运动模糊和水花遮挡的情况下，基于 MFO 算法的跟踪器也能生成准确的结果。尽管所有跟踪器都跟踪目标对象，但与其他跟踪器相比，基于 MFO 算法的跟踪器的跟踪精度最高。部分跟踪结果如图 4.10（b）所示。

在 DOG1 视频序列中，目标发生了尺寸上的变化，可将#1046 帧的目标和#1314 帧的目标进行对比。另外，视频序列中同时存在目标被旋转，例如，在#0236 帧和#0292 帧。在此视频序列中，除了基于 SA 算法的跟踪器发生了失败，其他跟踪器都能够成功跟踪到最后。基于 PSO 算法的跟踪器具有最佳跟踪效果，基于 MFO 算法的跟踪器和基于 CS 算法的跟踪器跟踪效果基本在同一水平上。部分跟踪结果如图 4.10（c）所示。

在 FACE1 视频序列中，在#0109 帧，目标发生尺寸变化；而在#0322 帧和#0275 帧，目标变得模糊。从图 4.10（d）中可以观察到，基于 SA 算法的跟踪器的跟踪效果最差。基于 MFO 算法的跟踪器、基于 CS 算法的跟踪器和基于 PSO 算法的跟踪器的跟踪效果相差不大。

在 HUMAN7 视频序列中，伴随着照相机激烈的抖动，运动目标在#0096 帧和#0123 帧形成了快速运动挑战，为准确定位目标位置增加了难度。另外，在#0190 帧等处，运动目标通过阴影部分时，目标的亮度发生了改变。基于 SA 算法的跟踪器在#0096 帧之前就已经丢失了目标，基于 MFO 算法的跟踪器、基于 CS 算法的跟踪器和基于 PSO 算法的跟踪器运行良好。总体来说，与基于 PSO 算法的跟踪器相比，基于 MFO 算法的跟踪器和基于 CS 算法的跟踪器具有更加优秀的结果。部分跟踪结果如图 4.10（e）所示。

在 ZXJ 视频序列中，在#0037 帧之前，所有跟踪器都能正常工作。然而，当目标在#0069 帧发生突变运动时，基于 SA 算法的跟踪器在某种程度上偏离了轨道，基于 MFO 算法的跟踪器和基于 CS 算法的跟踪器获得最佳性能。部分跟踪结果如图 4.10（f）所示。

在 FISH 视频序列中，由于照相机连续抖动，目标发生轻微的运动模糊。另外，#0306 帧和#0312 帧的运动目标光线强于#0070 帧目标的光线。4 个跟踪器均具有良好的跟踪结果。部分跟踪结果如图 4.10（g）所示。

在 MAN 视频序列中，在#0037 帧突然出现了较明亮的灯光照射，导致基于 CS 算法的跟踪器跟踪失败。虽然它在#0105 帧和#0130 帧再次捕获了目标，但这完全是一种偶然，对于整个跟踪过程来说，它是失败的。部分跟踪结果如图 4.10（h）所示。

在 MHYANG 视频序列中，基于 SA 算法的跟踪器在#0956 帧之前就已经偏离目标，基于 PSO 算法的跟踪器在#1416 帧也跟踪失败，只有基于 CS 算法的跟踪器和基于 MFO 算法的跟踪器成功跟踪到视频的最后。部分跟踪结果如图 4.10（i）所示。

在 SYLVESTER 视频序列中，当玩具持续发生翻转时，运动目标的形状发生了显著变化。同时，运动目标也存在光线的变化。基于 SA 算法的跟踪器性能最差。部分跟踪结果如图 4.10（j）所示。

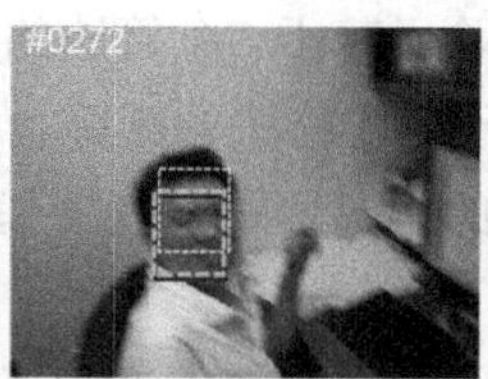

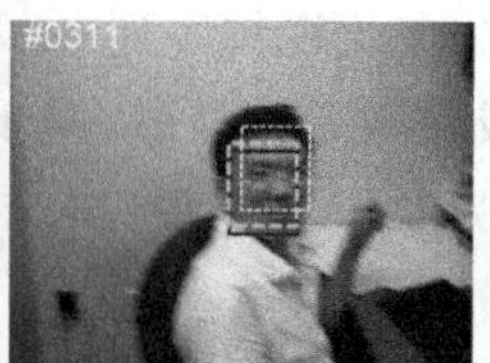

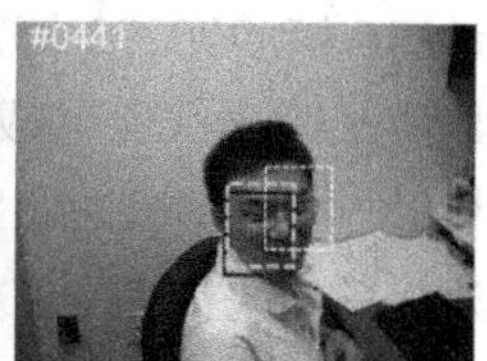


（a）BLURFACE

图 4.10　部分跟踪结果

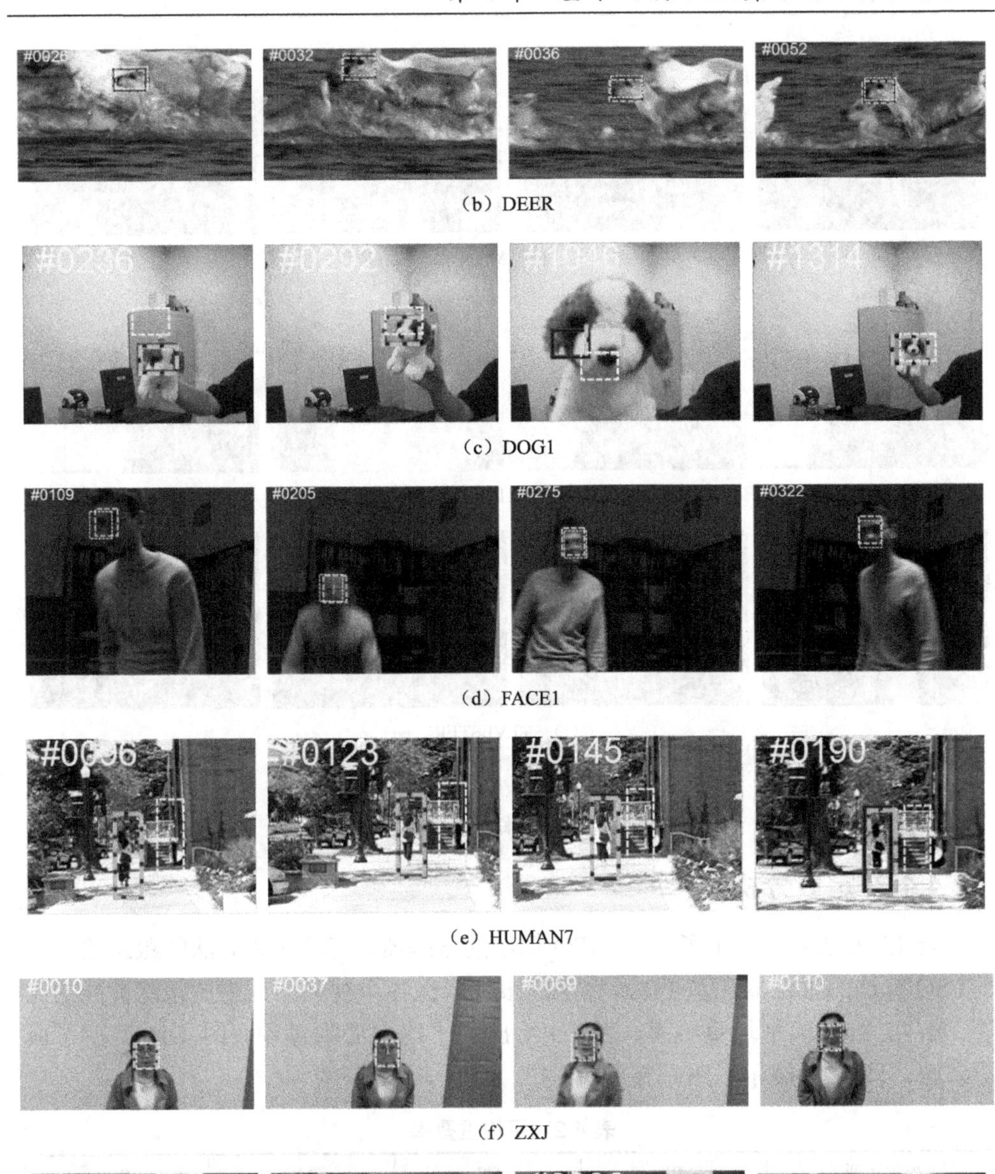

（b）DEER

（c）DOG1

（d）FACE1

（e）HUMAN7

（f）ZXJ

（g）FISH

图 4.10　部分跟踪结果（续一）

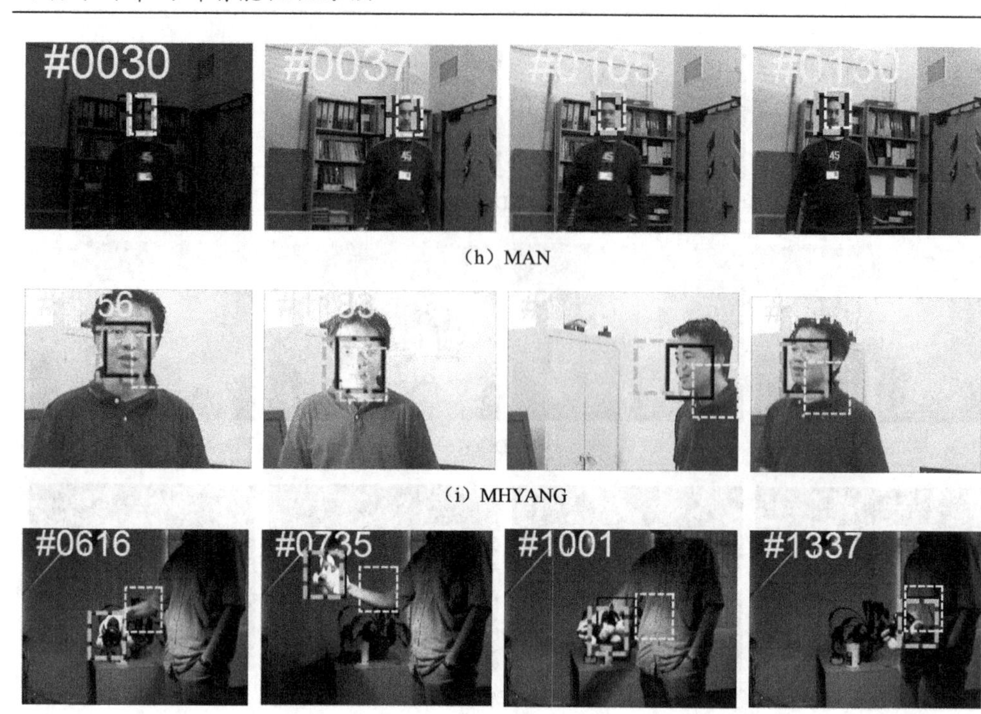


(h) MAN

(i) MHYANG

(j) SYLVESTER

MFO —— CS - - PSO ······ SA

图 4.10　部分跟踪结果（续二）

### 4.4.2 定量分析

表 4.2 和表 4.3 给出了基于 MFO 算法的跟踪器、基于 CS 算法的跟踪器、基于 PSO 算法的跟踪器和基于 SA 算法的跟踪器在各个视频序列中的跟踪性能的比较。表 4.2 给出了平均重叠率，表 4.3 给出了平均中心误差率，图 4.11 展示了成功率图，图 4.12 展示了跟踪精度图。

表 4.2　平均重叠率

| 视频序列 | MFO | CS | PSO | SA |
|---|---|---|---|---|
| BLURFACE | 0.71 | 0.71 | 0.66 | 0.49 |
| DEER | 0.74 | 0.73 | 0.69 | 0.69 |
| DOG1 | 0.46 | 0.46 | 0.47 | 0.32 |
| FACE1 | 0.69 | 0.69 | 0.70 | 0.56 |
| HUMAN7 | 0.47 | 0.47 | 0.46 | 0.16 |
| ZXJ | 0.85 | 0.85 | 0.82 | 0.67 |
| FISH | 0.84 | 0.84 | 0.82 | 0.78 |

（续表）

| 视频序列 | MFO | CS | PSO | SA |
|---|---|---|---|---|
| MAN | 0.83 | 0.37 | 0.70 | 0.67 |
| MHYANG | 0.75 | 0.75 | 0.60 | 0.47 |
| SYLVESTER | 0.63 | 0.65 | 0.63 | 0.29 |

表 4.3 平均中心误差率

| 视频序列 | MFO | CS | PSO | SA |
|---|---|---|---|---|
| BLURFACE | 14 | 14 | 16 | 32 |
| DEER | 7 | 7 | 8 | 10 |
| DOG1 | 17 | 17 | 12 | 24 |
| FACE1 | 7 | 7 | 8 | 17 |
| HUMAN7 | 6 | 6 | 8 | 49 |
| ZXJ | 4 | 4 | 5 | 10 |
| FISH | 4 | 4 | 5 | 7 |
| MAN | 2 | 21 | 4 | 5 |
| MHYANG | 7 | 7 | 15 | 23 |
| SYLVESTER | 10 | 9 | 10 | 45 |

由表 4.2、表 4.3、图 4.11 和图 4.12 可以清楚地看到，整体而言，基于 MFO 算法的跟踪器和基于 CS 算法的跟踪器比另两个跟踪器的表现更好。然而，值得注意的是，尽管相对于其他 3 个跟踪器来说，基于 MFO 算法的跟踪器在 DOG1 和 HUMAN7 视频序列中有更好的跟踪性能，但从跟踪领域来说，基于 MFO 算法的跟踪器不适应具有尺寸变化的视频序列。

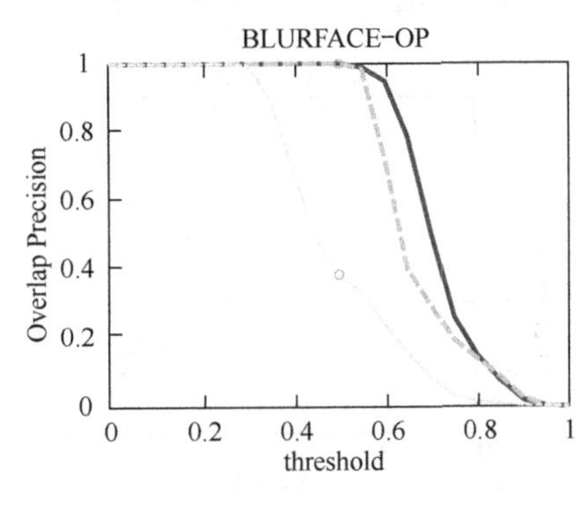


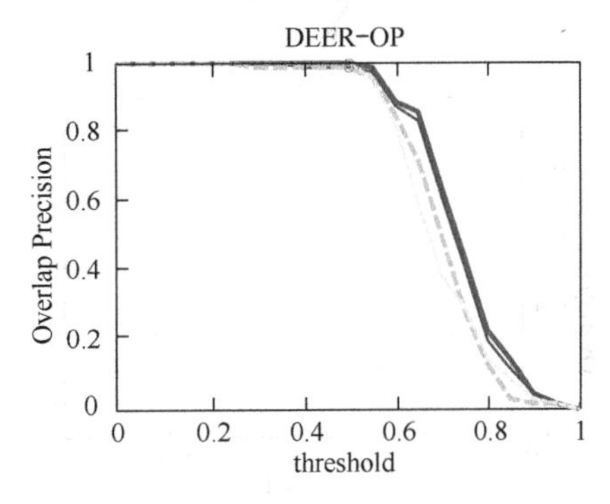


图 4.11 成功率图

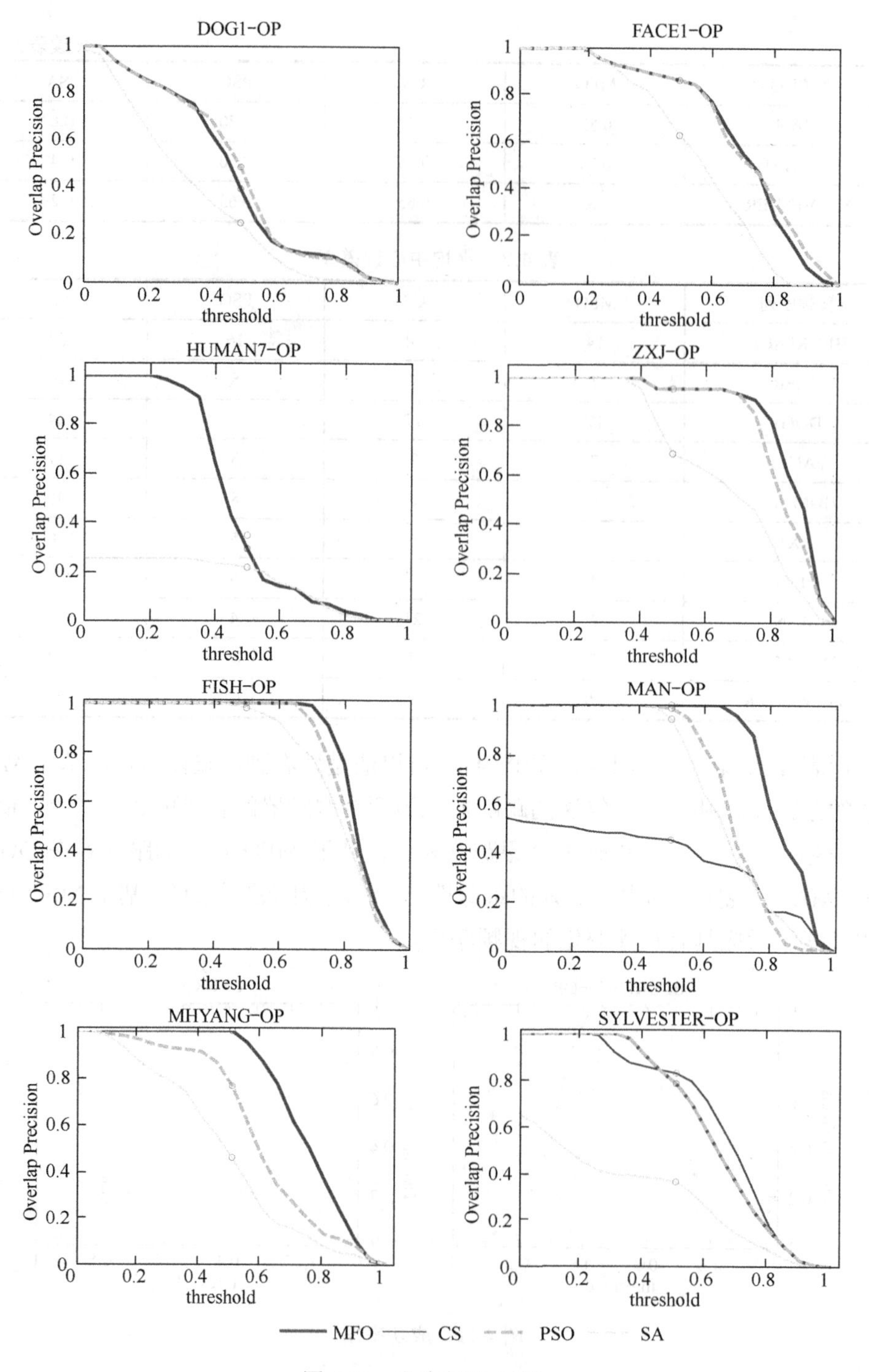
DOG1-OP
FACE1-OP
HUMAN7-OP
ZXJ-OP
FISH-OP
MAN-OP
MHYANG-OP
SYLVESTER-OP
Overlap Precision
threshold
MFO
CS
PSO
SA

图 4.11　成功率图（续）

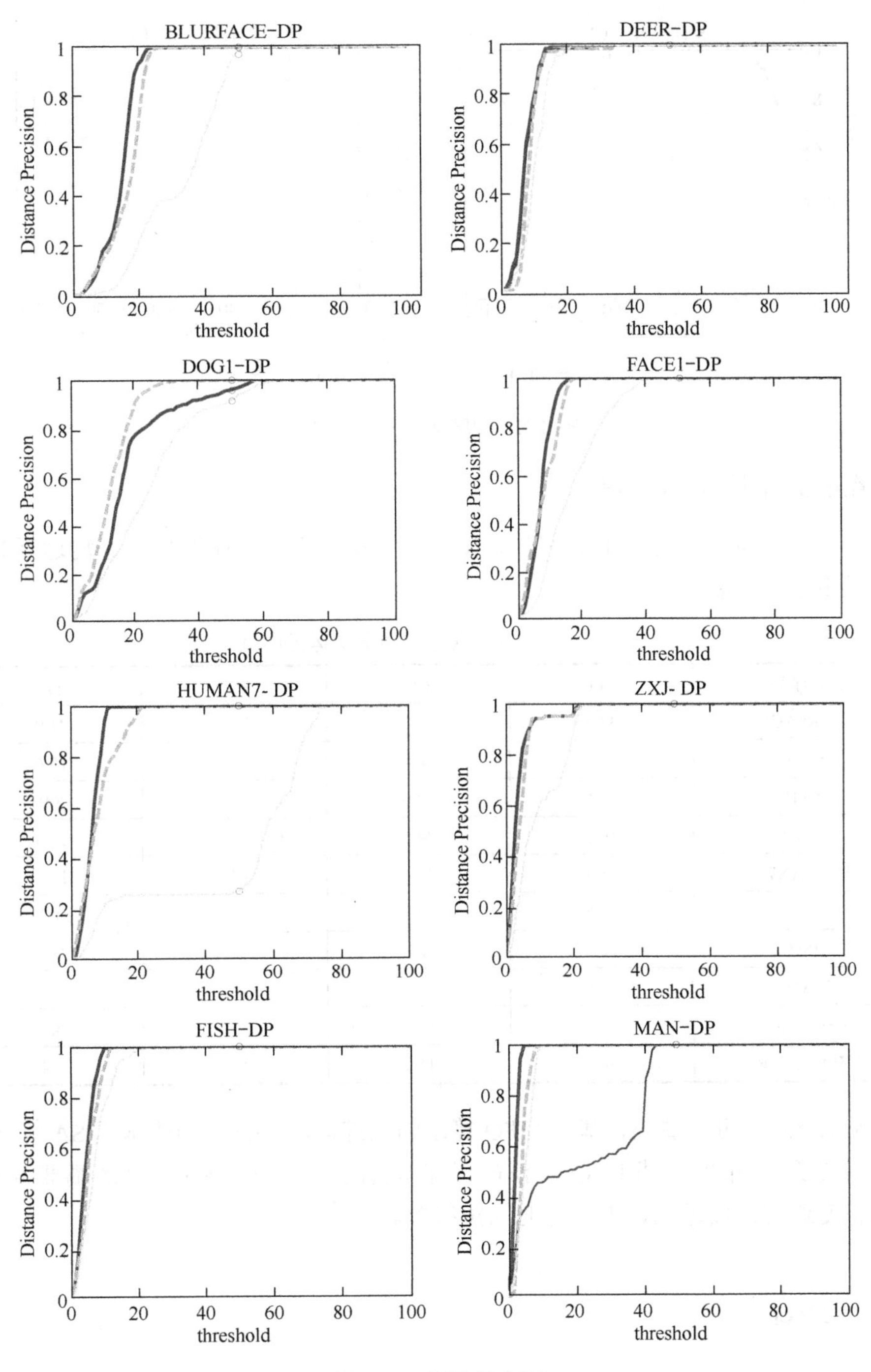
BLURFACE-DP
DEER-DP
DOG1-DP
FACE1-DP
HUMAN7- DP
ZXJ- DP
FISH-DP
MAN-DP
Distance Precision
threshold
0
0.2
0.4
0.6
0.8
1
20
40
60
80
100

图 4.12　跟踪精度图

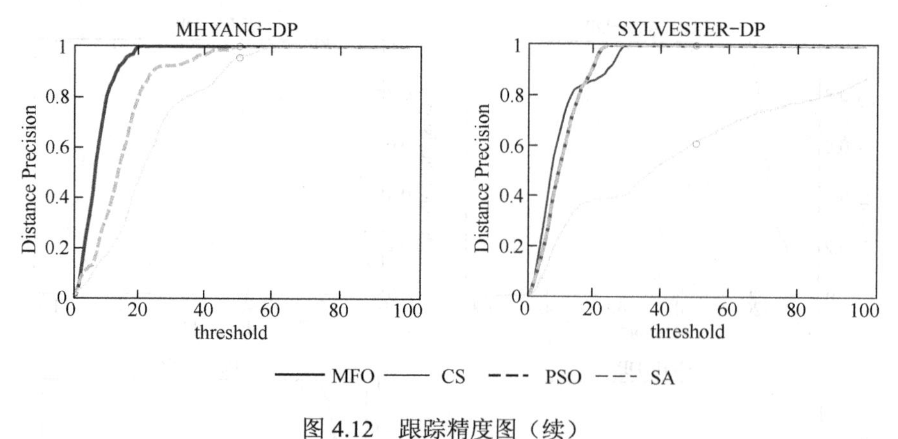


图 4.12　跟踪精度图（续）

### 4.4.3 平均运行时间

为了分析每个跟踪器的时间复杂度，在跟踪过程中，跟踪器的平均运行时间被记录下来，如表 4.4 所示。

表 4.4　跟踪器的平均运行时间　　单位：s

| 视频序列 | MFO | CS | PSO | SA |
|---|---|---|---|---|
| BLURFACE | 33.5 | 34.5 | 32.1 | 21.9 |
| DEER | 21 | 40.3 | 23.3 | 15.6 |
| DOG1 | 9.7 | 12.6 | 9.9 | 8.9 |
| FACE1 | 19.5 | 24.5 | 22 | 15.3 |
| HUMAN7 | 15.3 | 20.6 | 17.4 | 12.7 |
| ZXJ | 12.8 | 30.1 | 15.5 | 10.7 |
| FISH | 12.2 | 15 | 9.1 | 9.7 |
| MAN | 4.7 | 14.1 | 6.7 | 4.6 |
| MHYANG | 9.8 | 13.2 | 12.1 | 8.3 |
| SYLVESTER | 8.7 | 11.7 | 9.9 | 7.4 |

从表 4.4 中可以看出，基于 MFO 算法的跟踪器的运行时间比基于 SA 算法的跟踪器要长，但精度比基于 SA 算法的跟踪器要高；与基于 CS 算法的跟踪器相比，跟踪精度通常是接近的，但运行时间短很多。

## 4.5　小结

本章提出了一种基于 MFO 算法的目标跟踪方法，通过飞蛾与火焰的交互作用在整个搜索空间中搜索目标。首先，将 MFO 算法引入目标跟踪，设计了基于 MFO 算法的目标跟踪框架；然后，讨论了该框架中参数的自适应性和灵敏度；最后，为了说明所提出的跟踪器的能力，与 3 个基于优化的目标跟踪器进行了比较。比较结果表明，基于 MFO 算法的跟踪器在精度上优于基于粒子群优化算法的跟踪器和基于模拟退火的目标跟踪器，在运行时间上优于基于布谷鸟搜索的跟踪器。未来的工作将集中在基于 MFO 算法的跟踪系统的特征选择方法和效率上。

# 第5章　基于改进布谷鸟搜索算法的目标跟踪方法

## 5.1　引言

近年来，基于机器学习方法的不断发展，很多跟踪算法提出利用学习策略使目标外观模型具有实时更新的能力，从而在不同的跟踪环境下均能够实现持续性跟踪。大多数方法均聚焦于如何设计有效的外观模型以适应跟踪过程中的环境变化，而忽略了候选样本的有效选择问题。如果候选样本不能覆盖目标的真正运动状态，也就是说，获得的候选样本状态不能包含真实的目标状态，那么即便有再有效的外观模型也难以保证目标跟踪的持续进行。

为了解决当传统运动平滑性假设条件遭到破坏时，很多跟踪算法面临的候选样本选择不精确的问题，许多跟踪算法被提出。Porikli 等人[189]提出利用背景建模来检测图像中目标可能出现的区域，基于这些区域的中心实现多核视频目标跟踪技术。这种方法旨在借助多核方式尽可能地覆盖目标的不确定运动状态。这种方法在固定摄像机场景下取得了好的跟踪效果，但很难拓展到复杂场景下的动态目标跟踪应用中。Li 等人[190]提出一种 SMDShift（Stochastic Meta-Descent based Mean Shift）跟踪框架，首先依据先前帧中目标的尺寸将图像分为很多相同大小的子块，再利用最大块零阶距预测目标核的近似状态。基于这种 KP（Kernel Prediction）预测方法能够使算法适应运动的不确定性。Su 等人[191]利用目标的先验知识提出一种改进的显著性检测模型，这种全局性的显著性区域搜索方法在一定程度上适应了目标运动状态突变的场景。这些利用自底向上统计信息决策的跟踪方法能够获得更加可靠的跟踪结果，然而很容易遭遇局部嵌入式问题。另外，搜索范围的扩大必然导致大量的背景信息等待处理，如果出现背景复杂的场景则该跟踪算法容易失败。

本章中，为了解决突变运动及不确定场景的问题，将具有全局搜索功能的 CS 算法引入跟踪框架。Xin 等人[84]根据布谷鸟算法的寻窝产卵行为和莱维飞行提出了布谷鸟搜索（Cuckoo Search，CS）算法。由于布谷鸟搜索算法参数少、简单易行，受到众多学者的青睐，陆续被应用到实际生产生活及工程设计等领域。文献

[192]中将 CS 算法运用于无线传感器网络。文献[193]中将 CS 算法应用于三维钢框架抗震优化设计。文献[194]中将 CS 算法应用于六杆机构优化问题。文献[195-196]中将 CS 算法应用于面部识别。文献[197-198]中将改进 CS 算法应用于混合流水车间调度问题，表现出良好的有效性和优越性。Lim 等人[199]将 CS 算法应用到钻头路径优化问题中，能够有效地发现最优解。Zhao 等人[196]将自适应 CS 算法用于提取高光谱遥感图像，结果要优于传统技术得到的结果。王凡等人[200]通过马尔科夫模型证明了 CS 算法全局收敛的两个条件，指出 CS 算法是一种具有全局收敛性的随机算法。GAO 等人[201]将 CS 算法和微分算法结合并应用于未知参数识别和序列识别。吴昊等人[202]将基本 CS 算法用于求解整数规划问题，仿真实验表明，对于求解整数规划问题，CS 算法比 PSO 算法性能更好、全局搜索能力更强。Jaime 等人[203]利用 CS 算法解决了 e-NRTL 模型的非线性参数估计，得到的结果优于遗传算法、微分进化算法等得到的结果。Cuevas 等人[204]将改进 CS 算法应用于多目标优化问题，能够更好地寻找多目标优化的解。

由上述可以看出，虽然 CS 算法提出得较晚，但是对它的研究已经成为仿生的群智能启发式算法的新亮点，人们开展了很多关于 CS 算法理论、改进和应用的研究。Wang 等人[205]将粒子群算法和 CS 算法串行，在每次迭代的过程中都用粒子群算法优化种群，然后采用 CS 算法对种群的个体继续寻优。Layeb 等人[206]引入量子计算的量子比特和量子纠缠等概念，用来增加 CS 算法的多样性，在求解集装箱问题上取得了成功。王李进等人[207]提出了一种基于逐维改进的 CS 算法，在迭代过程中针对解采用逐维更新评价策略。胡欣欣等人[208]针对连续函数优化问题，提出了合作协同优化的 CS 算法，应用合作协同进化框架，将种群的解向量分解成若干子向量，并构成相应的子群体，然后利用标准的 CS 算法更新各子群体的解向量。王凡等人[209]在迭代的过程中，对鸟窝的位置加入高斯扰动，增强了鸟窝位置变化的活力。上述改进策略有效地改善了 CS 算法的收敛速度和解的质量，并为今后的研究提供了一些有效的思路。

在本章中，针对 CS 算法存在后期收敛速度慢的问题，将具有强大局部搜索能力的 SM 算法引入 CS 算法中，加快了算法的收敛速度，提高了收敛精度。

## 5.2　布谷鸟搜索算法

### 5.2.1　布谷鸟搜索算法介绍

#### 1. 布谷鸟算法生物学原理

布谷鸟会在其他鸟类的鸟巢中产卵，并且可能会移走巢中其他鸟类的卵，以增加自己的卵被孵化的可能性。一些寄主鸟类会与入侵的布谷鸟发生直接冲突。如果寄主鸟发现有些卵不是自己的，那么它们要么扔掉这些外来的卵，要么干脆放弃自己的巢，在其他地方再建一个新的巢。有些种类的布谷鸟模仿一些特定寄主鸟类的卵的颜色和纹理，以此降低它们的卵被遗弃的可能性，从而提高繁殖成功率。

**2．莱维飞行（Levy Flight）**

各种研究表明，许多昆虫的飞行行为表现出了莱维飞行[210-213]的典型特征。Reynolds 和 Frye 最近的一项研究表明，果蝇或黑腹果蝇会利用一系列直线飞行路线探索它们的食物，这些路线中间穿插着一个突然的 90 度转弯，从而形成了一种 L 形飞行模式，即间歇性无尺度搜索。

20 世纪 30 年代，法国数学家保罗·皮埃尔·莱维（Paul Pierre Levy）提出了 Levy 飞行。Levy 飞行属于随机行走的一种，行走的步长满足重尾（Heavy - Tailed）分布，重尾分布是指可以以较大的概率取极大值，即以较大概率在局部位置进行大幅度跳转，在这样的行走方式中，较短步长的探索与偶尔较长步长的行走交替，从而扩大了搜索的领域，增加了多样性，有利于跳出局部极值。如果当目标位置稀疏且随机分布时，对于 $M$ 个独立的寻找者，Levy 飞行是最理想的寻找策略。

Levy 分布可以用以下几个参数来定义：特征指数 $\alpha$、尺度 $\sigma$、位移 $x$、方向参数 $\beta$。Levy 分布的定义是其特征函数的傅里叶变换：

$$\begin{aligned} p_{\alpha,\beta}(k;\mu,\sigma) &= F\{p_{\alpha,\beta}(k;\mu,\sigma)\} = \int_{-\infty}^{\infty} \mathrm{d}x\mathrm{e}^{ikx} p_{\alpha,\beta}(k;\mu,\sigma) \\ &= \exp\left\{ i\mu k - \sigma^{\alpha}|k|^{\alpha}\left[1 - i\beta\frac{k}{|k|}\varpi(k,\alpha)\right]\right\} \end{aligned} \tag{5.1}$$

式中，

$$\varpi(k,\alpha) = \begin{cases} \tan\dfrac{\pi\alpha}{2} & \alpha \neq 1 \text{且} 0 < \alpha < 2 \\ -\dfrac{2}{\pi}\ln|k| & \alpha = 1 \end{cases} \tag{5.2}$$

Levy 分布的概率密度分布函数如下：

$$p_{\alpha,\beta}(x) = \begin{cases} \dfrac{1}{\sqrt{2\pi}} x^{-3/2} \exp\left(-\dfrac{1}{2x}\right) & x \geqslant 0 \\ 0 & x < 0 \end{cases} \tag{5.3}$$

式中，$\alpha = 1/2$，$\beta = 1$。

Levy 飞行的跳跃分布概率密度函数如下：

$$\lambda(x) \approx |x|^{-1-\alpha} \qquad 0 < \alpha < 2 \tag{5.4}$$

由于 Levy 飞行是二阶距发散的，所以其运动过程中的跳跃性非常大。在搜索过程中，Levy 飞行伴随着频繁短步长局部探索及少数长步长全局探索，因此在搜索到最优值附近时能达到加强局部搜索的效果，而少数长步长跳跃式的探索有利于扩大搜索范围，使之更容易跳出局部最优。如图 5.1 所示是关于 Levy 飞行轨迹的模拟图像，探索的步长通常很小，偶尔会出现大的跳动。

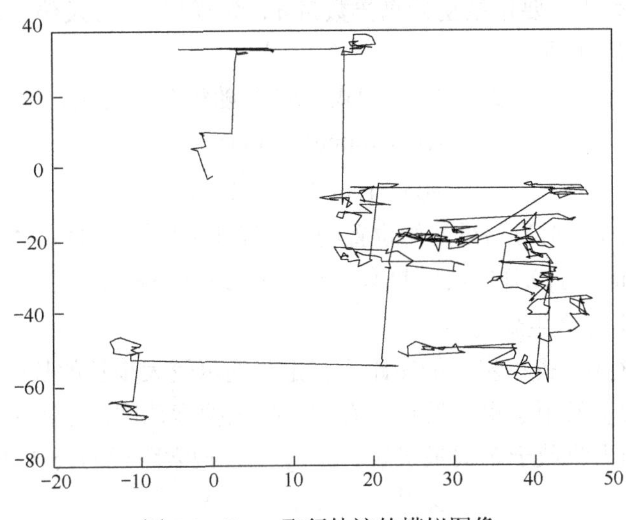


图 5.1　Levy 飞行轨迹的模拟图像

Levy 飞行具有以下特点。

① 独立同分布的随机变量之和与随机变量本身具有相同的分布，即具有统计的自相似性和随机分形。

② 具有幂律渐进性，也就是服从重尾分布。

③ 具有广义中心极限定理。对随机变量和分布来说，Levy 飞行是极限的一种，具有邻域的吸引。当系统的进化或实现结果由大量的随机数的和决定时，就会出现吸引。

④ 具有无限均值和无限方差。

### 5.2.2　布谷鸟搜索算法的数学原理

布谷鸟搜索（CS）算法是基于布谷鸟随机寻找鸟巢产卵的过程和 Levy 飞行产生的。CS 算法具有操作简单、参数少、调节方便等优点。实际上，CS 算法有以下几个要素：选择最优、Levy 飞行搜索、概率选择随机更新。

为了简单描述 CS 算法，使用以下 3 条理想化的规则：

① 每只布谷鸟一次产一个卵，然后把卵放到随机选择的鸟巢中。

② 品质优良的鸟巢将会延用到下一代。

③ 有效的寄主巢数量是固定的，布谷鸟产的卵被寄主鸟发现的概率为 $\mathrm{Pa}(\mathrm{Pa}\in[0,1])$，若被发现，则随机更寄主巢位置。

CS 算法的主要步骤如下。

（1）初始化 CS 算法参数

CS 算法的参数主要包括初始鸟巢数量 $n$，发现概率 Pa 及停止条件。

（2）生成初始鸟巢

初始鸟巢的位置可由式（5.1）和式（5.2）随机分配得到，即

$$x(i)=\mathrm{round}(M\mathrm{rand}) \tag{5.5}$$

$$y(i)=\mathrm{round}(N\mathrm{rand}) \tag{5.6}$$

式中，$x(i)$、$y(i)$ 分别为鸟巢初始位置的 $x$ 坐标和 $y$ 坐标；$M$、$N$ 分别为鸟巢位置的边界值；rand 为 [0,1] 内的随机数；round ()为取整函数。

（3）Levy 飞行产生新鸟巢

在 Levy 飞行中，较小步长的短距离行走与偶尔较大步长的长距离行走交替进行，搜索前期大步长用于探索发现，有利于扩大搜索范围；搜索后期，小步长使得群体在小范围内收敛于全局最优解。Levy 飞行搜索路径的公式如下：

$$X_i^{t+1}=X_i^t+\alpha\oplus L(\lambda) \tag{5.7}$$

式中，$X_i^{t+1}$ 为第 $i$ 个鸟巢在第 $t+1$ 代的位置；$X_i^t$ 为第 $i$ 个鸟巢在第 $t$ 代的位置；$\alpha$ 为步长控制量，用于控制搜索范围，其值服从标准正态分布；$\oplus$ 表示点对点乘法；$L(\lambda)$ 为随机搜索路径，$L(\lambda)\sim U=t^{-\lambda}\ (1<\lambda\leqslant 3)$。由于 Levy 分布是一个复杂的问题，Mantegna R.N. 给出了一个数学表达式描述 Levy 随机分布，即定义步长 $S=\dfrac{u}{|v|^{1/\beta}}$ 可得：

$$L(\lambda)=a\frac{u}{|v|^{1/\beta}}(X_{\mathrm{best}}^t-X_i^t) \tag{5.8}$$

式中，$a$ 是 Levy 飞行中的经典飞行尺度，$a=0.01$；$\beta$=1.5，$X_{\mathrm{best}}^t$ 是当前的最优鸟巢位置；$u$ 和 $v$ 都服从标准正态分布。

（4）寄生卵被发现

当概率 $P=\mathrm{rand}>\mathrm{Pa}$ 时，寄生卵被发现，则更新鸟巢的路径为：

$$X_i^{t+1} = X_i^t + r(X_j^t - X_i^t) \tag{5.9}$$

式中，$r$ 是[0,1]内均匀分布的随机数；$X_j^t$ 是 $X_i^t$ 附近的一个鸟巢。反之，若寄生卵未被发现，则不更新鸟巢位置。

## 5.3　单纯形法

单纯形法又称多面体搜索法[214-215]，收敛速度快，并有极强的局部搜索能力。它最先由 Spendfey、Hext 和 Himsworth（1962）提出，后来由 Nelde 和 Mead（1965）改进。单纯形法的主要思想是在 $n$ 维空间中构建以 $n$+1 个顶点构成的最简单图形，将这 $n$+1 个顶点上的函数值进行比较。求出 $n$+1 个顶点上的函数值，确定有最大函数值的点（称为最坏点）和有最小函数值的点（称为最好点），然后通过反射、扩展、压缩等方法（几种方法不一定同时使用）求出一个较好点，用它取代最坏点，构成新的单纯形，依次进行迭代；否则通过向最好点收缩形成新的单纯形，重复迭代，用这样的方法逼近极小点。

单纯形法的具体描述如下。

（1）初始化

假设在 $n$ 维问题求解中，目标函数值最大的为最优解。找出 $n$ 个点中的最优点 $P_{\text{best}}$、次优点 $P_{\text{sec}}$ 及最差点 $P_{\text{wors}}$，并计算出 $P_{\text{best}}$ 和 $P_{\text{sec}}$ 的中心点 $P_{\text{cen}}$，将它们的目标函数值分别记为 $f(P_{\text{best}})$、$f(P_{\text{sec}})$、$f(P_{\text{wors}})$、$f(P_{\text{cen}})$。

（2）反射及扩张

求最差点 $P_{\text{wors}}$ 的反射点 $P_{\text{ref}}$，$P_{\text{ref}} = P_{\text{cen}} + \varepsilon(P_{\text{cen}} - P_{\text{wors}})$（通常 $\varepsilon$ 的取值为 1），记 $P_{\text{ref}}$ 的目标函数值为 $f(P_{\text{ref}})$。将反射点的目标函数值 $f(P_{\text{ref}})$ 与最优点的目标函数值 $f(P_{\text{best}})$ 进行比较，如果 $f(P_{\text{ref}}) > f(P_{\text{best}})$，即反射点优于最优点，则说明反射方向正确，可沿当前方向进一步扩张搜索，得到扩张点 $P_{\text{ext}}$。$P_{\text{ext}}$ 可由 $P_{\text{ext}} = P_{\text{cen}} + \varphi(P_{\text{ref}} - P_{\text{cen}})$ 得到，其中，$\varphi$ 为扩张因数，一般取值为 2，如图 5.2（a）所示。

（3）压缩

如果 $f(P_{\text{ref}}) < f(P_{\text{wors}})$，即反射点比当前的最差点还要差，则说明搜索方向错误，此时进行压缩操作，得到压缩点 $P_{\text{con}}$，$P_{\text{con}} = P_{\text{cen}} + \psi(P_{\text{wors}} - P_{\text{cen}})$，通常 $\psi$ 的取值为 0.5，如图 5.2（b）所示。

（4）收缩

如果 $f(P_{\text{wors}}) < f(P_{\text{ref}}) < f(P_{\text{best}})$，即反射点的目标函数值介于最优点与最差点

的目标函数值之间，则说明还有进一步优化的可能，则进行收缩操作，得到收缩点$P_{shr}$，$P_{shr}=P_{cen}-\xi(P_{wors}-P_{cen})$，通常$\xi$的取值为0.5，如图5.2（c）所示。

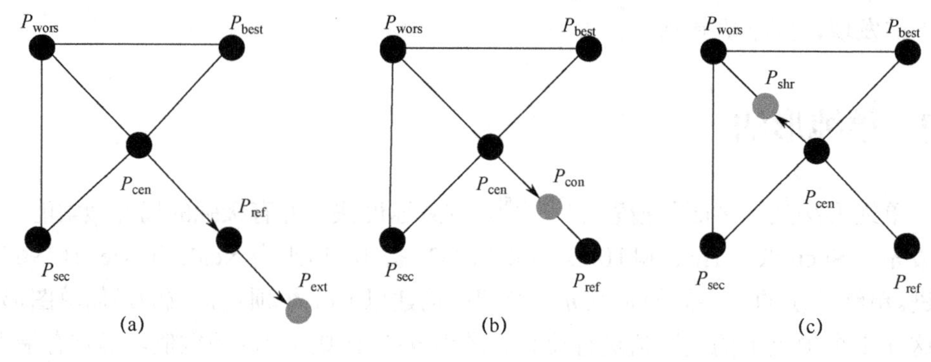


图5.2　单纯形法原理图

## 5.4　改进布谷鸟搜索算法

在CS算法的后期，当寄生卵被寄主鸟发现时，将用式（5.9）随机更新鸟巢位置，这种随机方式有可能产生一些较差的鸟巢，从而导致算法迭代次数增加，收敛速度变慢。这里把SM引入CS算法中，即利用式（5.10）对更新后的鸟巢位置进行局部寻优处理，即

$$X_i^{(t+1)*}=\mathrm{SM}(X_i^{t+1}) \tag{5.10}$$

式中，$\mathrm{SM}(\cdot)$表示使用单纯形法搜索局部最优；$X_i^{(t+1)*}$为鸟巢$X_i^{t+1}$附近的最优鸟巢。

在ECS算法中，$\mathrm{SM}(X_i^{t+1})$表示在进入下一次迭代前，利用单纯形法局部搜索能力强的特点，对每个鸟巢都进行单纯形法操作，通过扩张、收缩和压缩操作产生局部最优鸟巢位置并取代当前鸟巢位置，为算法的下一次迭代提供了一组较优的鸟巢位置，从而减少了算法整体迭代次数，加快了收敛速度。

虽然CS算法既有全局搜索能力，又有局部搜索能力，但更侧重于全局搜索，局部搜索能力较差，因此引入单纯形法这种局部精细搜索算法对CS算法的性能进行改进，提高了算法的局部搜索能力，提高了算法的整体性能。ECS算法的伪代码如算法5.1所示。

**算法5.1　ECS算法的伪代码**

初始化：初始化$n$个鸟巢$x_i(i=1,2,\cdots,n)$；初始化目标函数$f(x)$，$x=x_1,x_2,\cdots,x_d$

**While** $t$<最大迭代次数 or 停止准则 **do**

```
    依据 Levy 飞行产生新鸟巢，并使用目标函数评估鸟巢的质量 F_i
    选择任意一个鸟巢 n(say, j)
        if (F_i > F_j)
            用新的解替换 j
        end
    依据概率 Pa，一部分较差的鸟巢被遗弃，并随机建造新的鸟巢
    通过使用单纯形法更新鸟巢
    保持最佳解决方案
end while
```

为了验证改进后的 CS 算法在迭代次数方面比 CS 算法更具有优越性，在相同的运行环境和参数设置下，我们对一张图片使用 CS 算法和改进后的 CS 算法分别进行了 30 次的跟踪操作。设置初始鸟巢数量 $n$=25，发现概率 Pa=0.25，将迭代次数 $k$ 分别设置为 10、15、20、25、30、35、40、45、50，观察 CS 算法改进前和改进后的收敛次数，得到结果如图 5.3 所示。

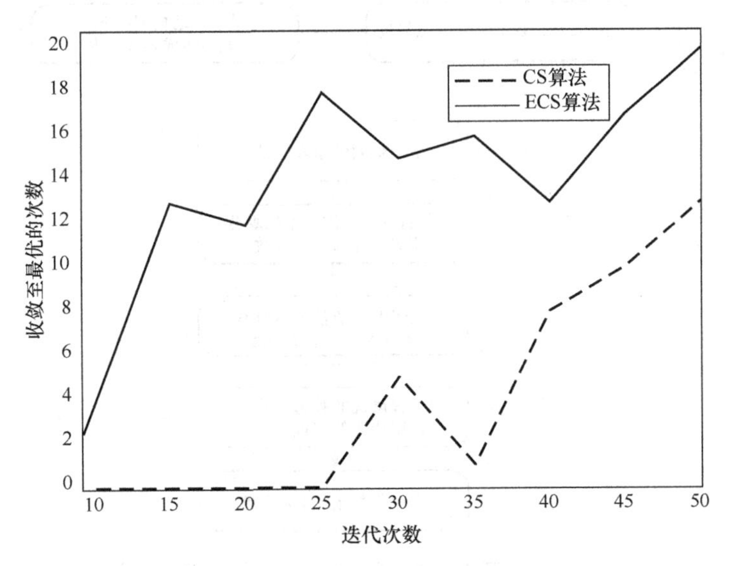


图 5.3　ECS 算法与 CS 算法收敛次数的对比

由图 5.3 可以看出，当迭代次数为 10 时，改进后的 CS 算法就能够有 4 次收敛至最优。CS 算法在迭代次数已经为 20 时，还是无法收敛至最优。当迭代次数达到 25 次时，CS 算法只实现了 5 次最优收敛，而此时改进后的 CS 算法已经实现了 18 次最优收敛。

## 5.5 基于改进布谷鸟搜索算法的目标跟踪

基于 CS 算法的目标跟踪方法中，假设图像中存在一个与目标（最好的鸟巢）相对应的真实目标，随机生成一组候选样本（鸟巢）。利用 levy 飞行的大步长加小步长的方式更新鸟巢位置，并结合发现概率随机更新鸟巢位置以增加鸟巢的多样性。基于 CS 算法的跟踪器的目的是利用 CS 算法在所有候选鸟巢中搜索最佳鸟巢。

如图 5.4 所示，在第一帧时，手动选择目标，建立初始状态矢量，确定目标的基本信息，并基于观测模型对目标进行特征描述；然后，基于运动模型在下一帧中生成候选样本，并对所生成的候选样本进行特征描述；接着，使用相似函数计算出目标与候选样本的观测距离，使用 ECS 算法搜索具有最大相似值的候选解，则拥有最大相似值的候选样本即为所求的预测目标；最后，将预测目标的有关信息输出，并将结果可视化。

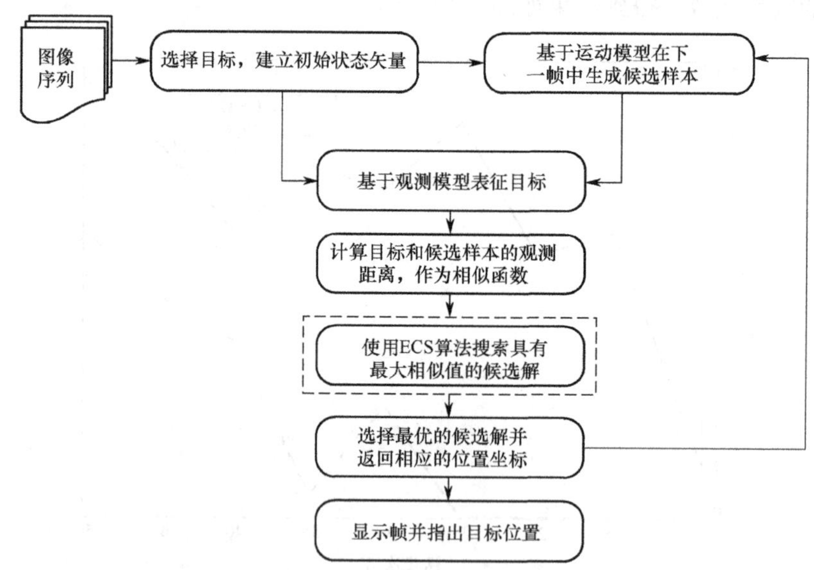


图 5.4　基于 ECS 算法的目标跟踪流程图

## 5.6 实验分析

### 5.6.1 实验设置

这里使用两组实验来评估 ECS 跟踪器的效果。基于目标视频帧之间的运动位移量，将 8 个视频序列划分为 2 组：一般运动组，最大运动位移小于 36 个像素，包含 FISH、DOG1、JUMPING 视频序列；大位移运动组，最大位移大于 36 像素且小于 202 像素，包括 DEER、FACE1、ZXJ、FHC、BLURFACE 视频序列。实验使用了 7 个相关的跟踪器来评估 ECS 跟踪器，包括 CACF [59]、DSST [55]、FCT [165]、KCF [53]、LSST [167]、STC [140]、Reliable Patch Trackers（RPT）[216]。

### 5.6.2　定性分析

#### 1. 一般运动组

在 FISH 视频序列中，目标具有 15 个像素的轻微运动。其中，#0058 帧和#0136 帧的亮度要比#0312 帧的亮度小许多，且由于拍摄的距离不同，目标的尺寸也有些变化。目标跟踪至#0312 帧时，STC 和 LSST 稍微出现了偏离，其他跟踪器都较好地完成了跟踪，ECS 跟踪器取得了最好的效果。部分跟踪结果如图 5.5（a）所示。

在 DOG1 视频序列中，目标有平面旋转和大尺寸变化。在#1046 帧，目标的规模是原来的两倍。DSST 和 LSST 具有处理尺寸变化的能力，从而获得了更好的跟踪结果。ECS 跟踪器没有处理这个问题的机制，所以跟踪效果不是很理想。但是，由于采用了具有尺寸不变性的 HOG 进行特征描述，ECS 跟踪器对于目标的旋转具有适应性，可以一直跟踪到最后。部分跟踪结果如图 5.5（b）所示。

在 JUMPING 视频序列中，最大位移为 36 个像素，且由于人物有剧烈上下运动，几乎每帧图像都是模糊、叠影的状态，几乎全程保持着位移约为 15 个像素的运动。在这种情况下，DSST、FCT、KCF、CSK 和 STC 在#0093 帧之前依次丢失了目标。CACF 在#0276 帧也丢失了目标。虽然 ECS 跟踪器在跟踪过程中出现了一定程度的漂移，但总体来说，还是坚持到了最后。RPT 取得了最好的效果，LSST 居于第二，部分跟踪结果如图 5.5（c）所示。

#### 2. 大位移运动组

在 DEER 视频序列中，位移达到 38 个像素，整个运动过程中都伴随着溅起的水花对目标跟踪进行的干扰，在#0026 帧，CACF、KCF、DSST 已经完全丢失目标，其他跟踪器表现良好。在#0036 帧，由于剧烈运动，目标较为模糊，ECS 跟踪器仍然能够跟上；虽然 DSST 和 CACF 能偶然再次捕捉到目标，但它们仍然是失败的。部分跟踪结果如图 5.6（a）所示。

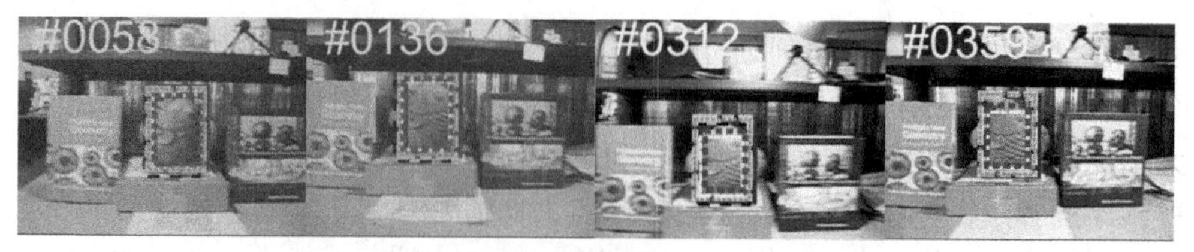


（a）FISH

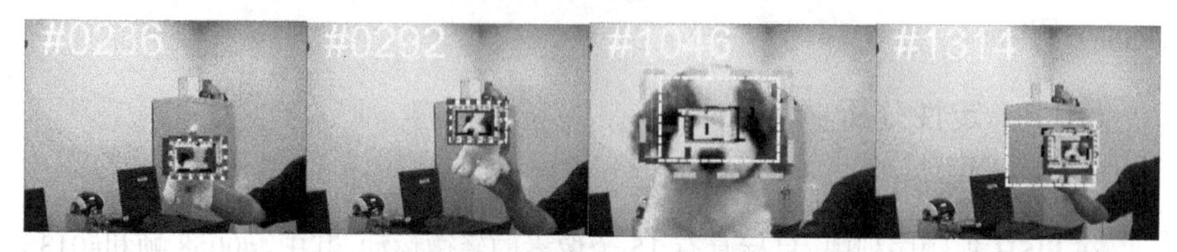


（b）DOG1

（c）JUMPING

ECS　DSST　KCF　STC
CACF　FCT　LSST　RPT

图 5.5　一般运动组部分跟踪结果

在 FACE1 视频序列中，一些图像帧发生了缩放和扭转的变化。显然，LSST 的性能较差。另外，在#0322 帧和#0275 帧，目标的外观变得模糊。总体来说，大部分跟踪器效果都不错。部分跟踪结果如图 5.6（b）所示。

在 ZXJ 视频序列中，在#0010 帧和#0037 帧时，所有的跟踪器都有较好的效果，能够准确地找到目标，但在#0069 帧时，目标发生 70 个像素的大位移运动，只有 ECS 和 CACF 取得了好的效果。部分跟踪结果如图 5.6（c）所示。

在 FHC 视频序列中，具有 188 个像素的较大运动位移。一开始只有小位移运动时，FCT 和 LSST 出现了不适应；继续加大运动位移量，DSST 和 STC 也跟踪失败；在#0073 帧时，KCF 也跟踪失败。坚持到最后的只有 RPT、ECS、CACF，其中 RPT 领先于 ECS、CACF。部分跟踪结果如图 5.6（d）所示。

在 BLURFACE 视频序列中，在#0150 帧和#0272 帧时，分别发生 59 和 60 个像素的大位移运动，且目标人物已经模糊到难以分辨五官，LSST 和 FCT 全都跟踪失败了，ECS 和其他跟踪器效果良好。但在最大运动位移为 202 像素的#0311

帧及目标人物从仰视角变为俯视角的#0441 帧时，只有 ECS 成功了。ECS 跟踪器毫无悬念地成为最优者。部分跟踪结果如图 5.6（e）所示。

从整体来看，当物体在图像帧之间经历较大的运动位移或有突变运动时，ECS 跟踪器相比于其他跟踪器具有较强的优势。

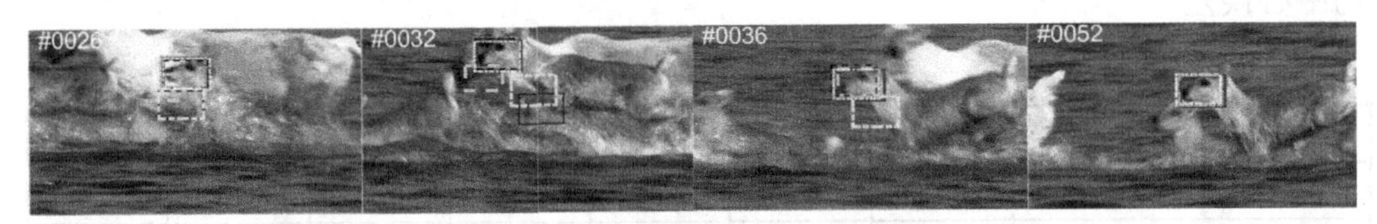


（a）DEER

（b）FACE1

（c）ZXJ

（d）FHC

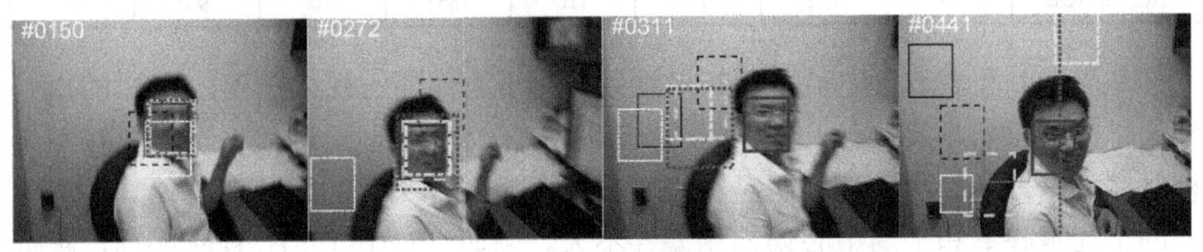


（e）BLURFACE

ECS　DSST　KCF　STC
CACF　FCT　LSST　RPT

图 5.6　大位移运动组部分跟踪结果

### 5.6.3 定量分析

表 5.1 和表 5.2 列出了 ECS 与 CACF、DSST、FCT、KCF、LSST、STC、RPT 跟踪器在每个视频序列中的跟踪结果。表 5.1 给出了平均重叠率，表 5.2 给出了平均中心误差率。

表 5.1 平均重叠率

| 视频序列 | ECS | CACF | DSST | FCT | KCF | LSST | STC | RPT |
|---|---|---|---|---|---|---|---|---|
| FISH | 0.84 | 0.83 | 0.8 | 0.66 | 0.84 | 0.63 | 0.58 | 0.81 |
| DOG1 | 0.46 | 0.55 | 0.76 | 0.47 | 0.55 | 0.71 | 0.5 | 0.55 |
| JUMPING | 0.48 | 0.5 | 0.14 | 0.2 | 0.27 | 0.6 | 0.07 | 0.78 |
| DEER | 0.71 | 0.63 | 0.64 | 0.66 | 0.62 | 0.71 | 0.04 | 0.75 |
| FACE1 | 0.69 | 0.72 | 0.79 | 0.63 | 0.72 | 0.26 | 0.65 | 0.71 |
| ZXJ | 0.85 | 0.83 | 0.48 | 0.45 | 0.45 | 0.79 | 0.46 | 0.55 |
| FHC | 0.69 | 0.78 | 0.22 | 0.26 | 0.28 | 0.28 | 0.2 | 0.81 |
| BLURFACE | 0.71 | 0.51 | 0.53 | 0.23 | 0.51 | 0.3 | 0.48 | 0.51 |

表 5.2 平均中心误差率

| 视频序列 | ECS | CACF | DSST | FCT | KCF | LSST | STC | RPT |
|---|---|---|---|---|---|---|---|---|
| FISH | 4 | 4 | 4 | 12 | 4 | 4 | 5 | 5 |
| DOG1 | 17 | 4 | 4 | 9 | 4 | 8 | 22 | 4 |
| JUMPING | 11 | 34 | 37 | 37 | 26 | 6 | 67 | 3 |
| DEER | 8 | 23 | 17 | 11 | 21 | 7 | 510 | 5 |
| FACE1 | 7 | 5 | 5 | 12 | 6 | 184 | 7 | 7 |
| ZXJ | 4 | 5 | 21 | 27 | 88 | 5 | 24 | 17 |
| FHC | 128 | 23 | 616 | 371 | 365 | 392 | 576 | 19 |
| BLURFACE | 14 | 112 | 75 | 116 | 85 | 162 | 90 | 56 |

从表 5.1 和表 5.2 中可以清楚地看到，对于大部分的视频序列，ECS 的跟踪结果排在前三，尤其当有大位移运动发生时，有较突出的表现，如在 BLURFACE 视频序列中。而当序列位移不是很大时，除个别跟踪失败的跟踪器外，其他跟踪器的平均重叠率和平均中心误差相差并不大。例如，对于 FISH 视频序列，跟踪器的平均重叠率和平均中心误差率分别在 0.83 和 4 左右。而当目标发生尺寸变化的时候，一般是具有适应尺寸变化机制的 DSST 和 LSST 表现较为突出，如在 DOG1 视频序列中。

从表 5.1、表 5.2、图 5.7 和图 5.8 可以清楚地看到，整体来说，ECS、CACF

和 RPT 表现较好，尤其是在发生大位移运动的时候，它们与其他跟踪器的跟踪效果的差距更为明显。

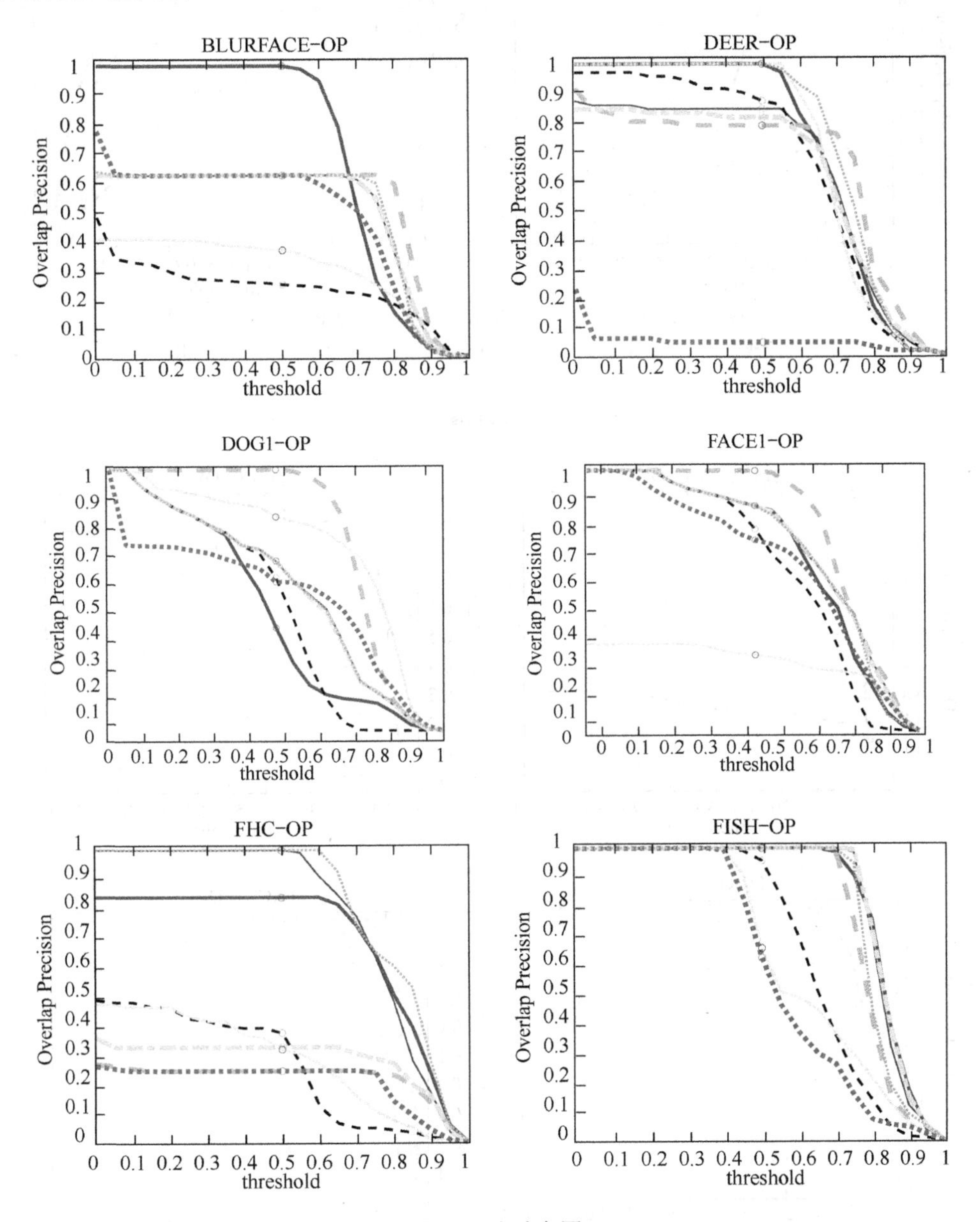


图 5.7　成功率图

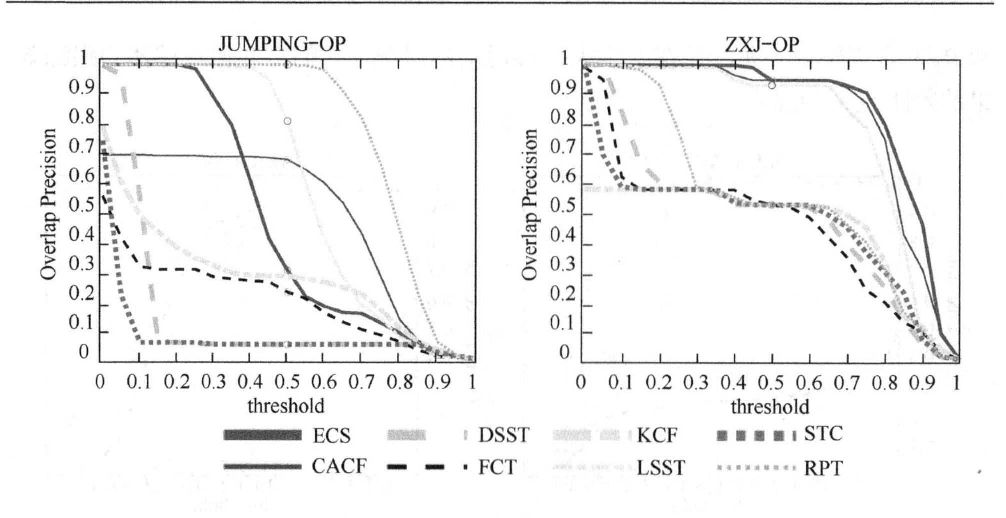


图 5.7　成功率图（续）

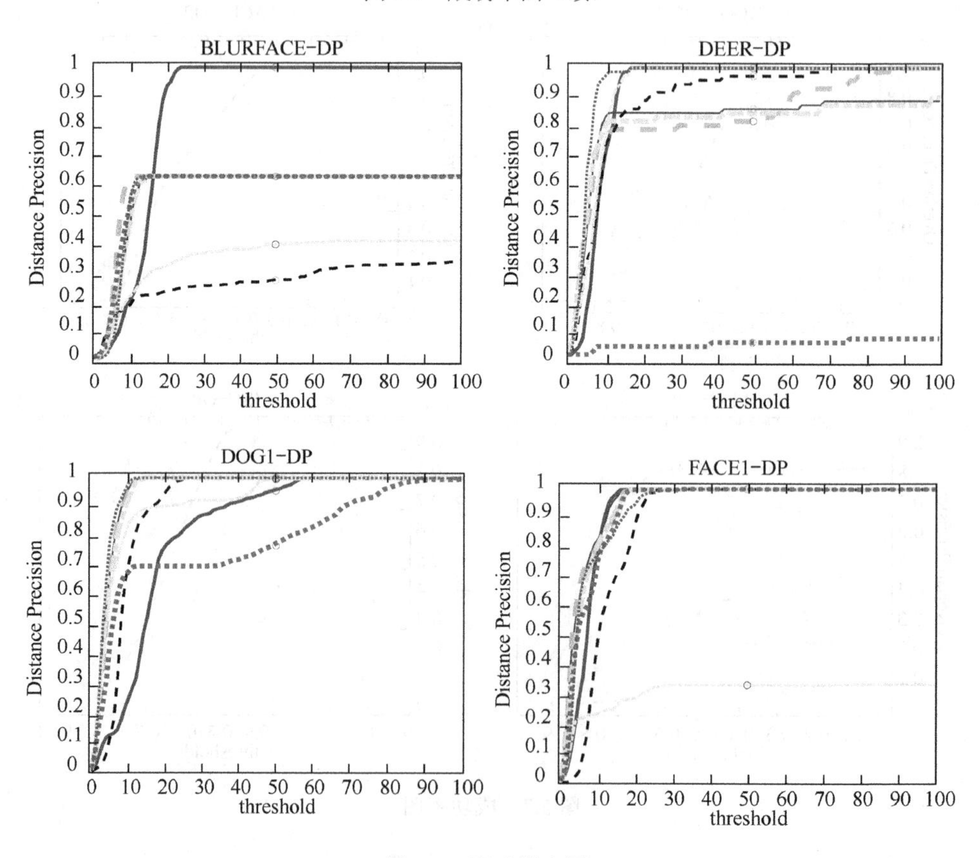


图 5.8　跟踪精度图

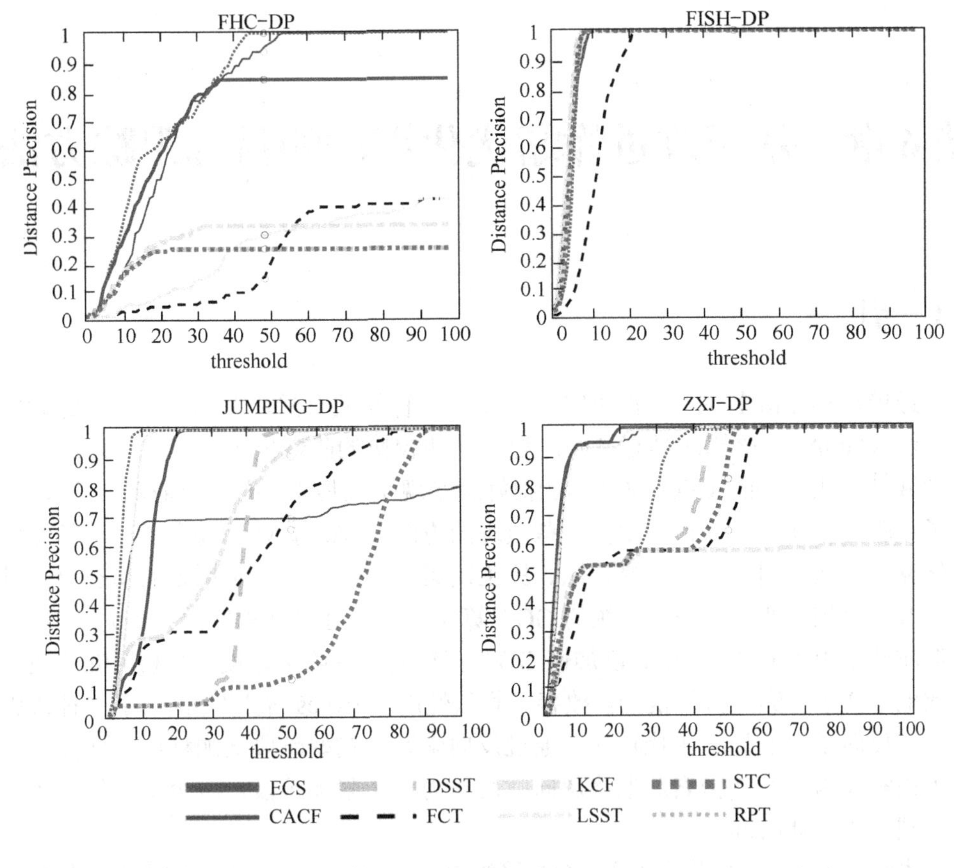


图 5.8　跟踪精度图（续）

## 5.7　小结

在本章中，将 CS 算法引入目标跟踪领域，以 HOG 特征提取为输入特征方法，以相关系数为相似度量函数，以 CS 算法为搜索策略，通过求解全局最优解实现了在较少调节参数的目标跟踪，提出了一种基于 CS 算法的目标跟踪方法。另外，针对 CS 算法在算法后期收敛速度较慢的缺点，使用具有强大局部搜索功能的单纯形法对 CS 算法进行了改进，加快了收敛速度，提高了跟踪精度。但 CS 算法固定的参数设置使该算法缺少灵活性，未来的工作将针对 CS 算法在目标跟踪领域的参数进行自适应设计。

# 第6章　基于改进蚱蜢优化算法的目标跟踪方法

## 6.1　引言

最近，Saremi 等人[217]在 2017 年提出了一种新的自然启发算法，称为蚱蜢优化算法（GOA）。该算法具有良好的健壮性和较快的收敛能力，已成功应用于许多领域[218-225]。然而，GOA 算法不能很好地实现全局搜索，有时会陷入局部最优。为了克服这一缺点，人们提出了一些改进的方法。Wu 等人[226]提出了一种新蚱蜢优化算法，通过引入自然选择方法、民主决策机制、基于 1/5 原则的动态反馈机制等改进措施，使该算法比传统的 GOA 算法具有更好的搜索能力。Aror 等人[227]将混沌理论引入 GOA 算法，以加快 GOA 算法的全局收敛速度；并利用混沌映射有效地平衡了探索和开发能力，改善了收敛性能。Ewees 等人[228]提出了一种改进的基于反向学习的蚱蜢优化算法，通过反向学习在初始阶段增加种群多样性，提高了探索能力；并在搜索后期将反向学习作为一个附加阶段，减少了迭代次数，从而减少了消耗时间。

本章将 Levy 飞行首次引入 GOA 算法更新蚱蜢位置，增加了种群的多样性，保证了全局最优。另外，目标跟踪被认为是视频序列中多个蚱蜢对目标的搜索过程，由此设计了一种新的基于 LGOA 算法的系统，通过有效地提高和平衡探索和开发能力，获得了更好的跟踪性能。实验结果表明，基于 LGOA 算法的跟踪器的性能优于其他优化方法。

## 6.2　改进蚱蜢优化算法

### 6.2.1　蚱蜢优化算法

#### 1．蚱蜢优化算法的来源

蚱蜢是一种昆虫，农作物生产有破坏作用，其生命周期如图 6.1 所示。无论在幼虫期还是成虫期，蚱蜢[229]都有集群行为。数以百万计的蚱蜢幼虫几乎会吃掉所经之处所有的植物。它们成年后，就会在空中集群进行长途迁徙。

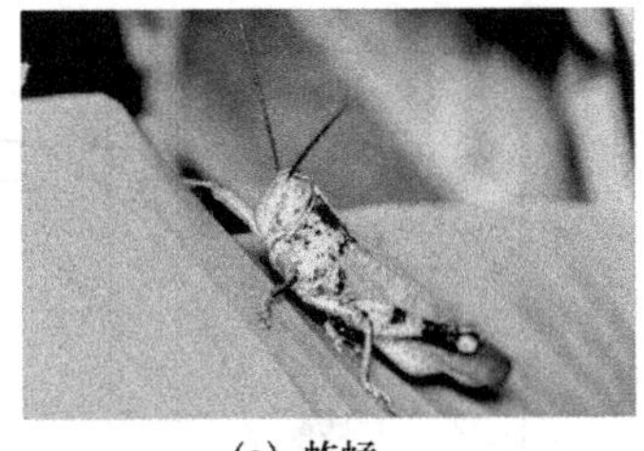

(a) 蚱蜢

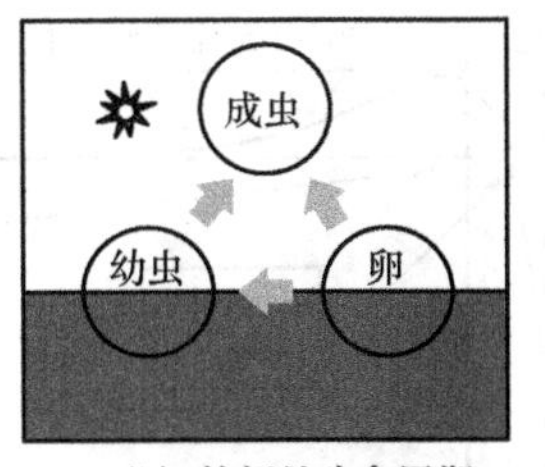


(b) 蚱蜢的生命周期

图 6.1　蚱蜢及其生命周期

寻找食物来源是蚱蜢集群的一个重要特征。如引言所述，自然启发算法将搜索过程在逻辑上划分为两种趋势：探索和开发。在探索中，搜索代理被鼓励突然移动，而在开发过程中，它们往往会在本地移动。这两种功能及寻找目标都是由蚱蜢自然完成的。因此，如果能找到一种方法对这种行为进行数学建模，就可以设计一种新的自然启发算法。

**2. 蚱蜢优化算法的实现机理**

蚱蜢优化算法是通过模仿自然界中蚱蜢群体的觅食行为而提出的一种新型群优化算法。该算法基于蚱蜢集群迁移，通过判断蚱蜢个体之间距离形成的排斥区、舒适区和吸引区进行觅食而获得待优化问题的解。与传统群优化算法相比，GOA 算法具有调节参数少、收敛精度高等优点。GOA 算法的数学模型如下：

$$X_i = S_i + G_i + A_i \tag{6.1}$$

式中，$X_i$ 为第 $i$ 只蚱蜢的位置；$S_i$ 为社会交互作用；$G_i$ 为对第 $i$ 只蚱蜢的引力；$A_i$ 为风平流。注意，为了提供随机行为，式（6.1）可以写成 $X_i = r_1 S_i + r_2 G_i + r_3 A_i$，其中 $r_1$、$r_2$ 和 $r_3$ 是[0,1]中的随机数，则

$$S_i = \sum_{\substack{j=1 \\ j \neq i}}^{n} s(d_{ij}) \hat{\boldsymbol{d}}_{ij} \tag{6.2}$$

式中，$d_{ij}$ 为第 $i$ 只蚱蜢与第 $j$ 只蚱蜢之间的距离，$d_{ij} = |x_j - x_i|$；$s$ 为定义社会力量的函数；$\hat{\boldsymbol{d}}_{ij} = \dfrac{x_j - x_i}{d_{ij}}$ 是第 $i$ 只蚱蜢到第 $j$ 只蚱蜢的单位向量。

定义社会力量的函数 $s$ 的表达式如下：

$$s(r) = f e^{\frac{-r}{l}} - e^{-r} \tag{6.3}$$

式中，$f$ 为吸引强度，$f$=0.5；$l$ 为吸引力的长度比例。

图 6.2 显示了函数 $s$ 对蚱蜢的社会互动（吸引和排斥）的影响。

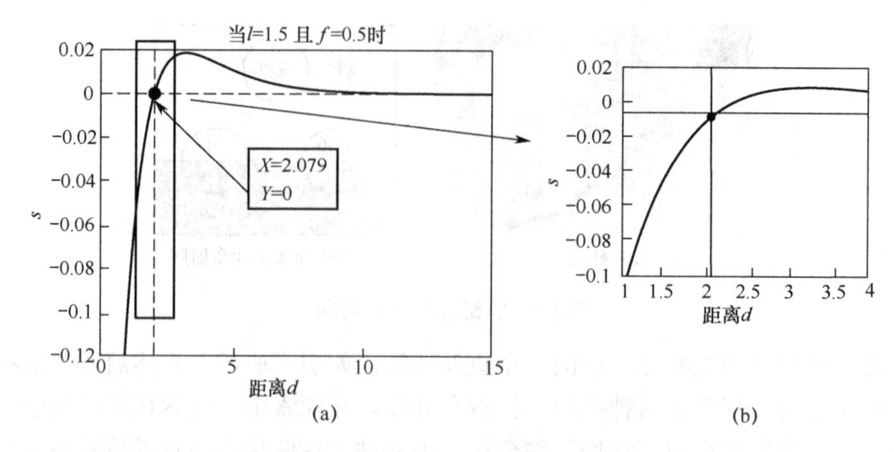


图 6.2　函数 $s$ 对蚱蜢的社会互动的影响

从图 6.2 中可以看出，考虑了 0～15 的距离。斥力发生在区间[0,2.079]中。当一只蚱蜢距离另一只蚱蜢为 2.079 时，既没有吸引也没有排斥，这个区间称为舒适区或舒适距离。从图 6.2 还可以看出，引力从 2.079 增加到接近 4，然后逐渐减小。改变式（6.3）中的参数 $l$ 和 $f$，会导致蚱蜢产生不同的社会行为。

为了观察这两个参数的影响，重新绘制了 $l$ 和 $f$ 单独变化时函数 $s$ 的变化曲线，如图 6.3 所示，从图 6.3 中可以看出，参数 $l$ 和 $f$ 变化后，舒适区、吸引区和排斥区有显著的变化。需要注意的是，对于某些值（如 $l$=1.0 或 $f$=1.0），吸引区或排斥区非常小。这里选择 $l$=1.5 和 $f$=0.5 。

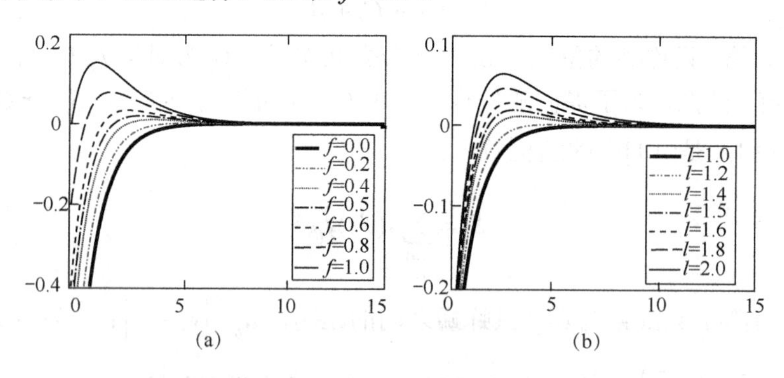


图 6.3　改变 $l$ 或 $f$ 时函数 $s$ 的变化曲线

图 6.4 所示为蚱蜢与舒适区交互作用的概念模型。可以看到，在简化的形式下，这种社会互动是一些早期蚱蜢群模型[230]的驱动力。

虽然函数 $s$ 能够将两只蚱蜢之间的空间划分为排斥区、舒适区和吸引区，但是该函数返回的值接近零，距离大于 10，如图 6.2（a）所示。因此，这个函数不能在相距较远的蚱蜢之间施加强大的力。为了解决这个问题，绘制了蚱蜢在[1,4]区间内的距离，函数 $s$ 在这个区间内的形状如图 6.2（b）所示。

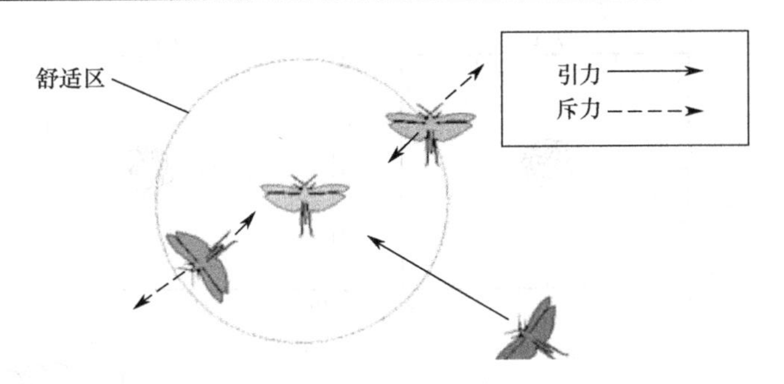


图 6.4　蚱蜢群中个体间的行为

式（6.1）中的 $G_i$ 分量计算如下：

$$G_i = -g\hat{\boldsymbol{e}}_g \tag{6.4}$$

式中，$g$ 是重力常数；$\hat{\boldsymbol{e}}_g$ 为地心引力方向的单位向量。

式（6.1）中的 $A_i$ 分量计算如下：

$$A_i = u\hat{\boldsymbol{e}}_w \tag{6.5}$$

式中，$u$ 为漂移常数；$\hat{\boldsymbol{e}}_w$ 为风向方向的单位向量。

蚱蜢幼虫没有翅膀，所以其运动与风向高度相关。

将式（6.1）中的 $S_i$、$G_i$、$A_i$ 代入，可得

$$X_i = \sum_{j=1, j\neq i}^{n} s(|x_j - x_i|)\frac{x_j - x_i}{d_{ij}} - g\hat{\boldsymbol{e}}_g + u\hat{\boldsymbol{e}}_w \tag{6.6}$$

式中，$n$ 为蚱蜢种群的规模数量。

因为蚱蜢幼虫是在地面上的，所以它们的位置不应该低于阈值。然而，我们不会在群模拟和优化算法中使用这个等式，因为它阻止了算法探索和利用一个解周围的搜索空间。事实上，用于种群的模型是在自由空间中的。因此采用式（6.6）可以模拟蚱蜢群之间的相互作用。图 6.5 和图 6.6 分别给出了蚱蜢群在二维和三维空间中的行为。其中，20 只蚱蜢需要移动超过 10 个单位时间。

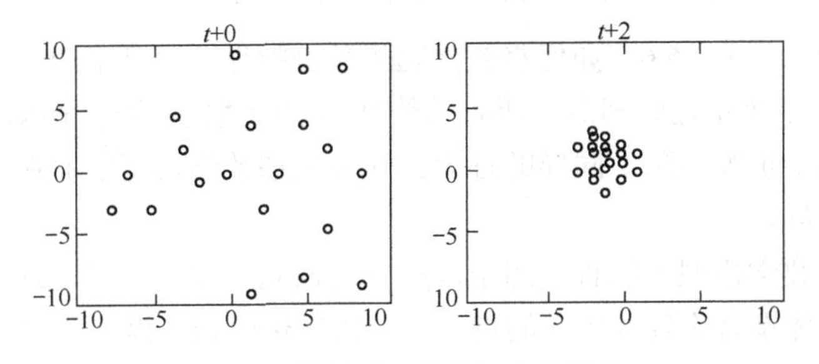


图 6.5　蚱蜢群二维空间中的行为

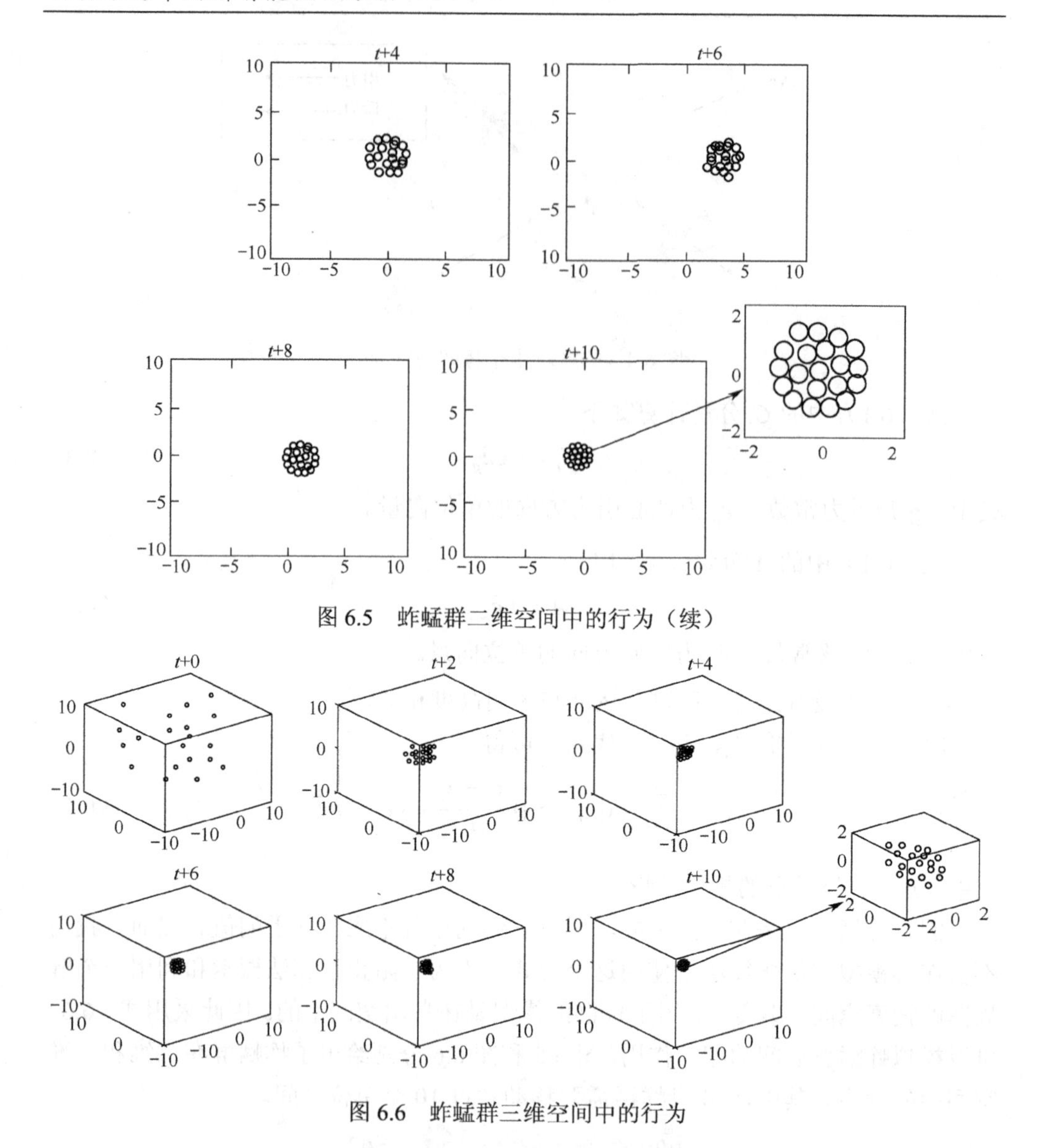


图 6.5 蚱蜢群二维空间中的行为（续）

图 6.6 蚱蜢群三维空间中的行为

图 6.5 显示了式（6.6）如何将初始随机种群拉近，直到形成一个统一的、有规则的群体。10 个单位时间后，所有的蚱蜢到达舒适区，不再移动。在图 6.6 所示的三维空间中也观察到了同样的行为。这表明该数学模型能够在二维、三维空间中模拟蚱蜢群。

然而，该数学模型不能直接用于求解优化问题，主要原因是蚱蜢快速到达了舒适区，而群体没有收敛到指定的点。为解决优化问题，提出了式（6.6）的修正形式：

$$X_i^d = c\left[\sum_{\substack{j=1\\j\neq i}}^{N} c\frac{\text{ub}_d - \text{lb}_d}{2} s\left(\left|x_j^d - x_i^d\right|\right)\frac{x_j - x_i}{d_{ij}}\right] + \hat{T}_d \tag{6.7}$$

式中，$\text{ub}_d$ 和 $\text{lb}_d$ 分别是 $d$ 维上的上、下边界；$\hat{T}_d$ 为目标第 $d$ 维的值（目前找到的最佳解）；$c$ 为自适应参数。这里不考虑重力（没有 $G_i$ 分量），并假设风向（一个分量）总是朝向目标 $\hat{T}_d$。

由式（6.7）可知，蚱蜢的下一个位置是根据其当前位置、目标位置及其他所有蚱蜢的位置来定义的。事实上，我们已经考虑了所有蚱蜢的状态来定义搜索代理在目标周围的位置。这与 PSO 算法不同，PSO 算法是文献中最受重视的群体智能技术。在粒子群优化算法中，每个粒子都有两个矢量：位置矢量和速度矢量。然而，GOA 算法中的每个搜索代理只有一个位置向量。这两种算法的另一个主要区别是 PSO 算法根据当前位置更新粒子位置、个体最佳位置和全局最佳位置。然而，GOA 算法根据搜索代理的当前位置、全局最佳位置和所有其他搜索代理的位置更新搜索代理的位置。这意味着在 PSO 算法中，没有任何其他粒子对更新粒子的位置有贡献，而 GOA 算法要求所有搜索代理都参与定义每个搜索代理的下一个位置。

值得一提的是，式（6.7）中自适应参数 $c$ 使用了两次，原因如下：

① 第一个 $c$ 与粒子群优化算法中的惯性权重($w$)非常相似。它减少了蚱蜢围绕目标的运动。换句话说，这个参数平衡了对目标周围整个蚱蜢群的探索和开发。

② 第二个 $c$ 减小了蚱蜢之间的吸引区、舒适区和排斥区。考虑到式（6.7）中的分量 $c\frac{\text{ub}_d - \text{lb}_d}{2} s\left(\left|x_j^d - x_i^d\right|\right)$，$c\frac{\text{ub}_d - \text{lb}_d}{2}$ 线性减少了蚱蜢应该探索和开发的空间。分量 $s\left(\left|x_j^d - x_i^d\right|\right)$ 指示蚱蜢是否应被排斥（探索）或吸引（开发）目标。

需要注意的是，第二个 $c$ 有助于减少蚱蜢之间的斥力/引力，与迭代次数成正比，而第一个 $c$ 随着迭代次数的增加，减小了目标周围的搜索覆盖率。综上所述，式（6.7）的第一项求和考虑了其他蚱蜢的位置，体现了蚱蜢在自然界中的相互作用。第二项 $\hat{T}_d$ 模拟了蚱蜢向食物来源移动的趋势。此外，$c$ 模拟了蚱蜢接近食物来源并最终使它减速的过程。

以上提出的数学公式能够探索和利用搜索空间。然而，应该有一种机制来要求搜索代理将探索的级别调整为利用的级别。在自然界中，蚱蜢首先移动并在地面寻找食物，因为幼虫没有翅膀；然后它们在空中自由移动，探索更大范围的区域。然而，在随机优化算法中，探索是第一位的，因为需要找到搜索空间中有希望的区域。在发现有潜力的区域后，开发就要求搜索代理在当地进行搜索。

为了平衡探索和开发，需要将参数 $c$ 按迭代次数的比例递减。随着迭代次数的增加，这种机制促进了开发。$c$ 减小的舒适区与迭代次数成正比，计算如下：

$$c = c_{\max} - \frac{t(c_{\max} - c_{\min})}{T} \tag{6.8}$$

式中，$c_{\max}$ 和 $c_{\min}$ 分别是最大值和最小值；$t$ 是当前迭代次数；$T$ 是最大迭代次数。这里，$c_{\max}$ 和 $c_{\min}$ 分别使用 1 和 0.00001。GOA 算法的伪代码如算法 6.1 所示。

**算法 6.1　GOA 算法的伪代码**

```
初始化：蚱蜢的数量 X_i(i=1,2,…,n)，最大迭代次数 T， c_max 和 c_min
计算所有蚱蜢的适应度值
找到适应度值最好的蚱蜢记为 Elite
While 当前迭代次数<T+1
    使用式（6.8）更新 c
    for 每个蚱蜢
        将蚱蜢之间的距离标准化至[1,4]之间
        使用式（6.7）更新当前迭代次数下蚱蜢的位置
        如果当前迭代次数下蚱蜢的位置超出了边界，则将其重新赋值，使其在边界范围内
    end for
    如果有一个更好的解，则更新 Elite
    当前迭代次数=迭代次数+1
end while
输出适应度值最好的蚱蜢
```

### 6.2.2　基于 Levy 飞行的蚱蜢优化算法

#### 1．动机

标准 GOA 算法采用线性自适应参数 $c$ 来平衡探索和开发，但也存在一些不足。这种方法一旦在搜索的早期陷入局部最优，则在搜索的后期就很难逃脱而找到最优解。因此，需要对 GOA 算法进行改进，提高 GOA 算法的搜索效率，克服局部最优。

#### 2．提出的方法

为了加强算法的探索性能，避免局部最优陷阱问题，提出了一种改进的基于 Levy 飞行的蚱蜢优化算法（Levy Flight Grasshopper Optimization Algorithm, LGOA）。Levy 飞行具有跳远特性，是防止早熟收敛的一种有效方法。因此，在 GOA 算法中引入 Levy 飞行，可以增强种群的探索性，保证算法的充分探索和避免局部最优。这一发现意味着 Levy 飞行有助于更好地平衡 GOA 算法的探索和开发。因此，Levy 飞行用于位置更新后的蚱蜢的位置，数学表达如下：

$$X_i^d(t+1) = X_i^d(t) + \alpha \oplus \text{Levy}(\lambda) \tag{6.9}$$

式中，$X_i^d(t)$ 代表第 $t$ 次迭代中第 $i$ 个蚱蜢的在 $d$ 维空间的位置分量；$\alpha$ 是步长大小，$\alpha > 0$，一般情况下被设置为 1；$\lambda$ 为 Levy 分布参数；随机步长的大小 $\text{Levy}(\lambda)$ 由下式计算：

$$\mathrm{Levy}(\lambda)=\frac{a\mu}{|\nu|^{1/\beta}}[T_d(t)-X_i^t] \tag{6.10}$$

式中，$a$ 为常数，被设置为 0.5；参数 $\mu$ 、$\nu$ 为正态分布随机数，$\mu=N(0,\sigma_\mu^2)$，$\nu=N(0,\sigma_\nu^2)$；$T_d(t)$ 表示目标蚱蜢在 $d$ 维空间的位置分量（目前找到的最佳解决方案）。

LGOA 算法可以显著提高 GOA 算法的探索性，避免陷入局部最优。此外，LGOA 算法不仅可以在局部进行进一步的搜索，还可以增加种群的多样性。

# 6.3　基于改进蚱蜢优化算法的目标跟踪

## 6.3.1　基于 LGOA 算法的跟踪系统

假设在图像（状态空间）中搜索目标（食物），并在图像中随机生成一组目标候选对象（蚱蜢）。LGOA 跟踪器的目的是利用该算法寻找最优的目标候选。基于 LGOA 算法的跟踪框架如图 6.7 所示。

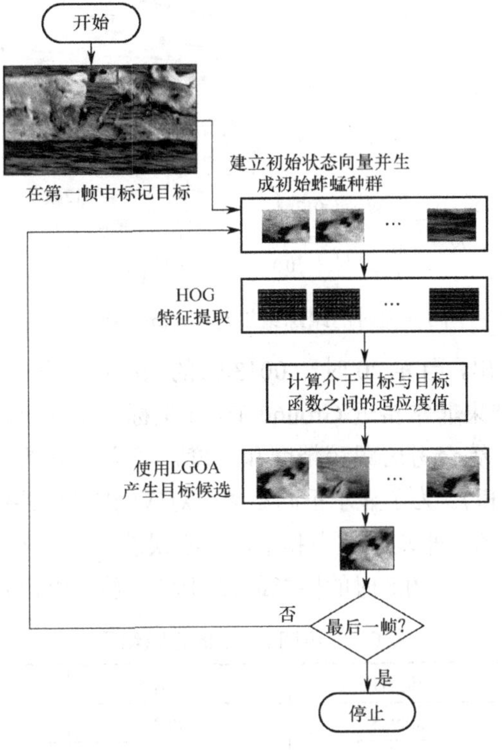


图 6.7　基于 LGOA 算法的跟踪框架

如图 6.7 所示，使用者在第一帧中标记目标，初始化状态向量。其中状态向量定义为 $\boldsymbol{X}=[x,y,s]$，其中 $(x,y)$ 以像素坐标表示目标的位置，$s$ 表示目标的尺度。接着，动态模型生成新的候选目标，并预测下一帧目标的位置。然后，利用相似度度量来计算目标和候选目标之间的相似度。最后，采用 LGOA 算法选择最优的候选目标。

## 6.3.2 参数调整和分析

选取 DEER 视频序列作为测试材料，因为该视频序列中具有相似目标和突变运动。

首先分析种群大小 $n$，其他参数是固定的。我们测试了不同 $n$ 值的 LGOA 跟踪器的性能，并分别观察了 $n=20$、$n=100$、$n=150$ 时的跟踪结果，然后将跟踪结果与 Ground-Truth 坐标进行比较，如图 6.8 所示。

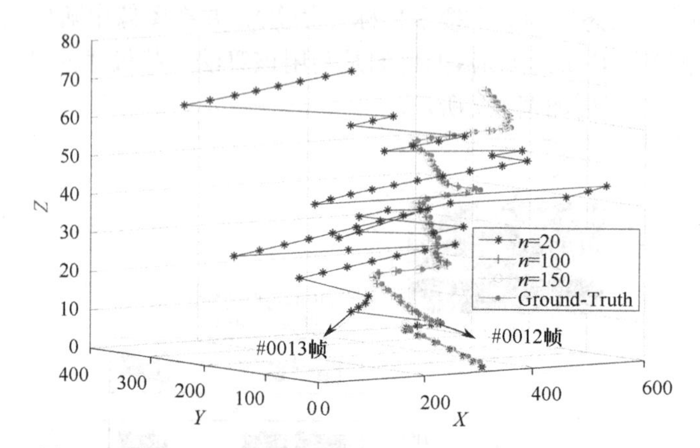


图 6.8　不同 $n$ 值时的跟踪结果与 Ground-Truth 坐标的比较

从图 6.8 可以看出，当 $n$=20 时，#0013 帧的跟踪结果偏离了目标；但当 $n$=100 或 $n$=150 时，跟踪结果非常接近 Ground-Truth 坐标。毫无疑问，不断增长的 $n$ 使跟踪更费时。因此，综合考虑跟踪精度和速度，我们将 $n$ 的最佳值设为 100。

再来分析参数 $l$ 和 $f$。为了显示不同参数值对应的跟踪结果，我们分别计算了每组参数的平均适应度值、平均重叠率和平均中心误差率。由表 6.1 可以看出，$l$=1、$f$=1 时的性能最差，$l$=1.5、$f$=0.5 时的性能最好。因此，将 $l$ 和 $f$ 分别设置为 1.5 和 0.5。

**表 6.1　不同 $l$ 和 $f$ 的跟踪结果**

| $f$，$l$ | 平均适应度值 | 平均重叠率 | 平均中心误差率 |
|---|---|---|---|
| $l=1.8$，$f=0.2$ | 0.8935 | 0.6883 | 8.4988 |
| $l=1.5$，$f=0.5$ | 0.8942 | 0.7380 | 6.7342 |

（续表）

| $f$，$l$ | 平均适应度值 | 平均重叠率 | 平均中心误差率 |
|---|---|---|---|
| $l=1.2$，$f=0.8$ | 0.8928 | 0.6932 | 8.1763 |
| $l=1$，$f=1$ | 0.8546 | 0.0356 | 223.0524 |

## 6.4　实验分析

### 6.4.1　实验设置

我们选择了 6 个视频序列来测试提出的跟踪器的跟踪性能。这些视频序列是 FISH、MAN、JUMPING、HUMAN7、DEER 和 FACE2。此外，我们还将提出的跟踪器与其他 4 个跟踪器（包括基于 GOA 算法的跟踪器、基于 ALO（Ant Lion Optimization）算法的跟踪器、基于 CS 算法的跟踪器和基于 PSO 算法的跟踪器）进行了比较。为了进行公平的比较，使用了相同的目标模型（HOG）和参数。

如前所述，LGOA 跟踪器的主要参数为：种群大小 $n$、最大迭代次数 $T$、吸引强度 $f$、吸引长度尺度 $l$ 和自适应参数 $c$。在这次实验中，$n$=100、$T$=300、$f$=0.5、$l$=1.5、$c\in[0,1]$。其他跟踪器保持相同的种群大小和最大迭代次数。

此外，我们分别采用定性和定量的方法来测试跟踪性能，采用 DP、CLE 和 OP[25]对跟踪结果进行了定量分析。

### 6.4.2　定性分析

我们对选取的 6 个视频序列进行定性评价，部分跟踪结果如图 6.9 所示。

FISH 视频序列中，由于在#0058 帧和#0312 帧存在照相机抖动，目标严重模糊。此外，亮度在#0178 帧变暗。然而，目标运动相对平稳。所有跟踪器均性能良好。部分跟踪结果如图 6.9（a）所示。

在 MAN 视频序列中，目标经历了一个由暗到亮的过程。所有跟踪器都可以在#0015 帧之前成功跟踪目标。基于 ALO 算法的跟踪器和基于 CS 算法的跟踪器在#0032 帧之前不幸丢失了目标，但其他 3 个跟踪器可以捕获目标，提出的跟踪器获得了更好的跟踪结果。部分跟踪结果如图 6.9（b）所示。

由于照相机抖动，JUMPING 视频序列出现严重模糊。显然，基于 GOA 算法的跟踪器、基于 ALO 算法的跟踪器和基于 PSO 算法的跟踪器在#0262 帧不幸丢失了目标，提出的跟踪器性能最佳。部分跟踪结果如图 6.9（c）所示。

在 HUMAN7 视频序列中可以明显看出，在#0090 帧、#0168 帧和#0208 帧，目标多次被阴影覆盖。此外，目标在#0168 帧快速运动，照相机剧烈抖动。除基于 GOA 算法的跟踪器和提出的跟踪器外，所有跟踪器都跟踪失败。与基于 GOA 算法的跟踪器相比，基于 LGOA 算法的跟踪器具有更好的跟踪效果。部分跟踪结果如图 6.9（d）所示。

在 DEER 视频序列中，很明显，目标存在了快速运动、运动模糊和有多个相似的目标。除基于 ALO 算法的跟踪器外，所有跟踪器都能成功跟踪目标。与其他跟踪器相比，提出的跟踪器性能最好。部分跟踪结果如图 6.9（e）所示。

在 FACE2 视频序列中，运动速度快、光照变化小，提出的跟踪器和基于 GOA 算法的跟踪器性能最好，其他跟踪器都在#0268 和#0308 帧跟踪失败。部分跟踪结果如图 6.9（f）所示。

（a）FISH

（b）MAN

（c）JUMPING

（d）HUMAN7

图 6.9　部分跟踪结果

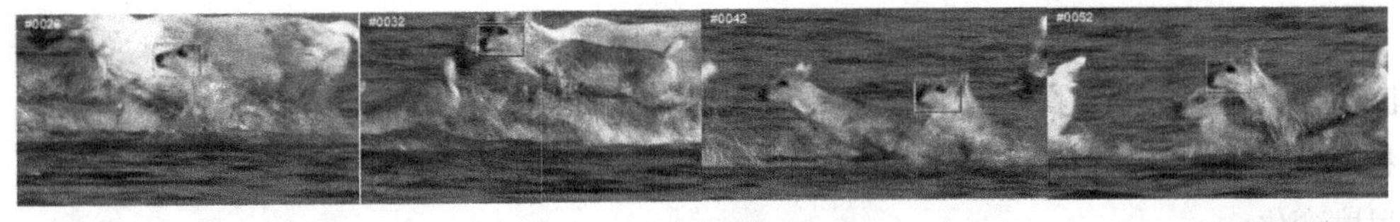

（e）DEER

（f）FACE2

LGOA　ALO　PSO
GOA　CS

图 6.9　部分跟踪结果（续）

### 6.4.3　定量分析

表 6.2 和表 6.3 列出了提出的跟踪器与基于 GOA 算法的跟踪器、基于 ALO 算法的跟踪器、基于 CS 算法的跟踪器和基于 PSO 算法的跟踪器在每个视频序列中的跟踪结果。表 6.2 给出了平均重叠率，表 6.3 给出了平均中心误差率。此外，图 6.10 还报告了 6 种不同视频序列的 DP 和 OP。

**表 6.2　平均重叠率**

| 视频序列 | LGOA | GOA | ALO | CS | PSO |
|---|---|---|---|---|---|
| FISH | 0.76 | 0.66 | 0.73 | 0.73 | 0.74 |
| MAN | 0.71 | 0.63 | 0.34 | 0.36 | 0.70 |
| JUMPING | 0.59 | 0.54 | 0.01 | 0.49 | 0.08 |
| HUMAN7 | 0.48 | 0.46 | 0.14 | 0.26 | 0.23 |
| DEER | 0.74 | 0.72 | 0.45 | 0.68 | 0.69 |
| FACE2 | 0.65 | 0.59 | 0.04 | 0.59 | 0.49 |

**表 6.3　平均中心误差率**

| 视频序列 | LGOA | GOA | ALO | CS | PSO |
|---|---|---|---|---|---|
| FISH | 8.54 | 12.17 | 10.38 | 10.80 | 9.77 |
| MAN | 4.35 | 6.79 | 23.15 | 22.56 | 4.48 |
| JUMPING | 8.44 | 36.21 | 126.73 | 10.80 | 85.62 |
| HUMAN7 | 9.33 | 7.58 | 81.77 | 43.15 | 50.65 |
| DEER | 6.74 | 7.39 | 99.76 | 9.47 | 8.17 |
| FACE2 | 13.36 | 17.62 | 308.51 | 54.43 | 135.19 |

从表 6.2、表 6.3、图 6.10 和图 6.11 中可以明显看出，基于 LGOA 算法的跟踪器比其他 4 个跟踪器的性能要好得多。注意，虽然基于 LGOA 算法的跟踪器在 JUMPING 和 HUMAN7 视频序列中有更好的性能，但是成功率仍然很低，因为该算法没有涉及尺度变化。

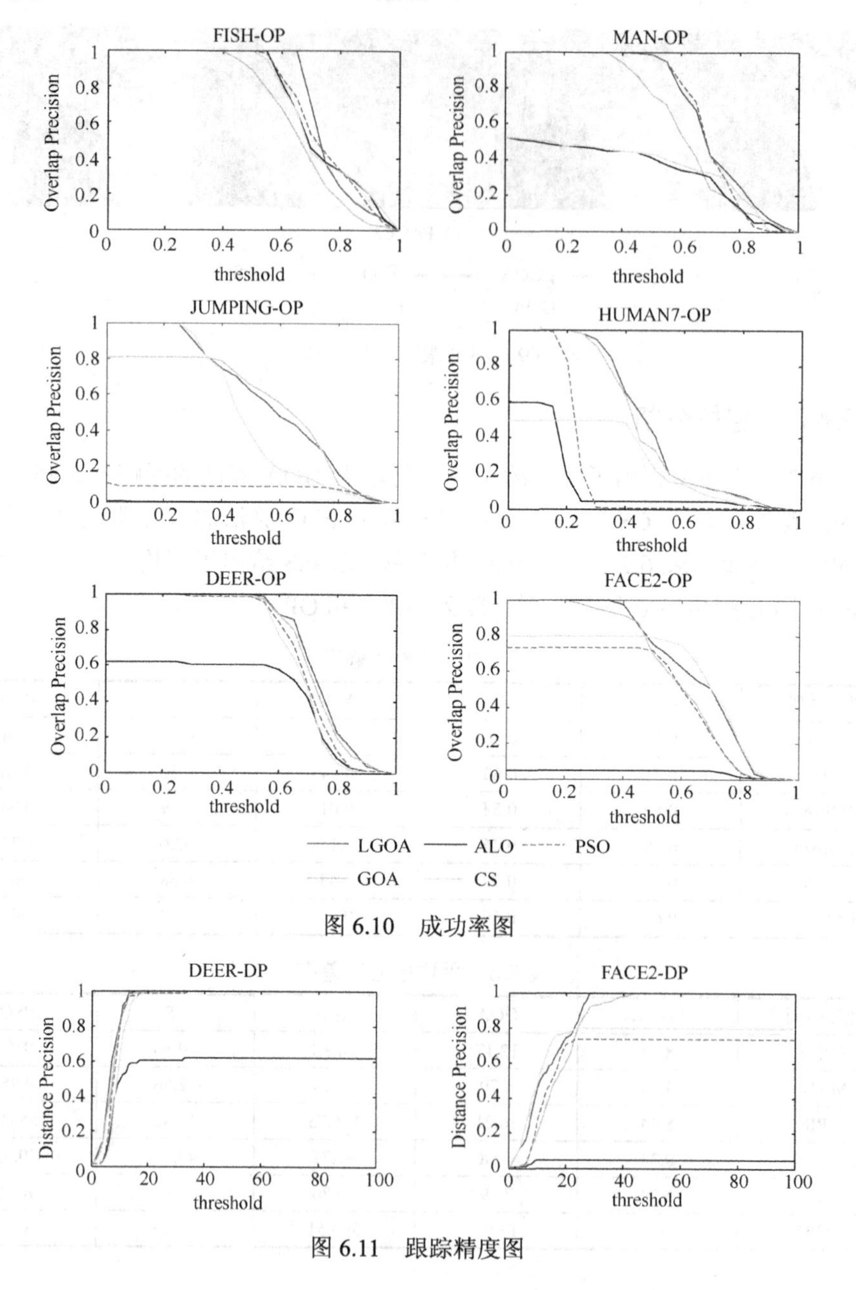


图 6.10 成功率图

图 6.11 跟踪精度图

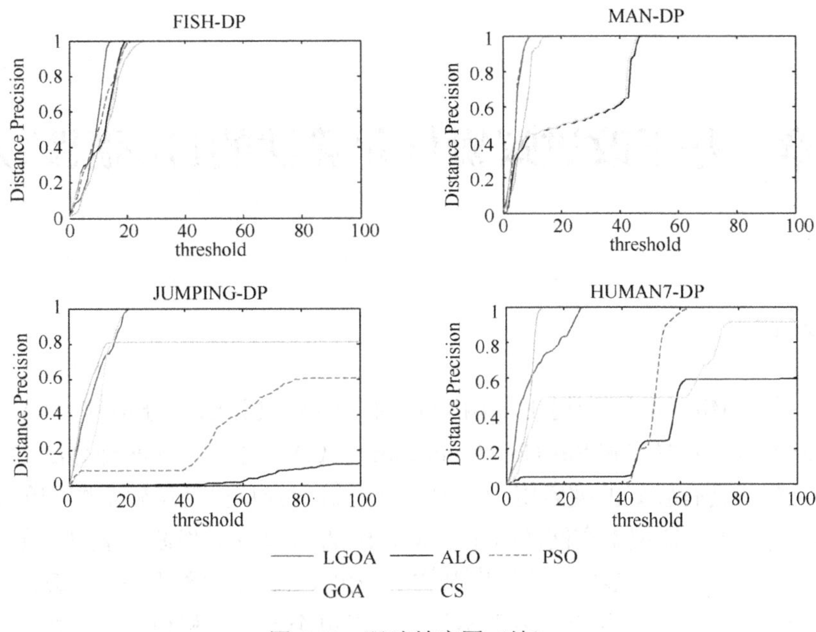


图 6.11　跟踪精度图（续）

## 6.5　小结

本章将目标跟踪看作在序列图像中利用各种蚱蜢搜索目标的过程，由此设计了一个基于 LGOA 算法的跟踪框架。该方法通过 Levy 飞行使蚱蜢跳出局部最优，提高了跟踪精度。实验结果表明，基于 LGOA 算法的跟踪器性能优于基于 GOA 算法的跟踪器、基于 ALO 算法的跟踪器、基于 CS 算法的跟踪器和基于 PSO 算法的跟踪器。在未来，将选择具有强健壮性的深度特征对基于 LGOA 算法的跟踪器进行改进。

# 第7章　基于改进蚁狮优化算法的目标跟踪方法

## 7.1　引言

近年来，Mirjalili[88,150]提出了两种新的自然启发算法，分别称为 Ant Lion Optimizer（ALO）算法和 Sin Cos Algorithm（SCA）算法。这两种算法有很多优点。ALO 算法具有较好的搜索能力，因为它随机选择蚁狮使用轮盘赌和随机漫步的蚂蚁围绕蚁狮保证搜索空间的探索。基本 SCA 算法在开发阶段表现良好。这两种算法已成功应用于许多领域[231-233,154,234]。然而，ALO 算法和 SCA 算法也有一些缺点。ALO 算法在开发阶段表现不佳，由于单个精英的极值信息有限，降低了蚂蚁的搜索效率和全局搜索能力。SCA 算法在探索阶段不能很好地运行，因为当前解决方案不能远离目标，点正弦函数和预余弦函数被限制为[−2,2]。

为了提高 SCA 算法的性能，Mirjalili 提出，SCA 算法可以与随机优化领域的其他算法杂交，以提高原始 SCA 算法的性能，并应用了许多混合方法，如 Since Cosine Crow Search Algorithm[235]、Hybrid Grey Wolf Optimizer with Sine Cosine Algorithm[236]、Hybrid Particle Swarm Optimizer with Sine Cosine Acceleration[237]、Hybrid Particle Swarm Optimizer with Sine Cosine Algorithm[238]。需要注意的是，Nenavath 等人利用混合正余弦粒子群优化（SCA-PSO）算法[124]、混合正余弦教与学优化（SCA-TLBO）算法[123]和混合正余弦差分进化（SCA-DE）算法[125]来搜索全局优化和求解目标跟踪。Khalilpourazari 等人[239]将正余弦的开发能力与鲸鱼优化算法（WOA）的探索能力相结合，混合算法的性能明显优于 SCA 算法和 WOA 算法。

针对 ALO 算法的缺点，研究者们提出了大量的改进方法。赵世杰等人[240]提出一种带混沌侦察机制的蚁狮优化算法，该方法根据适应度值将较差的个体作为侦察蚁狮，通过一定次数的混沌搜索迭代获得一个适应度值更优的位置，再重新赋值给侦察蚁狮，来提高算法的寻优性能。栗然等人[241]提出一种改进蚁狮优化（MALO）算法来求解电力系统的最优潮流问题，该方法通过在建模中引入漩涡收敛方式提高开发性能，加快了算法的收敛速度。景坤雷等人[242]提出了一种具有 Levy 飞行变异和精英自适应竞争机制的蚁狮优化算法，该方法利用 Levy 分布对种群中较差个体的进行变异操作，提高了种群多样性及全局探索性能；通过精英自适应竞争机制使得多个精英并行带领种群寻优，提高了算法的收敛速度。吴伟民[243]提出双重反馈机制的蚁狮（DFALO）算法，该方法利用动态自适应反馈调整策略动态调整陷阱大小提高了收敛精度，利用时空混沌探索策略和多样性反馈高斯变异策略提高了全局搜索能力，避免了算法陷入局部最优。李宗妮等人[244]提出一种采用改进蚁狮优化（RBALO）算法的图像增强方法，该方法根据蚁狮位置的分布随机调整搜索空间的边界，保证其在搜索空间内，从而保证了种群的多样性，并使部分蚂蚁与精英蚁狮进行位置重组以提高跟踪精度。Yao 等人[232]提出了一种用于无人机航路规划的动态自适应蚁狮优化（DAALO）跟踪器。采用 Levy 飞行代替蚂蚁的随机行走，使算法更容易摆脱局部最优解，并通过五分之一原则动态调整陷阱大小，提高了算法的收敛精度、收敛速度和稳定性。这些方法都在一定程度上提高了基本 ALO 算法的性能。

## 7.2　改进蚁狮优化算法介绍

### 7.2.1　蚁狮优化算法

#### 1．蚁狮优化算法的来源

蚁狮算法是由澳大利亚学者于 2014 年提出的一种基于自然界生物蚁狮的捕猎行为的算法[88]。蚁狮属于蚁蛉科昆虫，其生命周期主要分为幼虫期和成虫期，有 3 年的寿命，其中大部分时间都处在幼虫期，成虫期只有 3～5 周。蚁狮的捕猎行为主要发生在幼虫期。蚁狮幼虫在捕食的时候，首先在沙土中沿着圆形路径向下挖出一个圆锥形的陷阱，并用其有力的颌将沙子抛出陷阱外。挖好陷阱后，蚁狮幼虫就会藏在靠近圆锥陷阱底部的地方等待猎物“上钩”，一旦猎物（尤其是蚂蚁）进入圆锥陷阱中，由于圆锥陷阱的边缘足够光滑，将使猎物很容易滑向圆锥陷阱的底部。蚁狮意识到有猎物进入陷阱后，会尝试抓住猎物，在这个过程中，猎物也不会“坐以待毙”，而是尝试逃出陷阱，因此不会立即被蚁狮抓住。为了抓住猎物，蚁狮非常聪明地将沙子抛向陷阱的边缘，借助沙子的下滑进一步将猎物推向陷阱的底部，直到猎物被抓住。图 7.1 和图 7.2 分别展示了蚁狮的圆锥陷阱及捕食行为模型。

#### 2．蚁狮优化算法的实现机理

蚁狮优化算法模拟了蚁狮与猎物（蚂蚁）在陷阱中的关系，陷阱可以看作算法的搜索空间。发生捕食关系时，蚂蚁在搜索空间中运动，蚁狮利用陷阱来捕捉蚂蚁。蚂蚁在寻找食物时具有一定的随机性，因此用一个随机的移动来模拟蚂蚁的这种运动，描述如下：

$$X(t)=[0,\mathrm{cumsum}(2r(t_1)-1),\mathrm{cumsum}(2r(t_2)-1),\cdots,\mathrm{cumsum}(2r(t_T)-1)] \tag{7.1}$$

式中，cumsum 是累积和；$t$ 是当前迭代次数；$T$ 是最大迭代次数；$r(t)$ 是一个随机函数，定义如下：

$$r(t)=\begin{cases}1 & \mathrm{rand}>0.5\\0 & \mathrm{rand}\leqslant 0.5\end{cases} \tag{7.2}$$

式中，rand 是[0,1]之间的一个随机数字。

图 7.1　圆锥陷阱

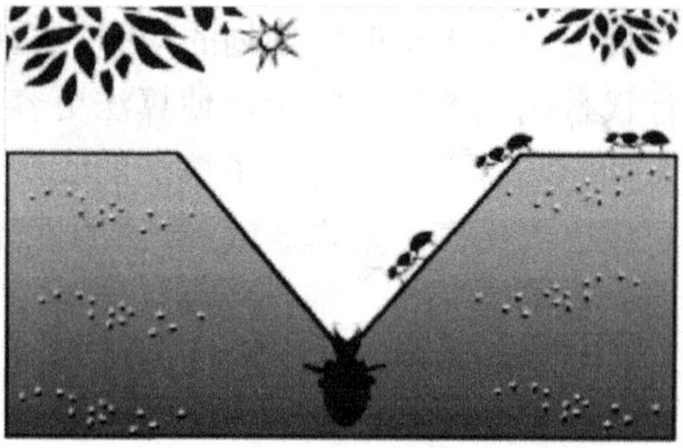

图 7.2　捕食行为模型

在算法优化的过程中，蚂蚁在每次迭代时都以随机行走的方式更新自己的位置，因此在任意时刻，蚂蚁的位置都具有随机性，而蚁狮的陷阱是有边界的（搜索空间有界）。为了确保蚂蚁的这种随机行走都在蚁狮的搜索空间中，将蚂蚁的位置做如下标准化处理：

$$X_i^t=\frac{(X_i^t-a_i)(d_i^t-c_i^t)}{(b_i-a_i)}+c_i \tag{7.3}$$

式中，$a_i$ 是蚂蚁随机行走时第 $i$ 个变量取值的下界；$b_i$ 是蚂蚁随机行走时第 $i$ 个变量取值的上界；$c_i^t$ 是第 $i$ 个变量在第 $t$ 次迭代时的最小值；$d_i^t$ 是第 $i$ 个变量在第 $t$ 次迭代时的最大值。

蚂蚁的随机行走还受到蚁狮所设置的陷阱的影响，式（7.4）和（7.5）反映了这种影响关系。

$$c_i^t=\mathrm{Antlion}_j^t+c^t \tag{7.4}$$

$$d_i^t=\mathrm{Antlion}_j^t+d^t \tag{7.5}$$

式中，$c_i^t$ 表示第 $i$ 个蚂蚁在第 $t$ 次迭代时的所有变量的最小值；$d_i^t$ 表示第 $i$ 个蚂蚁在第 $t$ 次迭代时的所有变量的最大值；$c^t$ 表示第 $t$ 次迭代时所有变量的最小值；$d^t$

表示第 $t$ 次迭代时所有变量的最大值；$\text{Antlion}_j^t$ 表示在第 $t$ 次迭代时所选择的蚁狮的位置。

蚁狮将根据自身的适应度值设置成相应比例的陷阱，一旦蚂蚁进入陷阱，蚁狮就会不断将陷阱中的沙子抛向陷阱的边缘。为将这种行为数学化，认为蚂蚁随机行走地半径会自动地不断减小。式（7.6）和式（7.7）描述了这个过程。

$$c^t = \frac{c^t}{I} \tag{7.6}$$

$$d^t = \frac{d^t}{I} \tag{7.7}$$

式中，$I$ 表示半径。其他参数的定义同前。

$I$ 可以表示为

$$I = 10^w \frac{t}{T} \tag{7.8}$$

式中，$t$ 表示算法的当前迭代数次；$T$ 表示最大迭代次数；$w$ 是一个与当前迭代次数相关的常数，可以调整搜索的精确水平。$w$ 定义为

$$w = \begin{cases} 2 & t > 0.1T \\ 3 & t > 0.5T \\ 4 & t > 0.75T \\ 5 & t > 0.9T \\ 6 & t > 0.95T \end{cases} \tag{7.9}$$

当蚂蚁运动到陷阱的底部时即被蚁狮抓住，为模拟这个过程，当蚂蚁的适应度值变得比蚁狮的适应度值更好时，蚁狮随即更新到最近一次捕捉到蚂蚁的位置，这种方式将大大提高蚁狮捕捉到蚂蚁的机会。蚁狮根据适应的变化更新自身位置的行为可以表示为

$$\text{Antlion}_j^t = \text{Ant}_i^t,\ 当 f(\text{Ant}_i^t) > f(\text{Antlion}_j^t)时 \tag{7.10}$$

式中，$t$ 表示当前的迭代次数；$\text{Antlion}_j^t$ 表示第 $j$ 个蚁狮在第 $t$ 次迭代时的位置；$\text{Ant}_i^t$ 表示第 $i$ 个蚂蚁在第 $t$ 次迭代时的位置。

在算法的进行过程中，蚁狮和蚂蚁的位置是很重要的信息，可以用以下矩阵来表示：

$$\boldsymbol{M}_{\text{Antlions}|\text{Ants}} = \begin{bmatrix} A_{1,1} & A_{1,2} & \cdots & A_{1,j} \\ A_{2,1} & A_{2,2} & \cdots & A_{2,j} \\ \vdots & \vdots & \vdots & \vdots \\ A_{i,1} & A_{i,2} & \cdots & A_{i,j} \end{bmatrix} \tag{7.11}$$

式中，$A_{i,j}$ 表示第 $j$ 个蚁狮或蚂蚁的位置信息中所对应的第 $i$ 维（第 $i$ 个变量）的值。同其他算法（如遗传算法）一样，该算法在优化过程中需要一个适应度函数来评价每次迭代后所得到值的优劣。适应度函数同样可以写成矩阵的形式，即

$$\boldsymbol{M}_{\mathrm{FAntlions|FAnt}} = \begin{bmatrix} f([A_{1,1}A_{1,2}\cdots A_{1,j}]) \\ f([A_{2,1}A_{2,2}\cdots A_{2,j}]) \\ \vdots \\ f([A_{i,1}A_{i,2}\cdots A_{i,j}]) \end{bmatrix} \tag{7.12}$$

式中，$f$ 表示适应度函数；其变量的含义同前。

适应度函数将评价优化过程中每次计算和更新后个体的优劣，在算法的任何一个阶段都通过比较适应度函数值来获取最优值。在优化过程中，并不是每次迭代后每个个体的信息都发生变化，适应度函数值好的个体将作为精英保留下来，而适应度函数值差的将被更好的个体代替。这样，在算法进行中，蚂蚁的随机性行走还受到这些精英的影响，蚂蚁既要在非精英个体的周围做随机性运动，还要围绕精英个体运动，且更趋向于在精英个体周围移动。精英个体更容易捕获猎物，考虑这种精英机制对蚂蚁随机行走的影响，蚂蚁的位置可以表示如下：

$$\mathrm{Ant}_i^t = \frac{R_{\mathrm{A}}^t + R_{\mathrm{E}}^t}{2} \tag{7.13}$$

式中，$R_{\mathrm{A}}^t$ 表示在第 $t$ 代围绕所选择的对应蚁狮的随机行走；$R_{\mathrm{E}}^t$ 表示在第 $t$ 代围绕适应度值最好的精英个体的随机运动；$\mathrm{Ant}_i^t$ 表示第 $t$ 代第 $i$ 个蚂蚁的位置。

综上所述，在算法的设计过程中，蚁狮的捕猎过程可以总结如下。

① 蚂蚁按照随机行走的方式在搜索空间中移动。

② 对所有蚂蚁的任一维参数，随机行走机制都成立。

③ 随机行走除了受蚂蚁自身习性的影响外，还受到蚁狮所设陷阱的影响。

④ 蚁狮根据自身适应度值设置相应的陷阱，适应度值越好，所设置的陷阱越易于捕捉到蚂蚁。

⑤ 任何一个蚂蚁都可能在任一迭代过程中被一个蚁狮精英个体捕捉。

⑥ 为模拟蚂蚁滑向蚁狮的过程，蚂蚁的随机行走范围在不断减小，直到被蚁狮抓住。

⑦ 当蚂蚁的适应度值比蚁狮的适应度值更好时，就意味着蚂蚁被捕捉。蚁狮随机更新到最近一次捕捉到的蚂蚁的位置并设置陷阱，以提高捕猎的成功率。

### 7.2.2 改进蚁狮优化算法

在原始 ALO 算法中，蚂蚁的更新公式是由式（7.13）给出。可以清晰地看出，轮盘赌选择应尽可能选择 $R_{\mathrm{E}}^t$。也就是说，蚂蚁的位置更新更倾向于围绕单个精英。

另外，单个精英提供的极值信息极其有限。因此，有必要建立精英库来保存较优的个体。这里，设计 $n$ 作为精英库，描述如下：

$$n = \text{round}\left(10 - \frac{9t}{T}\right) \tag{7.14}$$

在算法搜索前期，多精英并行竞争不仅能提高原有 ALO 算法的搜索能力，而且保证了算法的收敛速度。然而，在搜索后期，$n$ 变小，以减少蚂蚁不必要的运动，提高算法的收敛速度。从整体上看，该算法提高了系统的优化能力，同时提高了算法的效率。为此，将精英库引入式（7.13），得到以下修正方程：

$$\text{Ant}_i^t = \frac{R_{\text{A}}^t + \frac{1}{n}R_{\text{E1}}^t + \frac{1}{n}R_{\text{E2}}^t + \cdots + \frac{1}{n}R_{\text{E}n}^t}{2} \tag{7.15}$$

式中，$n$ 是经营的数量；$t$ 是当前迭代次数；$T$ 是总的迭代次数；$R_{\text{E}n}^t$ 是蚁狮围绕第 $n$ 个精英在第 $t$ 次迭代时随机游走的位置。

精英库建立如下：

$$\text{sort\_antlion}_p^t \rightarrow \text{elite}_q^t \quad f(\text{sort\_antlion}_p^t) > f(\text{elite}_q^t) \quad p = 1,2,\cdots,N; q = 1,2,\cdots,n \tag{7.16}$$

式中，$f$ 是适应度函数；$N$ 是蚁狮的数量；$\rightarrow$ 表示前 $n$ 个 sort_antlion 作为下一次迭代的精英库。

用式（7.14）～式（7.16）代替式（7.13），形成一种新的优化算法，称为拓展的 ALO（Extended ALO，EALO）算法。该算法通过多个精英的并行协作，提高了全局优化能力，避免了陷入局部最优。EALO 算法的伪代码如算法 7.1 所示。

**算法 7.1　EALO 算法的伪代码**

---

**初始化**：蚂蚁和蚁狮的数量，迭代次数，收缩因子 $I$

计算蚂蚁和蚁狮的适应度值

找到最好的蚁狮作为精英

**while** 当前迭代次数 $t$ <迭代次数+1

　　**for** 每个蚂蚁

　　　　使用轮盘赌选择蚁狮

　　　　更新 $c$ 和 $d$，使用式（7.6）和式（7.7）

　　　　创建一个随机游走并标准化，使用式（7.1）和式（7.3）

　　　　更新蚂蚁的位置，使用式（7.14）

　　**end for**

　　计算所有蚂蚁的适应度值

　　比较蚂蚁的适应度值和蚁狮的适应度值，如果有蚂蚁的适应度值比蚁狮的适应度值更好，则利用式（7.10）用相应的蚂蚁的位置代替蚁狮的位置

---

比较蚁狮的适应度值和精英的适应度值，如果蚁狮的适应度值比精英个体的适应度值好，则更新精英库，使用式（7.16）

$t$=$t$+1

**end while**

输出精英的信息

ALO 算法和 EALO 算法的主要区别在于如何更新蚂蚁的位置。此外，与 ALO 算法相比，EALO 算法包含了精英库的概念。

为了验证 EALO 算法的可行性，我们选取了 DEER 视频序列的#0043 帧，如图 7.3 所示，有两个相似的目标。此外，为了进行公平的比较，使用了相同的目标模型（方向梯度直方图、HOG)、运动模型（随机行走模型）和参数。这里有 3 个参数，分别是种群大小 $n$、迭代次数 $T$ 和收缩因子 $I$ （$I$ 的值依赖 $\omega$）。在本次实验中，$n=75, T=200$；$t>0.5T, w=1$; $t>0.7T, w=2$; $t>0.9T, w=2.7$。首先，在第一层的开始，保证 ALO 算法和 EALO 算法具有相同的搜索代理初始位置。其次，在第二层，ALO 算法中的所有搜索代理都随机围绕着假的 DEER 行走。相比之下，EALO 算法有几个不同的搜索区域，因为它有精英库。第三，在第三层和第四层，ALO 算法总是在假的 DEER 周围进行搜索，因为单个精英很难跳出局部最优。然而，EALO 算法可以成功地跟踪目标。由式（7.15）可知，精英数量随着迭代次数的增加而减少。因此，在搜索的后期，EALO 算法可以减少不必要的搜索空间，保证收敛速度。实验结果如图 7.3 所示。重复这个实验 60 次，ALO 算法成功 47 次，成功率为 78.3%；EALO 算法成功 60 次，成功率为 100%。可见，本节提出的自适应学习算法具有一定的优势。

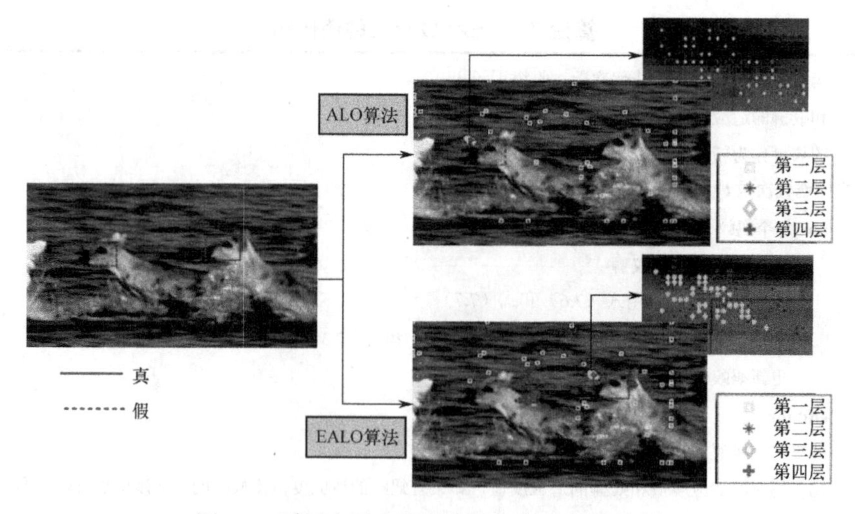


图 7.3 采用自适应边界收缩机制的跟踪结果

## 7.3　混合 EALO-SCA 算法

本节将使用 EALO 算法和 SCA 算法的基本概念。SCA 算法的基本原理在第 3 章已经介绍。本节将解释如何提出杂交算法，该算法的性能明显优于原始的 EALO 算法和 SCA 算法。

当搜索代理返回大于 1 或小于−1 的值时，SCA 算法将探索搜索空间。此外，由于点的正弦、余弦函数被限制在[−2，2]，所以当前解不能远离目标点。因此，SCA 算法在探索阶段不能很好地运行。然而，EALO 算法有一个有效的探索阶段。在 EALO 算法中，蚂蚁的位置更新使用轮盘赌选择和精英库，保证了对搜索空间的探索，而蚂蚁围绕蚁狮的随机游走也强调了对蚁狮周围搜索空间的探索。因此，混合 EALO-SCA 算法可以提高 SCA 探索的性能。

另外，从图 3.1 和图 3.2 可以看出，基本 SCA 算法在开发阶段表现良好。相反，EALO 算法在开发阶段表现不佳。在 EALO 算法过程的开始，由于 $I$ 很小，蚂蚁几乎在整个搜索空间中都使用了随机游走。在 EALO 算法的后期，$I$ 将变得更大，使搜索空间减小，但它不以特定的路径向目标移动，故不勇夺表现出较好的开发性能。因此，混合 EALO-SCA 算法可以提高 EALO 算法的开发性能。

考虑到上述情况，EALO 算法和 SCA 算法相比，EALO-SCA 算法具有明显的优势。算法 7.2 给出了混合 EALO-SCA 算法的伪代码。

**算法 7.2　混合 EALO-SCA 算法的伪代码**

初始化：蚂蚁和蚁狮的数量，迭代次数 $T$，收缩因子 $I$

计算蚂蚁和蚁狮的适应度值

找到最好的蚁狮作为精英

**while** 当前迭代次数 $t<T+1$

　　**for** 每个蚂蚁

　　　更新 $r_1, r_2, r_3, r_4$

　　　$R$=创建一个介于 0 和 1 之间的随机数

　　　　**if** ( $R \leqslant P$ )

　　　　　**if** ( $r_4 \leqslant 0.5$ )

$$X_i^{t+1} = X_i^t + r_1 \sin r_2 \left| r_3 P_i^t - X_i^t \right|$$

　　　　　**else if** ($r_4>0.5$)

$$X_i^{t+1} = X_i^t + r_1 \cos r_2 \left| r_3 P_i^t - X_i^t \right|$$

　　　　　**end if**

　　　　**else if** ($R>P$)

　　　　　使用轮盘赌选择蚁狮

　　　　　更新 $c$ 和 $d$，使用式（7.6）和式（7.7）

创建一个随机游走并标准化，使用式（7.1）和式（7.3）

更新蚂蚁的位置，使用式（7.14）

**end if**

**end for**

计算所有搜索代理的适应度值

比较蚂蚁的适应度值和蚁狮的适应度值，如果有蚂蚁的适应度值比蚁狮的适应度值更好，则利用式（7.10）用相应蚂蚁的位置代替蚁狮的位置

比较蚁狮的适应度值和精英的适应度值，如果蚁狮的适应度值比精英的适应度值好，则用相应蚁狮的代替精英个体更新精英库，使用式（7.16）

$t$=$t$+1

**end while**

输出精英的信息

图 7.4 所示为收敛精度与参数的关系，参数包括种群大小和迭代次数。$X$ 轴表示种群大小，$Y$ 轴表示迭代次数，$Z$ 轴表示相似度值。此外，EALO-SCA 的参数设置为阈值 $P = 0.5$；收缩因子 $I$：$t > 0.5T, w = 1$；$t > 0.7T, w = 2$；$t > 0.9T, w = 2.7$；$t$ 为当前迭代次数。SCA：常数($a = 2$)，$r_2 \in [0, 2\pi]$，$r_3 \in [0, 2]$，$r_4 \in [0, 1]$。SCA、ALO 算法和 EALO 算法的参数与 EALO-SCA 一致。

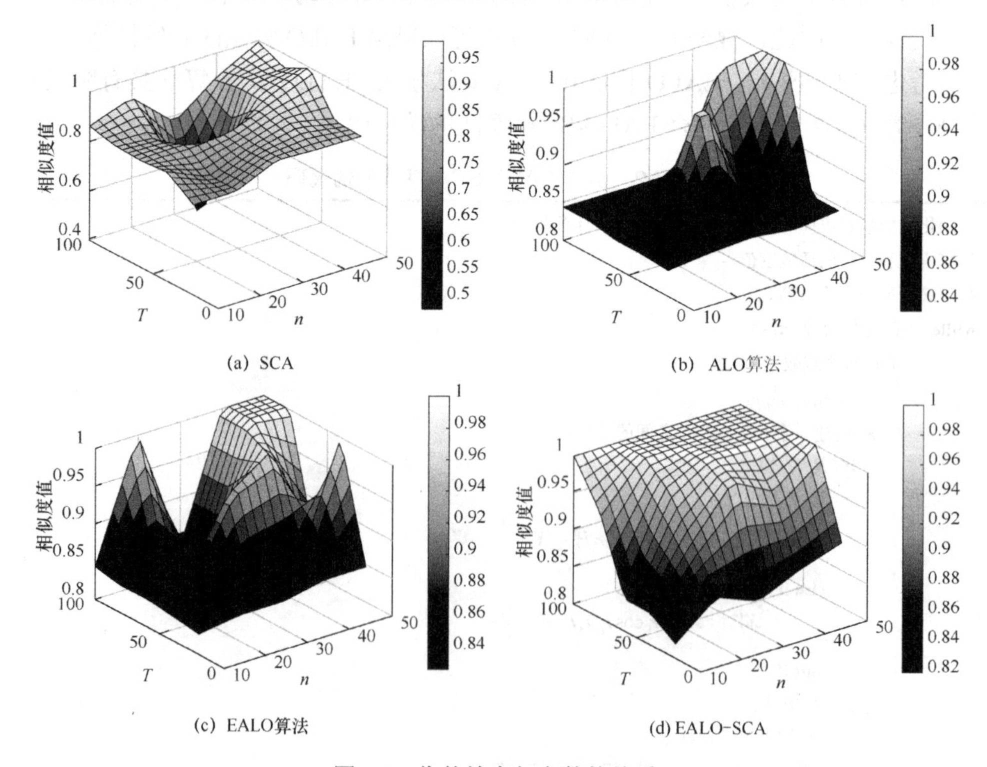


(a) SCA　(b) ALO算法　(c) EALO算法　(d) EALO-SCA

图 7.4　收敛精度与参数的关系

从图 7.4 可以看出，当 $n$=50、$T$=60 时，基于 SCA 算法的跟踪器效果最好，其适应度值为 0.9961。它的性能仍然很差，因为 SCA 算法没有良好的全局探索性能。基于 EALO 算法的跟踪器具有跳出局部最优的能力，跟踪效果优于基于 ALO 算法的跟踪器。此外，与其他 3 种优化算法相比，基于混合 EALO-SCA 算法的跟踪器性能最好，并且需要更小的种群和迭代次数来实现稳定的跟踪结果。基于混合 EALO-SCA 算法的跟踪器将 EALO 算法的全局探索与 SCA 算法的局部探索相结合，从而在探索和探索之间做出适当的权衡，提高了跟踪性能。

## 7.4　基于混合 EALO–SCA 算法的目标跟踪

本节将提出的混合 EALO-SCA 算法应用于目标跟踪。由于在足够大的计算量下，合理的阈值 $P$ 的混合算法可以有效地兼顾 SCA 算法和 EALO 搜索策略。也就是说，它可以有效地平衡和过渡探索及开发。基于 EALO-SCA 算法的跟踪器具有良好的跟踪精度和效率，其跟踪器流程图如图 7.5 所示。

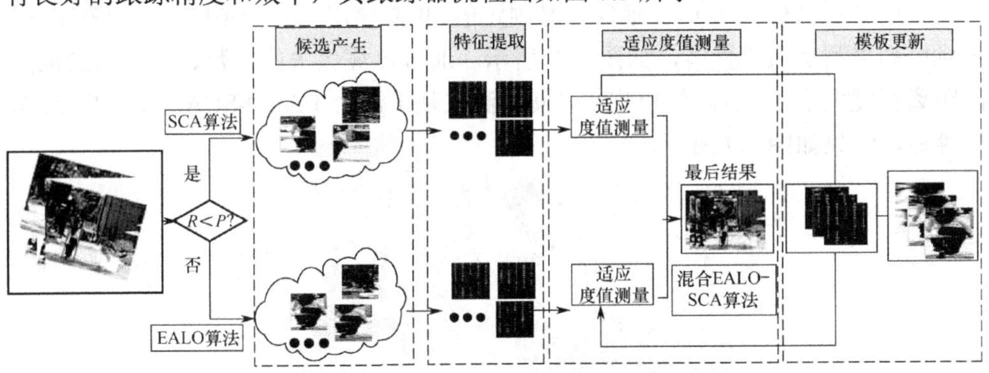


图 7.5　EALO-SCA 跟踪器的流程图

在基于混合 EALO-SCA 算法的跟踪器中，首先根据视频序列中前一帧的跟踪结果确定模板更新；其次，混合方法根据阈值运行 EALO 算法和 SCA 算法，这将生成一些新的目标候选；然后，提取候选样本和模板的特征；最后，利用相似度值实现目标跟踪。

### 7.4.1　混合优化跟踪系统

假设正在搜索的图像中有目标。基于混合 EALO-SCA 算法的跟踪器的目的是在图像中随机生成多个目标候选，并找出最佳候选。

在基于混合 EALO-SCA 算法的跟踪器中，混合 EALO-SCA 算法被认为是跟踪系统中的一种搜索策略。蚂蚁可以被认为是搜索对象，蚁群可以被认为是存储对象。蚂蚁和蚁狮都被认为是目标候选。首先，有以下两种方法生成搜索候选：

①$R>P$，使用 EALO 算法更新搜索候选的位置。

②$R \leqslant P$，使用 SCA 算法用于更新搜索候选的位置。

然后，提取模板和目标候选的特征，通过相似度值找出最优的目标候选；最后，使用最佳目标候选作为当前帧的输出和下一帧的模板；最终实现可视化跟踪。此外，基于混合 EALO-SCA 算法的跟踪器利用了 EALO 算法较好的全局搜索能力和 SCA 算法较好的局部搜索能力，提高了跟踪精度和效率。

### 7.4.2 参数调整和分析

参数整定是优化算法的一个重要方面。参数整定时应同时考虑速度和精度。在基于混合 EALO-SCA 算法的跟踪器中，有 4 个主要参数：种群大小 $n$、阈值 $P$、收缩因子 $I$ 和迭代次数 $T$。这里讨论种群大小 $n$ 和阈值 $P$。参数 $I$ 设置为：$t>0.5T, w=1;\ t>0.7T, w=2;\ t>0.9T, w=2.7$。$T$ 设置为 500。

下面分析种群大小 $n$。其他参数是固定的，我们使用一系列不同的 $n$ 值和 BOY 视频序列来测试跟踪性能，如图 7.6 所示。通过计算丢失的帧数、左上角到地面的距离精度大于 17 的帧数和花费时间来测试基于混合 EALO-SCA 算法的跟踪器的性能，结果如图 7.7 所示。

图 7.6 用于参数调整的视频序列

从图 7.7 中可以看出，当种群大小 $n<150$ 时，丢失帧数随着 $n$ 的增加而减少。换句话说，精度较低；当种群大小 $n>150$ 时，虽然保证了精度，但浪费了大量的时间，也就是说，跟踪效率降低了。因此，综合考虑跟踪精度和速度，将参数模型的种群大小设为 $n=150$。

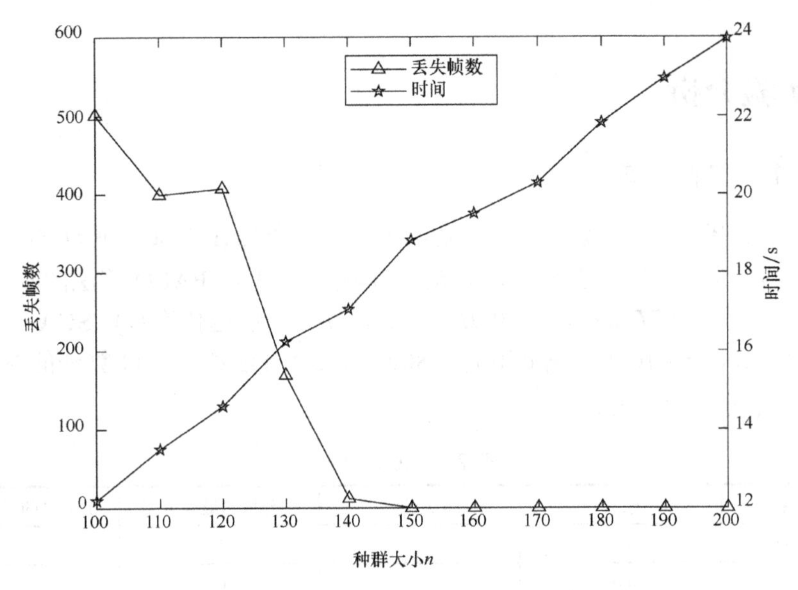


图 7.7　不同种群大小 $n$ 时的跟踪器性能

适当的阈值 $P$ 在探索和开发之间做出适当的权衡，这是获得良好跟踪结果的关键因素。我们仍然选择 BOY 视频序列进行测试。在每帧图像上都计算出地面真值与不同阈值估计的欧氏距离，比较结果如图 7.8 所示。从图 7.8 可以看出，在阈值 $P=0.5$ 时，跟踪器表现良好，可以成功地跟踪目标。然而 $P$ 为其他值时该方法不能成功地跟踪整个视频序列。因此，我们将参数模型的阈值设为 $P=0.5$。

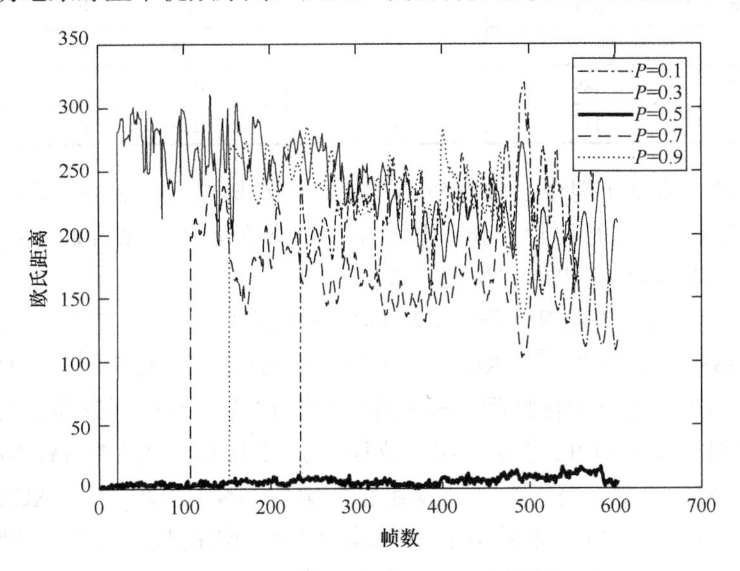


图 7.8　不同阈值 $P$ 时的跟踪精度

## 7.5 实验分析

### 7.5.1 实验设置

实验中选择了 12 个视频序列（见表 7.1）。混合 EALO-SCA 算法的参数设置如下：种群大小 $n$=150，迭代次数 $T$=500，阈值 $P=0.5$。EALO 算法的收缩因子：$t>0.5T, w=1$; $t>0.7T, w=2$; $t>0.9T, w=2.7$（$t$ 为当前迭代次数)。SCA：常数 $a=2$，$r_2 \in [0,2\pi]$，$r_3 \in [0,2]$，$r_4 \in [0,1]$。SCA、ALO 算法和 EALO 算法的参数与混合 EALO-SCA 算法一致。

**表 7.1　视频序列**

| 序列名称 | 帧数 | 最大位移 | $X$ 分量的最大位移 | $Y$ 分量的最大位移 |
|---|---|---|---|---|
| MHYANG | 1490 | 7 | 7 | 4 |
| FISH | 476 | 15 | 15 | 13 |
| BOY | 602 | 21 | 21 | 19 |
| HUMAN7 | 250 | 31 | 31 | 21 |
| JUMPING | 313 | 36 | 18 | 36 |
| DEER | 71 | 38 | 38 | 34 |
| FACE1 | 380 | 39 | 22 | 39 |
| ZXJ | 118 | 70 | 70 | 18 |
| BLURBODY | 334 | 76 | 76 | 26 |
| FHC | 123 | 188 | 188 | 104 |
| BLURFACE | 488 | 202 | 202 | 71 |
| ZT | 115 | 256 | 256 | 149 |

首先，我们将基于混合 EALO-SCA 算法的跟踪器与基于 SCA 算法的跟踪器、扩展核相关滤波器进行比较。为了显示不同的突变运动跟踪结果，我们使用了 12 个视频序列来评估提出的方法的有效性。

另一种比较方法是将基于混合 EALO-SCA 算法的跟踪器与 7 个最先进的跟踪器（包括 DSST[55]、FCT[165]、KCF[53]、CSK[52]、STC[166]、LSST[167]和 CACF[59]）进行比较，该方法根据图像帧间目标 $s$ 的位移将 12 个视频序列分为 3 组：小运动组、中运动组和大运动组。小运动组的位移小于 35 像素，包括 MHYANG、FISH、BOY 和 HUMAN7 视频序列。中运动组包括 JUMPING、DEER、FACE1 和 ZXJ 视频序列，位移大于 35 像素且小于 75 像素。大运动组的位移大于 75 像素，包括 BLURBODY、FHC、BLURFACE 和 ZT 视频序列。

此外，为了评估跟踪器的跟踪精度，在每帧图像中都通过视觉识别被跟踪目标的左上角，进行手动标注。这里，采用 DP、CLE 和 OP 对跟踪结果进行评估[25]。

表 7.2 中列出了 SCA、SAKCF 和混合 EALO-SCA 算法的主要参数设置。注意，对于参数的总体数量，混合 EALO-SCA 算法少于 SCA 算法。在这种情况下，如果基于混合 EALO-SCA 算法的跟踪器仍然比基于 SCA 算法的跟踪器具有更好的跟踪性能，那么混合 EALO-SCA 算法相对于 SCA 算法具有强大的优势。

**表 7.2　算法的主要参数设置**

| 算　法 | 参　数 | 值 |
|---|---|---|
| SCA | 种群大小 $n$ | 200 |
| | 最大迭代次数 $T$ | 500 |
| | $a$ | 2 |
| | $r_2$ | $[0,2\pi]$ |
| | $r_3$ | $[-2,2]$ |
| | $r_4$ | $[0,1]$ |
| SAKCF | 最大迭代次数 $T$ | 1000000 |
| | $T_1$ | 1 |
| | $e$ | $0.1\times10^{-30}$ |
| | $\eta$ | 0.99 |
| | $f_{map}$ | 0.25 |
| EALO-SCA | 种群大小 $n$ | 150 |
| | 最大迭代次数 $T$ | 500 |
| | $\omega$ | $\omega=\begin{cases}2 & t>0.5T\\2.7 & t>0.75T\\3 & t>0.9T\end{cases}$ |
| | $a$ | 2 |
| | $r_2$ | $[0,2\pi]$ |
| | $r_3$ | $[-2,2]$ |
| | $r_4$ | $[0,1]$ |
| | 阈值 $P$ | 0.5 |

### 7.5.2　与基于 SCA 算法的跟踪器和基于 SAKCF 算法的跟踪器比较

我们选择了 12 个视频序列，比较了一些已经应用于视频跟踪器的跟踪方法。图 7.9 显示了 12 个视频序列中不同跟踪方法的部分跟踪结果。图 7.10 所示为跟踪精度图。

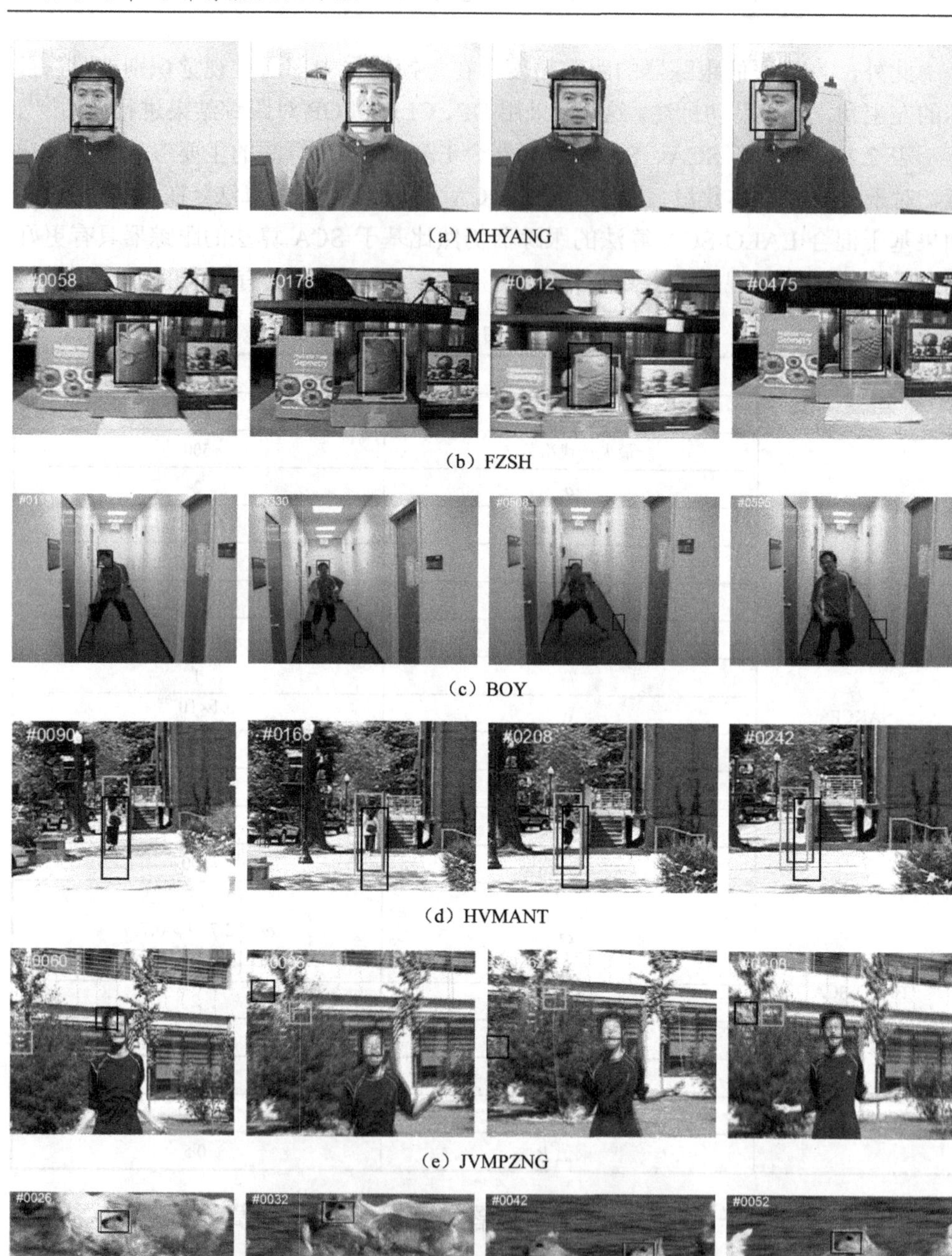


（a）MHYANG

（b）FZSH

（c）BOY

（d）HVMANT

（e）JVMPZNG

（f）DEER

图 7.9　部分跟踪结果

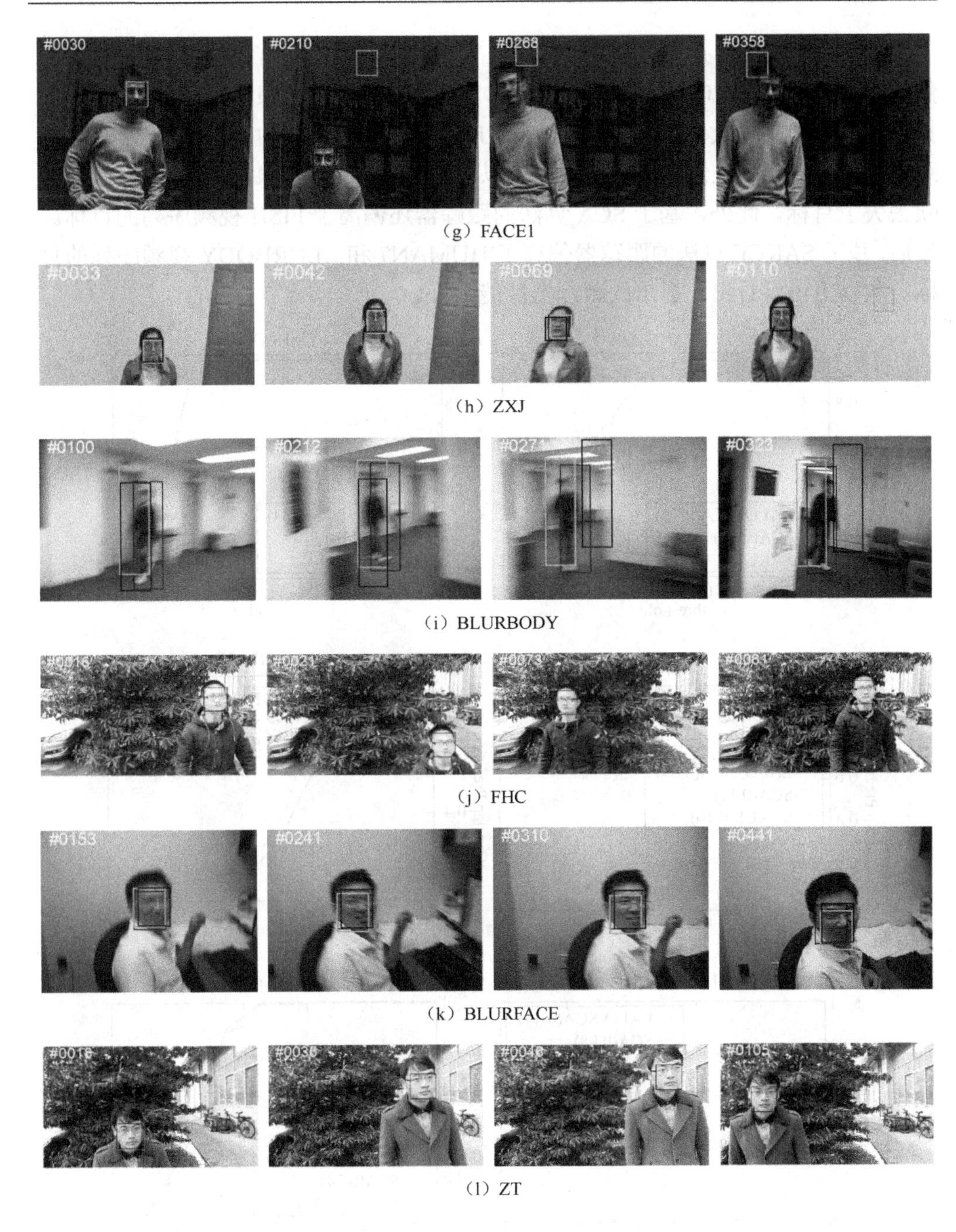


（g）FACE1

（h）ZXJ

（i）BLURBODY

（j）FHC

（k）BLURFACE

（l）ZT

—— EALO-SCA　—— SCA　—— SAKCF

图 7.9　部分跟踪结果（续）

图 7.9 清晰地显示了提出的跟踪器几乎可以成功地对所有视频序列进行跟踪。然而，对于 BOY 和 JUMPING 视频序列，基于 SCA 算法的跟踪器和基于 SAKCF 算法的跟踪器是失败的。在 FACE1、ZXJ 和 FHC 视频序列中，基于 SCA 算法的跟踪器是失败的。注意，ZXJ 视频序列以前可以在#0069 帧跟踪目标，但在#0110 帧丢失了目标。此外，基于 SCA 算法的跟踪器还偏离了 FISH 视频序列的目标。最后，基于 SAKCF 算法的跟踪器偏离了 HUMAN7 和 BLURBODY 视频序列的目标。从以上可以看出，提出的跟踪器性能最好。

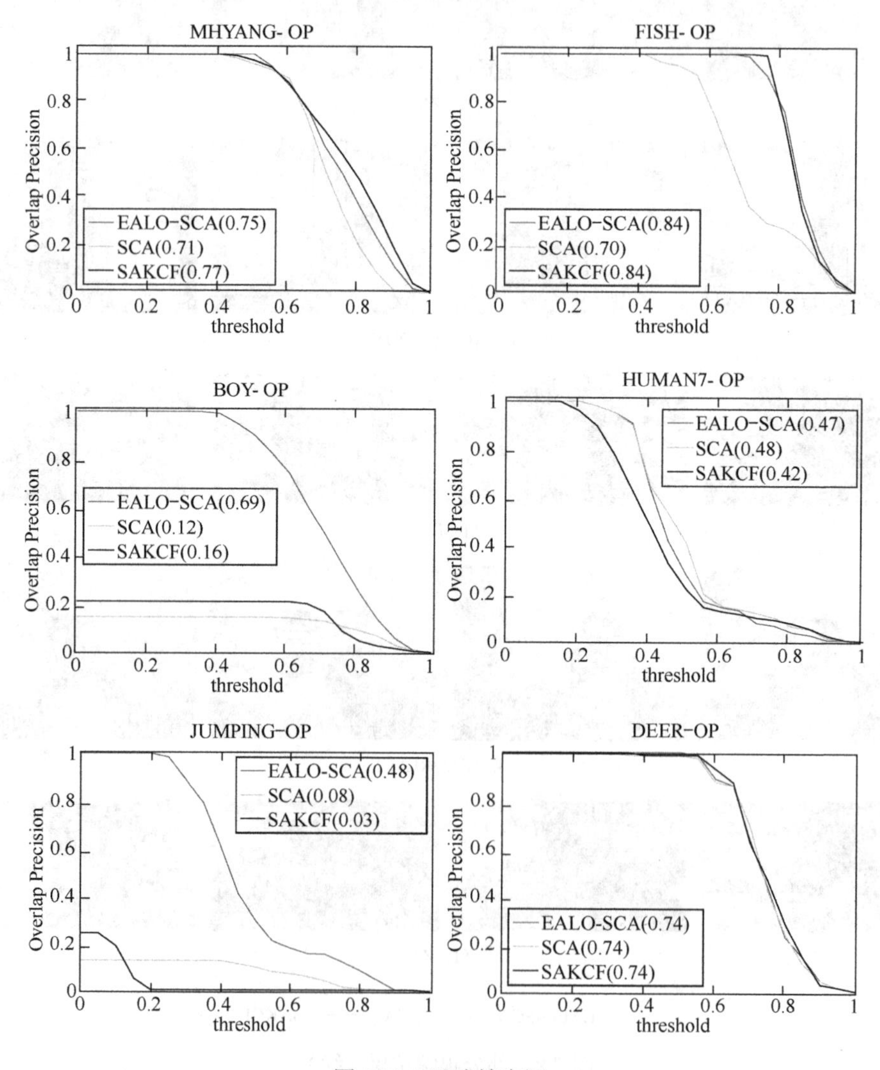


图 7.10　跟踪精度图

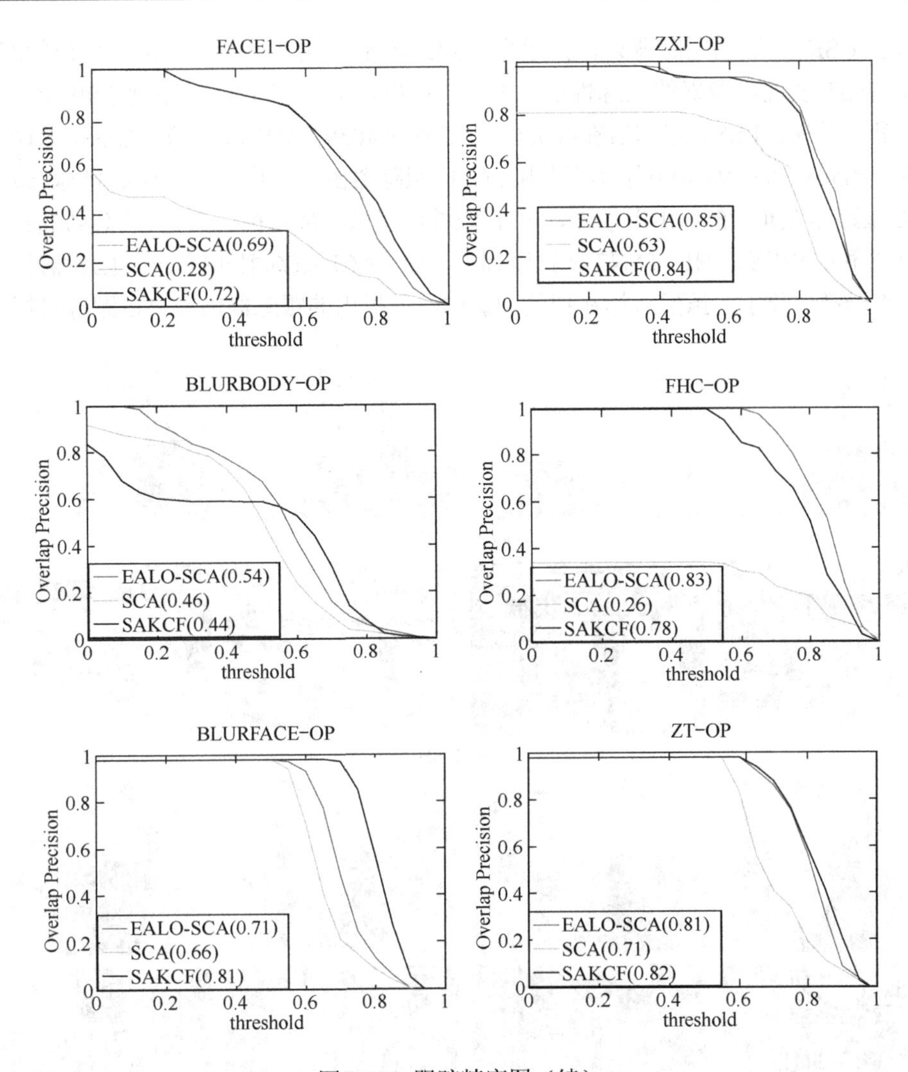


图 7.10　跟踪精度图（续）

从图 7.10 可以明显看出，提出的跟踪器性能远远优于基于 SCA 算法的跟踪器和基于 SAKCF 算法的跟踪器。

### 7.5.3　与先进的跟踪器比较

#### 1．定性分析

（1）小运动组

小运动组的部分跟踪结果如图 7.11 所示。MHYANG 视频序列在 7 像素处的运动最小。FCT 跟踪器的跟踪结果略差，其他方法的性能类似。在 FISH 视频序列中，除基于 CSK 算法的跟踪器外，几乎所有跟踪器都能成功地跟踪目标。提出的跟踪器和 DSST 表现出最好的跟踪性能。由于照相机抖动，BOY 视频序列在#0330 帧严重模糊。首先，LSST 跟踪器在#0330、#0508 和#0595 帧出现故障。然后，STC 跟踪器在#0508 和#0595 帧分别出现故障，CSK 跟踪器由于严重模糊而偏离目标。最后，CSK 跟踪器在#0595 帧出现故障，FCT 跟踪器轻微偏离目标。其他跟踪器完成了整个视频序列的跟踪。HUMAN7 视频序列中，除 CACF 跟踪器和提出的跟踪器外，所有跟踪器都失败了。虽然目标在树的阴影中，但提出的跟踪器仍然可以跟踪目标。

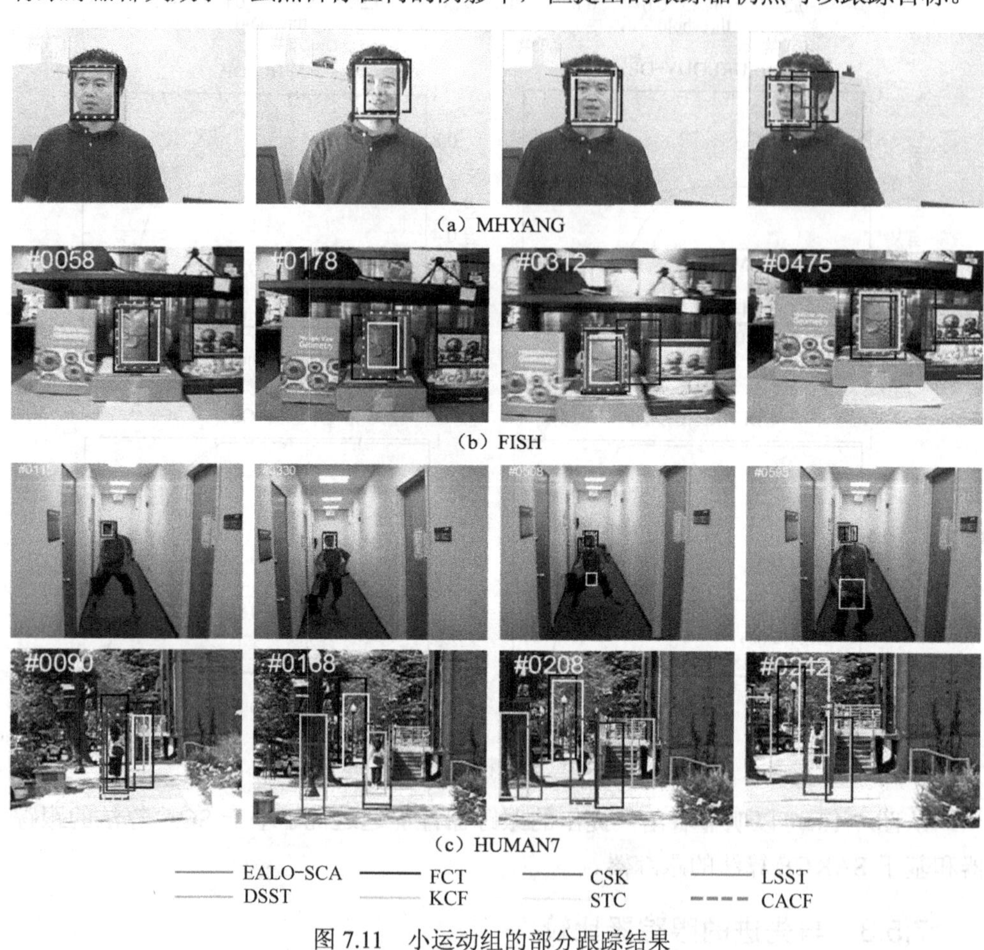


（a）MHYANG

（b）FISH

（c）HUMAN7

图 7.11　小运动组的部分跟踪结果

（2）中运动组

中运动组的部分跟踪结果如图 7.12 所示。很明显，由于照相机抖动，JUMPING 视频序列中，CSK、DSST、FCT、KCF 和 STC 跟踪器在#0096 帧之前丢失了目标。虽然提出的跟踪器有轻微的漂移，但可以快速地恢复跟踪，性能更好。在 DEER

视频序列中，DSST、KCF、STC 和 CACF 跟踪器在#0032 帧丢失了目标，虽然 KCF 和 CACF 跟踪器可以在多个帧中恢复跟踪，但仍然不能完整地跟踪整个视频序列。然而，FCT、CSK 跟踪器和提出的跟踪器成功跟踪了整个视频序列，并获得了较好的跟踪结果。在 FACE1 视频序列中，CSK 和 LSST 跟踪器在#0210 帧丢失了目标，虽然其他跟踪器工作得很好，但 DSST 跟踪器显示了最好的性能。在 ZXJ 视频序列中，目标经历了突变运动，所有的跟踪器都可以在#0042 帧之前跟踪目标，但是除 CACF 跟踪器和提出的跟踪器外，所有的跟踪器都在#0069 帧偏离了目标。此外，LSST 跟踪器由于突变运动而偏离目标，但可以恢复跟踪。对于中运动视频序列，提出的跟踪器比其他跟踪器具有更好的跟踪性能。

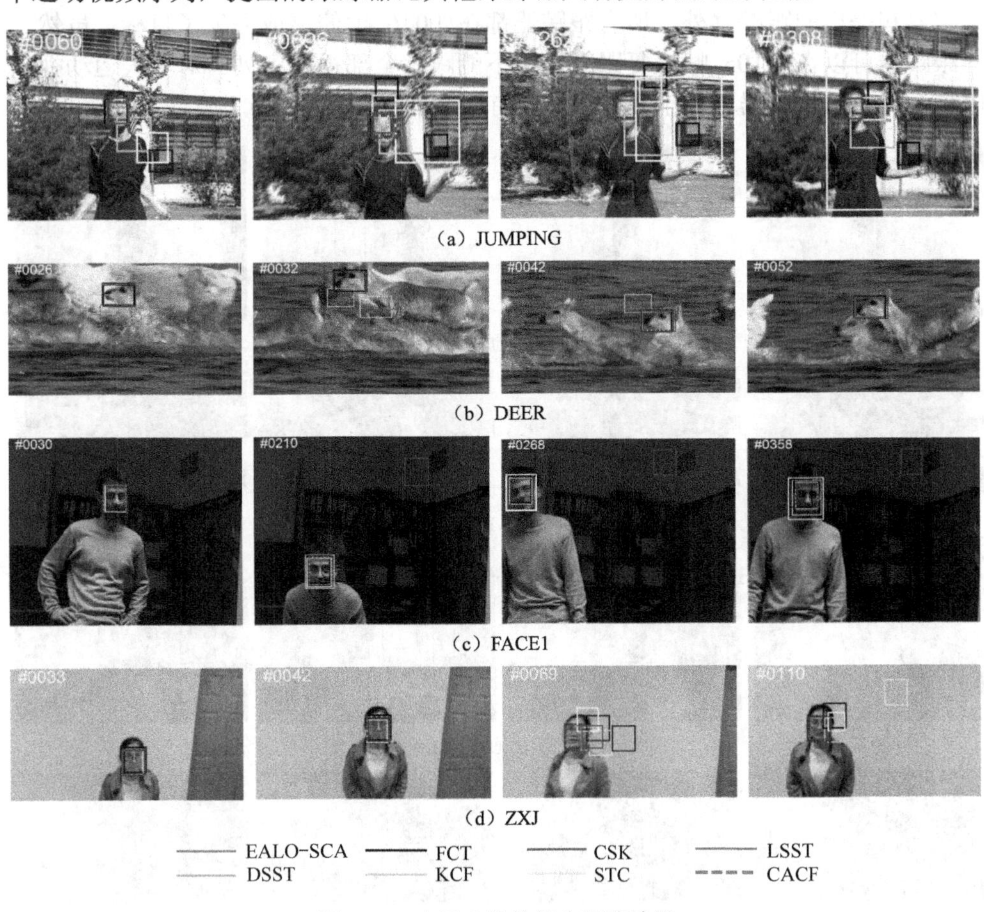


图 7.12　中运动组的部分跟踪结果

（3）大运动组

对于大运动视频序列，选择了 BLURBODY、FHC、BLURFACE 和 ZT 视频序列，它们的最大位移分别为 76 像素、188 像素、202 像素和 256 像素。大运动组的部分跟踪结果如图 7.13 所示。在 BLURBODY 视频序列中，LSST 跟踪器在#0100 帧跟踪失败，CSK 和 STC 跟踪器在#0212 帧也跟踪失败了。最后，除 CACF 跟踪器和提出的跟踪器外，所有跟踪器都在#0271 帧丢失了目标。在 FHC 视频序列中，最大位移为 188 像素，提出的跟踪器比其他 7 个跟踪器表现出更好的性能，除 CACF 跟踪器和提出的跟踪器外，其他跟踪器都在#0073 帧跟踪失败。BLURFACE 视频序列中设计了帧丢失问题，因为在#0153、#0241 和#0310 帧的快速运动导致目标有一个严重的运动模糊状态。其他跟踪器都失败了，但提出的跟踪器仍可以成功地跟踪目标。在 ZT 视频序列中，最大位移为 256 像素，除 CACF 跟踪器和提出的跟踪器外，所有跟踪器都在#0046 帧偏离或丢失了目标。虽然一些跟踪器可以在#0105 帧恢复跟踪，但不能跟踪全部视频序列。对于大运动视频序列，提出的跟踪器相对于其他跟踪器有很强的优越性。

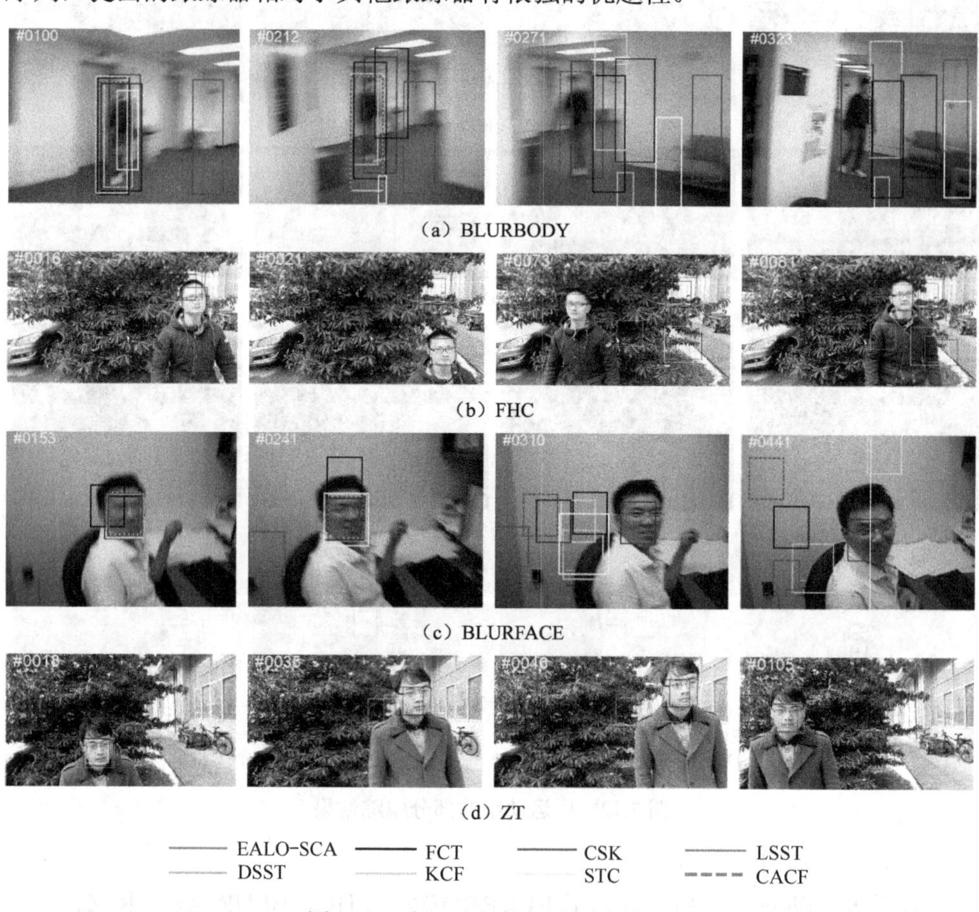


图 7.13 大运动组的部分跟踪结果

## 2. 定量分析

图 7.14 和图 7.15 所示分别为 12 个视频序列的成功率图和跟踪精度图。

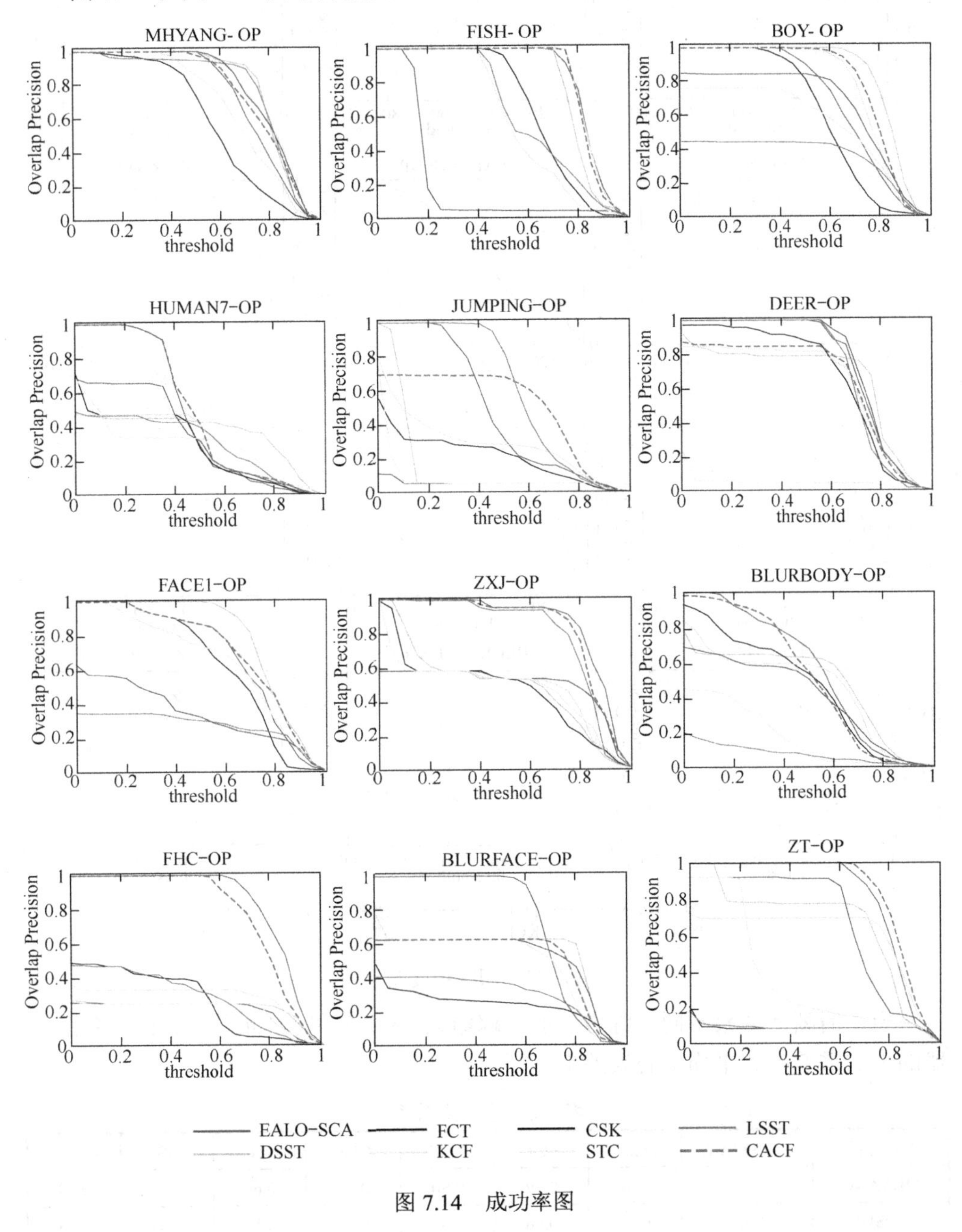


图 7.14　成功率图

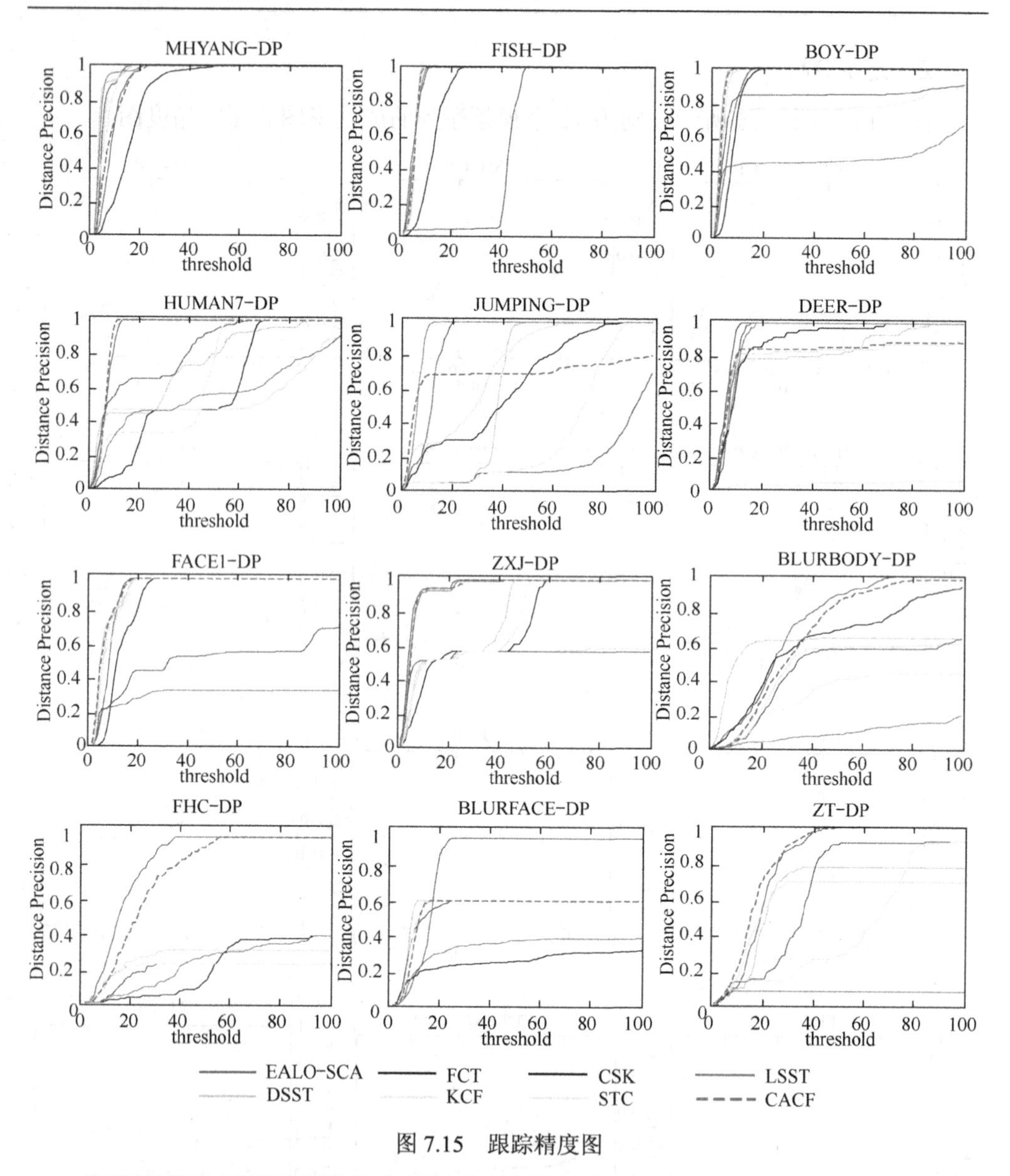


图 7.15 跟踪精度图

为了清晰地观察不同跟踪方法的跟踪结果，表 7.3 和表 7.4 分别列出了各跟踪器的平均重叠率和平均中心误差率。

**表 7.3 平均重叠率**

| 视频序列 | EALO-SCA | DSST | FCT | KCF | CSK | STC | LSST | CACF |
|---|---|---|---|---|---|---|---|---|
| MHYANG | 0.75 | 0.81 | 0.59 | 0.80 | 0.80 | 0.69 | 0.78 | 0.78 |
| FISH | 0.84 | 0.80 | 0.66 | 0.84 | 0.21 | 0.58 | 0.63 | 0.83 |

（续表）

| 视频序列 | EALO-SCA | DSST | FCT | KCF | CSK | STC | LSST | CACF |
|---|---|---|---|---|---|---|---|---|
| BOY | 0.69 | 0.84 | 0.60 | 0.77 | 0.65 | 0.55 | 0.36 | 0.79 |
| HUMAN7 | 0.47 | 0.36 | 0.28 | 0.28 | 0.34 | 0.28 | 0.30 | 0.49 |
| JUMPING | 0.48 | 0.14 | 0.20 | 0.27 | 0.05 | 0.07 | 0.60 | 0.50 |
| DEER | 0.74 | 0.64 | 0.66 | 0.62 | 0.75 | 0.04 | 0.71 | 0.63 |
| FACE1 | 0.69 | 0.79 | 0.63 | 0.72 | 0.33 | 0.65 | 0.26 | 0.72 |
| ZXJ | 0.85 | 0.48 | 0.45 | 0.45 | 0.49 | 0.46 | 0.79 | 0.83 |
| BLURBODY | 0.54 | 0.46 | 0.44 | 0.44 | 0.39 | 0.16 | 0.07 | 0.50 |
| FHC | 0.83 | 0.22 | 0.26 | 0.28 | 0.20 | 0.20 | 0.28 | 0.78 |
| BLURFACE | 0.71 | 0.53 | 0.23 | 0.51 | 0.51 | 0.30 | 0.51 | 0.51 |
| ZT | 0.81 | 0.65 | 0.09 | 0.59 | 0.66 | 0.35 | 0.09 | 0.84 |

**表 7.4　平均中心误差率**

| 视频序列 | EALO-SCA | DSST | FCT | KCF | CSK | STC | LSST | CACF |
|---|---|---|---|---|---|---|---|---|
| MHYANG | 7.27 | 2.43 | 14.72 | 3.61 | 3.61 | 4.22 | 2.60 | 6.71 |
| FISH | 4.28 | 4.36 | 11.99 | 4.08 | 41.19 | 4.64 | 3.97 | 4.32 |
| BOY | 5.58 | 1.96 | 7.43 | 3.12 | 20.29 | 25.69 | 59.01 | 2.47 |
| HUMAN7 | 6.36 | 25.67 | 40.84 | 48.43 | 17.89 | 33.07 | 45.29 | 5.77 |
| JUMPING | 11.19 | 36.55 | 37.23 | 26.26 | 85.72 | 66.70 | 6.05 | 33.84 |
| DEER | 6.74 | 16.65 | 10.68 | 21.13 | 4.79 | 509.55 | 7.20 | 22.96 |
| FACE1 | 7.14 | 5.30 | 12.09 | 5.82 | 100.45 | 6.71 | 183.77 | 5.08 |
| ZXJ | 4.08 | 21.19 | 26.74 | 88.46 | 189.55 | 23.68 | 5.06 | 4.84 |
| BLURBODY | 27.90 | 90.77 | 40.68 | 68.35 | 73.24 | 147.65 | 208.55 | 33.80 |
| FHC | 15.58 | 616.05 | 371.37 | 364.79 | 577.79 | 576.47 | 392.42 | 23.04 |
| BLURFACE | 14.19 | 74.93 | 116.33 | 84.83 | 1573.68 | 89.75 | 162.05 | 111.94 |
| ZT | 19.01 | 54.01 | 642.35 | 127.53 | 53.52 | 99.65 | 684.85 | 16.71 |

从图 7.14、图 7.15、表 7.3 和表 7.4 可以明显看出，提出的跟踪器的性能明显优于其他 7 个跟踪器，特别是对于大运动视频序列，具有较好地跟踪突变运动的性能。

## 7.6　小结

本章针对目标跟踪问题提出了一种新的混合 EALO-SCA 算法。基于该算法的跟踪器结合了 EALO 算法更好的全局搜索能力和 SCA 算法更好的局部搜索能力。我们设计了一个统一的框架，在全局搜索和局部搜索之间做出适当的权衡，以提高跟踪性能。实验结果表明，与其他跟踪器相比，基于该算法的跟踪器具有更好的跟踪性能，特别是对于大运动视频序列。在未来，我们的工作可以扩展到跟踪多个目标。

# 第8章 基于混合AWOA-DE算法的目标跟踪方法

## 8.1 引言

混合算法因其在处理包含许多因素（不确定性、复杂性和不稳定性等）的现实问题上的有效性而越来越受欢迎。文献中有大量的混合元启发式算法，如 Hybrid Spiral-Dynamic Bacteria-Chemotaxis Algorithms（HSDBCA）[117]、Hybrid WOA with Simulated Annealing（WOA-SA）[245]、Hybrid Grey Wolf Optimizer and Genetic Algorithm（GWOGA）[246]、Hybrid Algorithm of Particle Swarm Optimization and Grey Wolf Optimizer（HPSO-GWO）[247]和 Hybrid Cat Swarm Optimization Based Algorithm（HCSOA）[115]等算法。这些混合元启发式算法已经应用于目标跟踪。例如，Ljouad 等人[104]提出了一种新的跟踪器，称为混合卡尔曼布谷鸟搜索跟踪器（Hybrid Kalman Cuckoo Search Tracker），可以有效地从当前帧到下一帧探索搜索空间来定位目标的位置。实验结果表明，该跟踪器在计算时间上优于粒子群算法跟踪器。Chen 等人[122]提出了一种基于欧几里得距离的混合量子 PSO（Hybrid Quantum PSO，HQPSO），提高了粒子群的多样性，增强了算法的探索性能，使粒子能收敛到全局最优；但在后期的搜索过程中，粒子的多样性急剧下降，增强了算法开发性能，提高了收敛速度。他将该方法应用于目标跟踪中，提高了跟踪精度和效率。Nenavath 等人[123,125]提出了混合正余弦算法（Sine Cosine Algorithm，SCA）与基于教与学的优化（Teaching-Learning-Based Optimization，TLBO）算法（SCA-TLBO）及 SCA 与 DE 算法（SCA-DE），并用于全局优化和目标跟踪。通过两种算法的混合有效地增强了算法收敛至全局最优的能力。在这些文献中，混合元启发式算法的性能明显优于单一优化算法。

近几年，研究者将很多注意力集中在解决突变运动的目标跟踪问题上。例如，Zhang 等人[126]提出了一种基于模拟退火（Simulated Annealing，SA）算法的扩展核相关滤波（Kernel Correlation Filter，KCF）跟踪器，根据置信度映射设计了一个自适应阈值来同时跟踪平滑运动和突变运动。Zhang 等人[127]提出了一种基于

KCF 算法的布谷鸟搜索扩展的跟踪器，并设计了一个统一的跟踪框架来同时跟踪平滑运动和突变运动。

鲸鱼优化算法[89]是 Mirjalili 等人提出的一种模拟座头鲸在追逐猎物时的社会行为的算法，目前已经应用于很多领域[248-253]。随后，一些改进方法相继出现。Ling 等人[254]提出了一种基于 Levy 飞行的鲸鱼优化算法，Levy 飞行有助于提高种群多样性以跳出局部最优的能力，从而提高收敛速度和精度。郭振洲等人[255]提出基于自适应权重和柯西变异的鲸鱼算法（WOAWC），通过柯西逆累积分布函数对鲸鱼位置进行变异，提高了全局搜索能力，并采用自适应权重加强了局部搜索能力，提高了收敛性能。张永等人[256]提出一种改进的 WOA 算法，用 Logistic 混沌映射对种群进行初始化，保证了种群的多样性，并引入非线性自适应权重策略，以协调全局探索和局部开发能力。钟明辉等人[257]提出了一种随机调整控制参数的改进鲸鱼优化算法（EWOA），利用随机分布的方式调整控制参数，以平衡 WOA 算法的探索和开发性能。Hu 等人[258]提出了一种改进的鲸类优化算法（IWOA），通过惯性权重来调整最优解，并采用 31 个函数证明了改进方法的有效性。王坚浩等人[259]提出了一种基于混沌搜索策略的鲸鱼优化算法（CWOA），采用混沌反向学习策略产生初始种群，设计了收敛因子和惯性权重以平衡探索和开发性能，使其收敛速度、精度及健壮性均有所提高。

差分进化算法是由 Storn 和 Price[260-261]提出的基于种群的、并行的直接搜索方法。考虑到差分进化的自身机制——变异（Mutation)、交叉（Crossover）和选择（Selection）操作使该算法具有和其他基于种群优化算法混合的能力。目前，已经有大量相关方法被提出，如混合萤火虫-差分进化[262]、混合差分进化-马尔可夫链[263]、混合教与学-差分进化[264]、混合磷虾-差分进化[265]、混合灰狼-差分进化[266]等。

## 8.2 鲸鱼优化算法和差分进化算法介绍

### 8.2.1 鲸鱼优化算法（WOA）

WOA 算法是一种新的元启发式算法，它模拟了座头鲸在追逐猎物时的社会行为[89]。座头鲸群喜欢在靠近水面的地方捕捉磷虾或小鱼群，在缩小的包围圈内沿着螺旋状的路径在猎物周围游动，同时沿着圆形或“9”形路径制造独特的泡沫，如图 8.1 所示。

座头鲸能够发现猎物、识别其位置并包围它们。由于搜索空间中最优搜索代理的位置是未知的，所以 WOA 算法假定目标猎物或接近目标猎物的搜索代理为当前所有候选解中最优的一个。WOA 算法的数学模型主要包括 3 部分：包围猎物、泡沫攻击和搜索猎物。

图 8.1　座头鲸的捕猎行为

### 1. 包围猎物

座头鲸可以搜索猎物的位置并包围它们。WOA 算法假设当前的最佳候选解是目标猎物或接近最优解。在定义了最佳搜索代理之后，其他搜索代理将尝试朝最佳搜索代理的方向更新它们的位置。这种群行为可以用数学方法表示如下：

$$\boldsymbol{R}=\boldsymbol{C}\cdot\boldsymbol{P}(t)^{*}-\boldsymbol{P}(t) \tag{8.1}$$

$$\boldsymbol{P}(t+1)=\boldsymbol{P}(t)^{*}-\boldsymbol{A}\cdot\boldsymbol{R} \tag{8.2}$$

式中，$t$ 为当前迭代次数；$\boldsymbol{P}(t)^{*}$ 为目前获得的最佳搜索代理的位置向量；$\boldsymbol{P}(t)$ 为位置向量；“$\cdot$”表示两个向量的元素逐个相乘；$\boldsymbol{A}$ 和 $\boldsymbol{C}$ 为系数向量。注意，如果有更好的搜索代理，那么 $\boldsymbol{P}(t)^{*}$ 在每次迭代时都要更新。此外，向量 $\boldsymbol{A}$ 和 $\boldsymbol{C}$ 可以表示为：

$$\boldsymbol{A}=2\boldsymbol{a}\cdot\boldsymbol{r}-\boldsymbol{a} \tag{8.3}$$

$$\boldsymbol{C}=2\boldsymbol{r} \tag{8.4}$$

式中，$\boldsymbol{r}$ 为[0,1]中的随机向量；$\boldsymbol{a}$ 在迭代过程中从 2 到 0 线性减小，计算如下：

$$\boldsymbol{a}=\boldsymbol{a}_{\max}-\frac{t(\boldsymbol{a}_{\max}-\boldsymbol{a}_{\min})}{T} \tag{8.5}$$

式中，$\boldsymbol{a}_{\max}$ 和 $\boldsymbol{a}_{\min}$ 分别为最大值和最小值；$t$ 为当前迭代次数；$T$ 为最大迭代次数。

### 2. 泡沫攻击（开发阶段）

泡沫攻击有两种方法：收缩包围机制和螺旋更新位置。

（1）收缩包围机制

收缩包围机制是通过使用式（8.5）减小 $\boldsymbol{a}$ 的值来实现的。通过设置 $\boldsymbol{A}$ 的随机值[−1,1]，搜索代理的新位置可以在搜索代理的原始位置和最佳搜索代理的当前位置之间的任何地方进行更新。

（2）螺旋更新位置

假定当前搜索到的猎物的最佳位置为 $\boldsymbol{P}(t)^*$，第 $i$ 个鲸鱼的当前位置为 $\boldsymbol{P}(t)$，则螺旋形路径的行为可以表示为：

$$\boldsymbol{P}(t+1)=\boldsymbol{R}'\mathrm{e}^{bl}\cos 2\pi\boldsymbol{l}+\boldsymbol{P}(t)^* \tag{8.6}$$

式中，$b$ 为定义对数螺旋形状的常数；$\boldsymbol{l}$ 为满足对应元素逐个相乘且属于 $[-1,1]$ 的随机向量；$\boldsymbol{R}'$ 为第 $i$ 个鲸鱼到猎物的距离（目前获得的最佳搜索代理），即

$$\boldsymbol{R}'=\boldsymbol{P}(t)^*-\boldsymbol{P}(t) \tag{8.7}$$

座头鲸使用上述两种机制来更新位置，即

$$\boldsymbol{P}(t+1)=\begin{cases}\boldsymbol{P}(t)^*-\boldsymbol{AR} & q<5\\ \boldsymbol{R}'\mathrm{e}^{bl}\cos 2\pi\boldsymbol{l}+\boldsymbol{P}(t)^* & q\geqslant 5\end{cases} \tag{8.8}$$

式中，$q$ 是 $[0,1]$ 中均匀分布产生的随机数。

**3．搜索猎物（探索阶段）**

座头鲸随机地寻找猎物，这取决于探索矢量 $|\boldsymbol{A}|$ 的变化。对于 $|\boldsymbol{A}|<1$，搜索代理的位置将朝向最好的位置移动；相反，当 $|\boldsymbol{A}|\geqslant 1$ 时，它强调探索并迫使搜索代理远离参考鲸鱼。数学模型如下：

$$\boldsymbol{D}=|\boldsymbol{CX}_{\mathrm{rand}}-\boldsymbol{X}(t)| \tag{8.9}$$

$$\boldsymbol{X}(t+1)=\boldsymbol{X}_{\mathrm{rand}}-\boldsymbol{AD} \tag{8.10}$$

式中，$\boldsymbol{X}_{\mathrm{rand}}$ 是从当前种群中选择的随机位置向量（随机鲸鱼）。

在搜索的过程中，WOA 算法采用的是自适应线性减少参数 $a$ 控制鲸鱼的移动步长。这种方式将导致一旦算法在搜索前期陷入局部最优，在后期就很难跳出局部最优而实现全局最优。WOA 算法的伪代码如算法 8.1 所示。

**算法 8.1　WOA 算法的伪代码**

```
初始化：鲸鱼的数量，最大迭代次数 T
计算所有鲸鱼的适应度值
找到适应度值最好的鲸鱼，记为 X*
While 当前迭代次数 t<T+1
        for 每个搜索代理
            更新 a、A、C、l 和 P
            if P<0.5
                if |A|<1
                    通过式（8.2）更新当前搜索代理的位置
                else if
```

```
                选择一个随机搜索代理
                根据式（8.10）更新当前搜索代理的位置
            end if
        else if
            使用式（8.6）更新当前搜索的位置
        end if
    end for
    检查任何搜索代理是否超出搜索空间并修改它
    计算每个搜索代理的适应度值
    如果有更好的解决方案，则更新 X*
    t=t+1
end while
返回 X*
```

### 8.2.2　差分进化算法（DE）

差分进化算法是由 Storn 和 Price[260-261]提出的面向连续空间全局优化问题的、基于种群的、并行的直接搜索方法。和其他群优化算法一样，它是基于种群的全局优化算法。种群中的每个粒子都表示一个可行解，它们在搜索域中搜索，每次更新都产生新的位置信息，然后用目标函数对位置信息进行评价，逐渐向最优位置靠近。差分进化算法的进化过程和遗传算法类似，都包括变异（Mutation）、交叉（Crossover）和选择（Selection）过程，但这些过程的具体定义与遗传算法不同。总体来说，差分进化算法的思想是让种群中的个体进行相互合作与竞争以实现向最优解靠近。算法的主要操作过程如下。

**1．初始化**

首先在搜索空间中随机初始化 $N_p$ 个种群个体，其中每个个体都可由下式给出：

$$\boldsymbol{X}_i^g = [x_{i,1}^g, x_{i,2}^g, \cdots, x_{i,D}^g], i = 1,2,\cdots,N_p \tag{8.11}$$

式中，$N_p$ 表示种群大小；$D$ 表示参数向量的维数；$g$ 表示当前代数，$g = 0,1,2,\cdots,G_{\max}$；$G_{\max}$ 表示最大迭代次数。初始种群的值是在上下边界中随机均匀分布的，**lb** 和 **ub** 可以表示如下：

$$\mathbf{lb} = [x_{\min,1}^g, x_{\min,2}^g, \cdots, x_{\min,D}^g] \tag{8.12}$$

$$\mathbf{ub} = [x_{\max,1}^g, x_{\max,2}^g, \cdots, x_{\max,D}^g] \tag{8.13}$$

在完成上述初始化过程后，将顺序进行变异、交叉和选择过程，全部完成后视为一个完整迭代过程的结束。

### 2．变异过程

在变异过程中，对于$G$代每个$D$维目标向量$\boldsymbol{x}_{i,G}, i=1,2,3,\cdots,N$，$N$是$G$代目标的个数，突变向量$\boldsymbol{v}_{i,G+1}$可根据下式产生：

$$\boldsymbol{v}_{i,G+1}=\boldsymbol{x}_{r_1,G}+F\cdot(\boldsymbol{x}_{r_2,G}-\boldsymbol{x}_{r_3,G}) \tag{8.14}$$

式中，$r_1$、$r_2$、$r_3\in\{1,2,\cdots,N\}$，随机选择，且$r_1\neq r_2\neq r_3\neq i$；$F$是一个实常数因子，控制着$\boldsymbol{x}_{r_2,G}-\boldsymbol{x}_{r_3,G}$的微分变化对突变向量$\boldsymbol{v}_{i,G+1}$的贡献。

### 3．交叉过程

为引入交叉过程以增加摄动参数向量的多样性，试探向量$\boldsymbol{u}_{i,G+1}=(u_{1i,G+1}, u_{2i,G+1},\cdots,u_{Di,G+1})$按下式产生：

$$\boldsymbol{u}_{ji,G+1}=\begin{cases}\boldsymbol{v}_{ji,G} & (\mathrm{urn}(j)<\mathrm{CR})\text{ 或 }j=\mathrm{rcd}(i)\\ \boldsymbol{x}_{ji,G} & (\mathrm{urn}(j)>\mathrm{CR})\text{ 或 }j\neq\mathrm{rcd}(i)\end{cases}, j=1,2,\cdots,D \tag{8.15}$$

式中，$\boldsymbol{u}_{ji,G+1}$为第$i$个试探向量在$G+1$代中的第$j$个分量；$\boldsymbol{v}_{ji,G}$和$\boldsymbol{x}_{ji,G}$分别为第$i$个突变向量和第$i$个目标向量在第$G$代中的第$j$个分量；CR为交叉常数，CR$\in[0,1]$，$j$随机选取；$\mathrm{urn}(j)$为均匀随机数发生器的第$j$个输出结果，$\mathrm{urn}(j)\in[0,1]$；$\mathrm{rcd}(i)$是从$\{1,2,\cdots,D\}$中随机选取的一个值，确保试探向量至少从突变向量中获得一个参数。

### 4．选择过程

最后一个阶段是选择过程。选择机制根据向量函数的适应度值将目标或试探向量保存到下一代，即

$$\boldsymbol{x}_{i,G+1}=\begin{cases}\boldsymbol{u}_{i,g} & f(\boldsymbol{u}_{i,g})\geqslant f(\boldsymbol{x}_{i,g})\\ \boldsymbol{x}_{i,g} & \text{其他}\end{cases} \tag{8.16}$$

式中，$f$为适应度函数。

以上3个过程与遗传算法（Genetic Algorithm，GA）类似，但是差分进化算法变异向量是由父代差分向量生成的，并与父代个体向量交叉生成新的个体向量，直接与其父代个体进行选择。显然，差分进化算法相对于遗传算法逼近最优解的效果更加显著。标准DE算法的伪代码如算法8.2所示。

**算法8.2　标准DE算法的伪代码**

```
初始化：种群大小 n，常数因子 F，交叉常数 CR，最大迭代次数 T
计算所有粒子的适应度值 Xi(i=1,2,…,n)
while 当前迭代次数 t<T+1
```

```
                    %% 变异过程 %%
  for 每个粒子
     随机选择 3 个不同的向量 X_r1、X_r2 和 X_r3
     使用式（8.14）产生一个新向量 V_i
  end for
                    %% 交叉过程%%
  for 每个粒子
     产生随机指标 j_rand 和 rand
     使用式（8.15）更新粒子的位置
  end for
  计算所有粒子变异和交叉后的适应度值
                    %% 选择过程%%
  for 每个粒子
     使用式（8.16）更新粒子的位置
  end for
  找到当前迭代次数的最好的粒子
  t= t+1
end while
输出全局最优的粒子信息
```

## 8.3　混合 AWOA-DE 算法

### 8.3.1　AWOA 算法

标准 WOA 算法在搜索的过程中，采用自适应线性减少参数 $\boldsymbol{a}$ 控制鲸鱼的移动步长，而没有考虑种群性能。这种方式将导致一旦算法在搜索前期陷入局部最优，则在后期将很难跳出局部最优而实现全局最优。针对这个问题，应将 $\boldsymbol{a}$ 进行改进，使其不仅与迭代次数有关，而且还与当前的种群性能有关，并将当前的种群性能作为反馈来控制参数 $\boldsymbol{a}$ 。

这里采用五分之一原则[267]使其跳出局部最优。在五分之一原则中，种群的最佳进化率 $p$ 约为 20%。而在 WOA 算法中，$p = n_1 / n$（$n_1$ 是本次迭代比上一次迭代的适应度值增加的鲸鱼数量；$n$ 是鲸鱼总数）被用作反馈。综合考虑上述因素，将五分之一原则引入式（8.5），得到的修正方程如下：

$$\boldsymbol{a} = \boldsymbol{a}_{\max} - \frac{t(\boldsymbol{a}_{\max} - \boldsymbol{a}_{\min})}{T} f_p(t) \tag{8.17}$$

式中，$f_p(t)$ 为动态调整函数，根据进化率 $p$ 可分为以下 3 个层次。

（1）当$p<15\%$时，鲸鱼的能力不足以达到期望值，搜索空间较大，导致收敛精度下降。因此，为了提高开发性能，应使用$f_p(t)$来减小$\boldsymbol{a}$的值。

（2）当$p>25\%$时，鲸鱼的能力超过了预期值。因此，为了提高探索性能，应使用$f_p(t)$来增大$\boldsymbol{a}$的值。

（3）当$p$在15%～25%之间时，鲸鱼的能力和预期值大致相同，这意味着探索和开发性能得到了有效的平衡，因此不需要改变$\boldsymbol{a}$的值。

上述决策可描述为

$$f_p(t)=\begin{cases} f_p(t-1)/f_0 & p<0.15 \\ f_p(t-1) & 0.15\leqslant p\leqslant 0.25 \\ f_p(t-1)f_0 & p>0.25 \end{cases} \tag{8.18}$$

式中，$f_p(1)=1$是第一次迭代的初始值；$f_0$是大于1的常数。

用式（8.17）和式（8.18）去更新式（8.5），可获得一种新的优化算法，称为AWOA（Adaptive WOA）。该算法使用种群性能的反馈［式（8.18）］和式（8.17）控制鲸鱼移动的步长，从而实现全局最优。

### 8.3.2　混合AWOA-DE算法介绍

#### 1．混合AWOA-DE算法的动机

AWOA算法和DE算法是两个基于种群的优化算法，有各自的优点并都能解决一定的优化问题。尽管AWOA算法增强了算法的全局探索能力，但是在探索阶段，根据式（8.10）随机选择鲸鱼，若选择的鲸鱼远离目标猎物，则将浪费大量的搜索时间或搜索不到目标猎物，造成收敛结果不稳定。DE算法基于变异、交叉和选择过程表现出良好的混合能力，从而增强了种群的多样性。两种算法最主要的区别在于每次迭代中新个体的产生方式及使用。因此，可将AWOA算法和DE算法并行操作形成新颖的混合AWOA-DE算法。该混合算法首先通过混合和重组增加了新个体产生的多样性，增强了算法收敛到全局最优的稳定性。另外，两种算法并行操作可以实现种群之间的信息共享，提高算法的搜索速度。

#### 2．混合AWOA-DE算法的运行

混合AWOA-DE算法使用AWOA算法和DE算法并行运行所有粒子。首先，将种群分为$P_1$和$P_2$两组，分别用AWOA算法和DE算法更新$P_1$和$P_2$的位置。其次，计算所有粒子的适应度值，保留最佳粒子。最后，将保留的种群（所有粒子）混合，随机重新分组，形成新的$P_1$和$P_2$，进行下一次迭代。混合AWOA-DE算法的伪代码如算法8.3所示。

**算法 8.3　混合 AWOA-DE 算法的伪代码**

**开始**：将整个种群分为两组：$P_1$ 和 $P_2$
**初始化**：$P_1$、$P_2$、$\boldsymbol{a}_{\max}$ 、$\boldsymbol{a}_{\min}$ 、实常数因子 $F$、交叉常数 CR、$T$
　　计算所有粒子的适应度值
　　找到最好的粒子
**while** 当前迭代次数 $t=T+1$
　　　　%% 并行%%
　　使用 AWOA 更新 $P_1$ 的位置
　　使用 DE 更新 $P_2$ 的位置
　　　　%% 最好的粒子 %%
　　计算所有粒子的适应度值
　　如果最好的粒子变得更合适，就用相应的粒子替换它
　　　　%% 混合和重组%%
　　将所有粒子混合并随机重新分组：$P_1$ 和 $P_2$
　　$t=t+1$
**end while**
输出全局最优的粒子信息

### 8.3.3　混合 AWOA-DE 算法的性能评估

为了验证混合 AWOA-DE 算法的有效性和适用性，我们选取了许多研究者常用的 23 个基准函数[89,150,217,268,269]。这 23 个基准函数（见附录 A）通常可以分为 3 组：单峰函数、多峰函数和固定维函数。此外，我们选择了 4 种优化算法进行比较，分别是 WOA 算法[89]、DE 算法[260-261]、正余弦算法（SCA）[150]和蚱蜢优化算法（GOA）[217]，初始参数如表 8.1 所示，混合 AWOA-DE 算法的参数与 WOA 算法和 DE 算法的参数一致。我们对混合 AWOA-DE 算法和其他 4 种算法（WOA、DE、SCA 和 GOA）用 23 个基准函数分别进行了 30 次测试和比较。实验结果用上一次迭代的最佳解的统计数据，如平均值、标准差和最差值来表示。设置与 4 种算法（WOA、DE、SCA 和 GOA）有相同的最大迭代次数和种群大小，以验证算法的有效性。表 8.2 和表 8.3 分别给出了 $n$=30 和 $n$=80 时所有测试函数的算法结果，最好的结果用黑体标记。

**表 8.1　WOA、DE、SCA 和 GOA 算法的初始参数**

| WOA | | DE | | SCA | | GOA | |
|---|---|---|---|---|---|---|---|
| 参　数 | 值 | 参　数 | 值 | 参　数 | 值 | 参　数 | 值 |
| 种群大小 $n$ | 30/80 | 种群大小 $n$ | 30/80 | 种群大小 $n$ | 30/80 | 种群大小 $n$ | 30/80 |
| $r$ | rand | $F$ | 0.5 | $r_2$ | 2πrand | 1 | 1.5 |
| $b$ | 1 | CR | 0.2 | $r_3$ | 2πrand | $f$ | 0.5 |

（续表）

| WOA | | DE | | SCA | | GOA | |
|---|---|---|---|---|---|---|---|
| 参　数 | 值 | 参　数 | 值 | 参　数 | 值 | 参　数 | 值 |
| 种群大小 $n$ | 30/80 | 种群大小 $n$ | 30/80 | 种群大小 $n$ | 30/80 | 种群大小 $n$ | 30/80 |
| $l$ | (−1,1) | 最大迭代次数 $T$ | 500 | $r_4$ | rand | $c$ | 1 |
| $a$ | 2 | 停止准则 | 最大迭代次数 $T$ | $a$ | 2 | 最大迭代次数 $T$ | 500 |
| $p$ | rand | — | — | 最大迭代次数 $T$ | 500 | 停止准则 | 最大迭代次数 $T$ |
| 最大迭代次数 $T$ | 500 | — | — | 停止准则 | 最大迭代次数 $T$ | — | — |
| 停止准则 | 最大迭代次数 $T$ | — | — | — | — | — | — |

注：rand 为介于[0,1]之间的随机数。

从表 8.2 和表 8.3 可以看出，该算法具有一定的优势，特别是与 WOA 和 DE 算法相比。

**表 8.2　23 个基准函数的算法结果（$n$ = 30）**

| 函　数 | | AWOA-DE | WOA | DE | SCA | GOA |
|---|---|---|---|---|---|---|
| $F_1$ | ave | **3.0797e−81** | 7.1807e−73 | 0.1036 | 2.0988e−12 | 119.9824 |
| | std | 8.9899e−81 | 2.9214e−72 | 0.0302 | 9.8351e−12 | 148.9362 |
| | worst | 4.2521e−80 | 1.5228e−71 | 0.1794 | 5.3962e−11 | 482.6267 |
| $F_2$ | ave | **1.2673e−52** | 2.5970e−52 | 0.0489 | 2.8401e−09 | 2.0428 |
| | std | 5.1141e−52 | 7.5515e−52 | 0.0110 | 6.7148e−09 | 3.7478 |
| | worst | 2.7649e−51 | 3.6430e−51 | 0.0753 | 3.3740e−08 | 12.8200 |
| $F_3$ | ave | 2.3903e+04 | 4.7614e+04 | 3.4681e+04 | 8.1274e−04 | 1.8326e−07 |
| | std | 4.1617e+03 | 1.9131e+04 | 1.0525e+04 | 0.0030 | 3.4219e−07 |
| | worst | 3.0482e+04 | 9.5553e+04 | 5.2842e+04 | 0.0163 | 1.5573e−06 |
| $F_4$ | ave | 33.1345 | 51.1302 | 17.2323 | 0.0018 | 5.6680e−05 |
| | std | 24.3594 | 28.0712 | 2.5058 | 0.0055 | 4.2535e−05 |
| | worst | 78.8895 | 89.4211 | 23.8580 | 0.0295 | 1.9556e−04 |
| $F_5$ | ave | 27.6802 | 27.8096 | 292.7027 | 7.3786 | 157.1638 |
| | std | 0.4924 | 0.4315 | 60.5305 | 0.3792 | 551.1388 |
| | worst | 28.5365 | 28.7771 | 402.9504 | 8.1595 | 2.8608e+03 |
| $F_6$ | ave | 0.1730 | 0.3765 | 0.0991 | 0.4706 | 3.6797e−09 |
| | std | 0.1151 | 0.2353 | 0.0300 | 0.1507 | 2.2111e−09 |
| | worst | 0.4257 | 0.9080 | 0.1667 | 0.7191 | 8.7095e−09 |

（续表一）

| 函　　数 | | AWOA-DE | WOA | DE | SCA | GOA |
|---|---|---|---|---|---|---|
| $F_7$ | ave | 0.0031 | 0.0042 | 0.1736 | 0.0036 | 0.4525 |
| | std | 0.0027 | 0.0042 | 0.0364 | 0.0040 | 0.3653 |
| | worst | 0.0103 | 0.0159 | 0.2358 | 0.0204 | 1.4760 |
| $F_8$ | ave | −1.0657e+04 | −1.0617e+04 | −1.0182e+04 | −2.1392e+03 | −1.4381e+03 |
| | std | 519.6809 | 1.8981e+03 | 1.7278e+03 | 134.9759 | 238.2403 |
| | worst | −9.4720e+03 | −6.6583e+03 | −7.1206e+03 | −1.9440e+03 | −752.5339 |
| $F_9$ | ave | **0** | 0 | 99.4253 | 0.6440 | 20.5971 |
| | std | 0 | 0 | 8.9949 | 2.9455 | 9.3290 |
| | worst | 0 | 0 | 119.0369 | 16.1424 | 40.6896 |
| $F_{10}$ | ave | **3.9672e−15** | 4.0856e−15 | 0.0950 | 0.2194 | 0.1098 |
| | std | 2.7572e−15 | 2.6960e−15 | 0.0235 | 1.2012 | 0.4177 |
| | worst | 7.9936e−15 | 7.9936e−15 | 0.1790 | 6.5793 | 1.6462 |
| $F_{11}$ | ave | **0** | 0 | 0.3121 | 0.1047 | 0.2055 |
| | std | 0 | 0 | 0.0818 | 0.1684 | 0.1320 |
| | worst | 0 | 0 | 0.4469 | 0.7011 | 0.4660 |
| $F_{12}$ | ave | 0.1289 | 0.0215 | 0.0317 | 0.1043 | 6.8968e−08 |
| | std | 0.6109 | 0.0147 | 0.0474 | 0.0460 | 1.0527e−07 |
| | worst | 3.3616 | 0.0671 | 0.2693 | 0.2083 | 4.7515e−07 |
| $F_{13}$ | ave | 0.3234 | 0.5403 | 0.0937 | 0.3264 | 6.5409e−07 |
| | std | 0.1752 | 0.2941 | 0.0379 | 0.0889 | 2.3026e−06 |
| | worst | 0.9369 | 1.5035 | 0.1856 | 0.5664 | 1.2339e−05 |
| $F_{14}$ | ave | **0.9980** | 2.4085 | 0.9980 | 1.6616 | 0.9980 |
| | std | 0 | 2.5779 | 0 | 0.9497 | 5.2723e−16 |
| | worst | 0.9980 | 10.7632 | 0.9980 | 2.9821 | 0.9980 |
| $F_{15}$ | ave | **6.2540e−04** | 7.9018e−04 | 6.4510e−04 | 0.0011 | 0.0042 |
| | std | 2.6626e−04 | 4.8837e−04 | 1.0761e−04 | 3.6436e−04 | 0.0066 |
| | worst | 0.0013 | 0.0022 | 9.7546e−04 | 0.0015 | 0.0204 |
| $F_{16}$ | ave | **−1.0316** | −1.0316 | −1.0316 | −1.0316 | −1.0316 |
| | std | 1.4491e−10 | 4.0795e−09 | 6.6486e−16 | 3.8642e−05 | 2.8638e−13 |
| | worst | −1.0316 | −1.0316 | −1.0316 | −1.0315 | −1.0316 |
| $F_{17}$ | ave | **0.3979** | 0.3979 | 0.3979 | 0.4003 | 0.3979 |
| | std | 4.3457e−06 | 1.5702e−05 | 0 | 0.0024 | 3.6519e−12 |
| | worst | 0.3979 | 0.3980 | 0.3979 | 0.4065 | 0.3979 |
| $F_{18}$ | ave | **3** | 3.0002 | 3.0000 | 3.0001 | 8.4000 |
| | Std | 4.8737e−05 | 5.7558e−04 | 1.2425e−15 | 1.6421e−04 | 20.5504 |
| | worst | 3.0002 | 3.0031 | 3.0000 | 3.0009 | 84.0000 |

（续表二）

| 函　　数 | | AWOA-DE | WOA | DE | SCA | GOA |
|---|---|---|---|---|---|---|
| $F_{19}$ | ave | **−3.8628** | −3.8528 | −3.8618 | −3.8533 | −3.6497 |
| | std | 2.7101e−15 | 0.0244 | 0.0014 | 0.0020 | 0.2461 |
| | worst | −3.8628 | −3.7296 | −3.8576 | −3.8480 | −2.8269 |
| $F_{20}$ | ave | −3.2201 | −3.2142 | −3.3220 | −2.9034 | −3.2743 |
| | std | 0.0738 | 0.1129 | 1.9003e−08 | 0.2971 | 0.0594 |
| | worst | −3.1060 | −3.0206 | −3.3220 | −1.9181 | −3.2019 |
| $F_{21}$ | ave | **−10.0671** | −8.3932 | −9.0689 | −2.5210 | −6.3057 |
| | std | 0.3236 | 2.8303 | 2.1658 | 1.7805 | 3.3335 |
| | worst | −8.6800 | −0.8820 | −2.6302 | −0.4965 | −2.6305 |
| $F_{22}$ | ave | **−10.3947** | −7.0981 | −10.3813 | −3.0173 | −5.4032 |
| | std | 0.0178 | 2.9927 | 0.0235 | 1.9800 | 3.6619 |
| | worst | −10.3198 | −2.7591 | −10.3081 | −0.5224 | −1.8376 |
| $F_{23}$ | ave | **−10.5326** | −6.9160 | −10.5197 | −4.5907 | −6.1015 |
| | std | 0.0112 | 3.1306 | 0.0117 | 1.6586 | 3.9536 |
| | worst | −10.4830 | −1.6745 | −10.4008 | −0.9442 | −2.4217 |

注：ave：平均数；std：标准差；worst：最差值。

**表 8.3　23 个基准函数的算法结果（$n = 80$）**

| 函　　数 | | AWOA-DE | WOA | DE | SCA | GOA |
|---|---|---|---|---|---|---|
| $F_1$ | ave | **3.3771e−93** | 1.4512e−91 | 0.1225 | 5.3707e−16 | 0.0640 |
| | std | 1.8399e−92 | 7.8851e−91 | 0.0225 | 1.6265e−15 | 0.0198 |
| | worst | 1.0079e−91 | 4.3200e−90 | 0.1791 | 8.0364e−15 | 0.1158 |
| $F_2$ | ave | **1.3153e−56** | 7.2428e−54 | 0.0558 | 7.4928e−12 | 1.4687e−05 |
| | std | 3.1569e−56 | 3.9590e−53 | 0.0064 | 1.0660e−11 | 5.4687e−05 |
| | worst | 1.5136e−55 | 2.1686e−52 | 0.0694 | 4.9867e−11 | 3.0014e−04 |
| $F_3$ | ave | 1.7946e+04 | 1.8085e+04 | 2.1412e+04 | 1.0442e−05 | 6.9705e−08 |
| | std | 7.7752e+03 | 7.5734e+03 | 1.9918e+03 | 5.1971e−05 | 1.1132e−07 |
| | worst | 3.4075e+04 | 3.2639e+04 | 2.4764e+04 | 2.8531e−04 | 5.7279e−07 |
| $F_4$ | ave | 28.3824 | 36.2883 | 16.8457 | 1.7299e−05 | 6.1396e−05 |
| | std | 24.5383 | 30.2637 | 1.1784 | 3.4801e−05 | 3.2793e−05 |
| | worst | 73.9093 | 85.9101 | 19.5278 | 1.5324e−04 | 1.7383e−04 |
| $F_5$ | ave | 26.9099 | 26.9547 | 281.8839 | 7.1009 | 12.4852 |
| | std | 0.3230 | 0.4160 | 49.5095 | 0.3851 | 42.0046 |
| | worst | 27.7825 | 28.7170 | 412.3162 | 8.0736 | 232.2152 |
| $F_6$ | ave | 0.0100 | 0.0116 | 0.1105 | 0.2674 | 7.0429e−09 |
| | std | 0.0046 | 0.0077 | 0.0213 | 0.1178 | 5.0639e−09 |
| | worst | 0.0278 | 0.0420 | 0.1540 | 0.5725 | 2.3540e−08 |

（续表一）

| 函　数 | | AWOA-DE | WOA | DE | SCA | GOA |
|---|---|---|---|---|---|---|
| $F_7$ | ave | **6.7397e-04** | 9.2436e-04 | 0.1681 | 8.9830e-04 | 0.0068 |
| | std | 8.8038e-04 | 0.0012 | 0.0278 | 7.7978e-04 | 0.0064 |
| | worst | 0.0042 | 0.0061 | 0.2144 | 0.0026 | 0.0222 |
| $F_8$ | ave | **−1.1910e+04** | −1.1663e+04 | −1.0484e+04 | −2.2724e+03 | −1.5574e+03 |
| | std | 1.1919e+03 | 1.0863e+03 | 411.9931 | 166.8329 | 195.8490 |
| | worst | −8.2801e+03 | −9.0119e+03 | −9.6001e+03 | −1.9823e+03 | −1.1474e+03 |
| $F_9$ | ave | **0** | 1.8948e−15 | 91.4320 | 0.7817 | 9.1536 |
| | std | 0 | 1.0378e−14 | 9.4009 | 4.1809 | 6.0684 |
| | worst | 0 | 5.6843e−14 | 101.2156 | 22.9121 | 27.8586 |
| $F_{10}$ | ave | **3.6119e−15** | 4.3225e−15 | 0.1104 | 4.3265e−09 | 1.2610e−05 |
| | std | 2.4120e−15 | 2.5523e−15 | 0.0158 | 1.4655e−08 | 5.4427e−06 |
| | worst | 7.9936e−15 | 7.9936e−15 | 0.1463 | 7.9744e−08 | 2.8964e−05 |
| $F_{11}$ | ave | **0.0037** | 0.0041 | 0.3468 | 0.0592 | 0.1382 |
| | std | 0.0141 | 0.0157 | 0.0621 | 0.1405 | 0.0720 |
| | worst | 0.0599 | 0.0688 | 0.4859 | 0.6753 | 0.2711 |
| $F_{12}$ | ave | 0.0039 | 0.0013 | 0.0254 | 0.0620 | 3.0773e−09 |
| | std | 0.0105 | 0.0013 | 0.0124 | 0.0205 | 5.7631e−09 |
| | worst | 0.0579 | 0.0055 | 0.0616 | 0.1226 | 2.7893e−08 |
| $F_{13}$ | ave | 0.0502 | 0.0840 | 0.1011 | 0.2361 | 5.4495e−09 |
| | std | 0.0329 | 0.1005 | 0.0201 | 0.0846 | 8.1055e−09 |
| | worst | 0.1649 | 0.4447 | 0.1528 | 0.4188 | 3.5315e−08 |
| $F_{14}$ | ave | **0.9980** | 2.1121 | 0.9980 | 1.3291 | 0.9980 |
| | std | 0 | 2.4850 | 0 | 0.7519 | 4.6922e−16 |
| | worst | 0.9980 | 10.7632 | 0.9980 | 2.9821 | 0.9980 |
| $F_{15}$ | ave | **5.4254e−04** | 7.1635e−04 | 5.6394e−04 | 9.3795e−04 | 0.0094 |
| | std | 7.3705e−05 | 3.6648e−04 | 2.5901e−04 | 3.5702e−04 | 0.0098 |
| | worst | 6.7178e−04 | 0.0015 | 0.0013 | 0.0015 | 0.0238 |
| $F_{16}$ | ave | **−1.0316** | −1.0316 | −1.0316 | −1.0316 | −1.0316 |
| | std | 1.7890e−11 | 9.8344e−12 | 6.7752e−16 | 1.8146e−05 | 8.3551e−13 |
| | worst | −1.0316 | −1.0316 | −1.0316 | −1.0316 | −1.0316 |
| $F_{17}$ | ave | **0.3979** | 0.3979 | 0.3979 | 0.3986 | 0.3979 |
| | std | 2.0776e−07 | 4.6846e−07 | 0 | 9.1103e−04 | 4.0620e−07 |
| | worst | 0.3979 | 0.3979 | 0.3979 | 0.4027 | 0.3979 |
| $F_{18}$ | Ave | **3.0000** | 3.0000 | 3.0000 | 3.0000 | 3.0000 |
| | std | 2.9430e−06 | 7.7186e−06 | 1.0878e−15 | 1.4955e−05 | 6.6541e−12 |
| | worst | 3.0000 | 3.0000 | 3.0000 | 3.0001 | 3.0000 |

（续表二）

| 函数 | | AWOA-DE | WOA | DE | SCA | GOA |
|---|---|---|---|---|---|---|
| $F_{19}$ | ave | **−3.8628** | −3.8614 | −3.8621 | −3.8558 | −3.8628 |
| | std | 2.7101e−15 | 0.0020 | 9.9787e−04 | 0.0029 | 6.5581e−06 |
| | worst | −3.8628 | −3.8549 | −3.8578 | −3.8536 | −3.8628 |
| $F_{20}$ | ave | −3.2381 | −3.2528 | −3.3220 | −3.0416 | −3.2585 |
| | std | 0.0668 | 0.0779 | 7.2998e−10 | 0.1092 | 0.0604 |
| | worst | −3.1225 | −3.0862 | −3.3220 | −2.6077 | −3.2026 |
| $F_{21}$ | ave | **−10.1531** | −8.7893 | −10.1528 | −3.9045 | −7.4016 |
| | std | 3.7707e−04 | 2.7722 | 5.1532e−04 | 1.8481 | 3.4941 |
| | worst | −10.1516 | −2.6304 | −10.1516 | −0.4973 | −2.6305 |
| $F_{22}$ | ave | **−10.4022** | −9.6004 | −10.2053 | −4.8936 | −6.6673 |
| | std | 0.0017 | 2.0877 | 0.9690 | 1.4905 | 3.2267 |
| | worst | −10.3944 | −3.7242 | −5.0877 | −0.9064 | −1.8376 |
| $F_{23}$ | ave | **−10.5361** | −9.3435 | −10.1265 | −5.2761 | −6.1638 |
| | std | 6.1078e−04 | 2.3803 | 1.3949 | 1.1895 | 3.5106 |
| | worst | −10.5340 | −3.8350 | −5.1285 | −2.9193 | −1.8595 |

注：ave：平均数；std：标准差；worst：最差值。

### 1. 单峰函数

单峰函数只有一个全局解，没有局部解，因此可以用来检测优化算法的收敛速度。附录 A 中，$F_1$～$F_7$ 为单峰函数。从表 8.2 和表 8.3 可以看出，混合 AWOA-DE 算法具有一定的优势。与标准 WOA 和 DE 算法相比，该算法在 $n$=30 时有 5 个单峰函数，$n$=80 时有 6 个单峰函数更优，保持了较好的性能。

### 2. 多峰函数

多峰函数具有许多局部极小值，而最终结果更为重要，因为这些函数能够反映算法跳出局部最优而实现全局最优的能力。附录 A 中，$F_8$～$F_{13}$ 为多峰函数。我们在 $F_8$～$F_{13}$ 上进行了实验，结果表明，随着函数维数的增加，局部极小值的个数呈指数级增长。由表 8.2 和表 8.3 可见，该算法对于多峰函数具有较强的优越性。

### 3. 固定维函数

对于局部极小值较少的固定维函数（附录 A 中的 $F_{14}$～$F_{23}$），其维数也很低。与 $F_8$～$F_{13}$ 相比，$F_{14}$～$F_{23}$ 由于维数较低，导致局部最小值较少，且更简单。由表 8.2 和表 8.3 可见，该算法对于多维函数具有较强的优越性。

### 4. 收敛行为分析

收敛速度是保持每次迭代最佳解的适应度值。图 8.2 所示为 23 个基准函数的混合 AWOA-DE、WOA、DE、SCA 和 GOA 算法的收敛曲线。对于多个基准函数，混合 AWOA-DE 算法的收敛曲线都有明显的下降趋势，这有力地证明了该算法在迭代过程中具有较好的全局收敛性能。

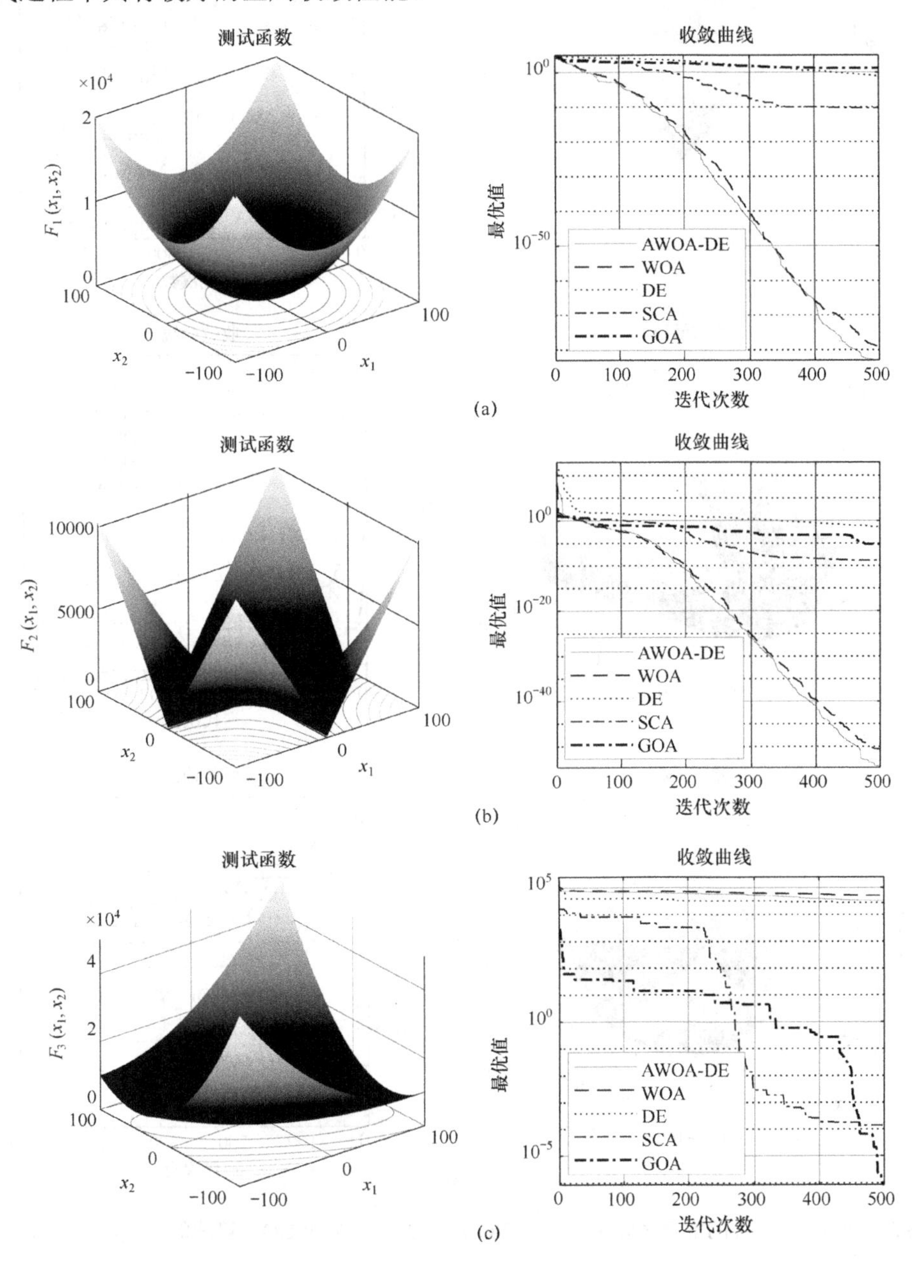


图 8.2　函数 $F_1$～$F_{23}$ 的混合 AWOA-DE、WOA、DE、SCA 和 GOA 算法的收敛曲线

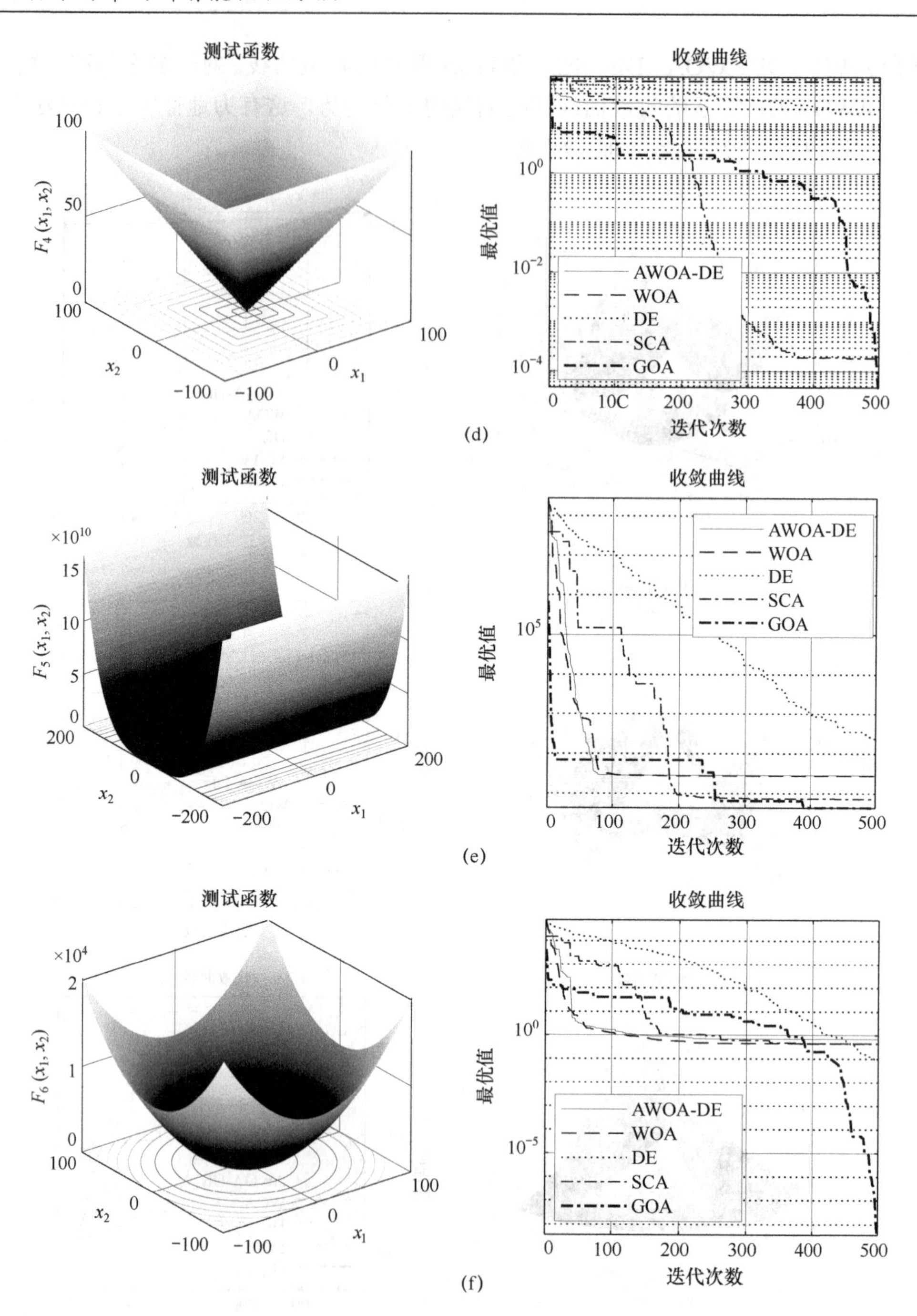


图 8.2 函数 $F_1$～$F_{23}$ 的混合 AWOA-DE、WOA、DE、SCA 和 GOA 算法的收敛曲线（续一）

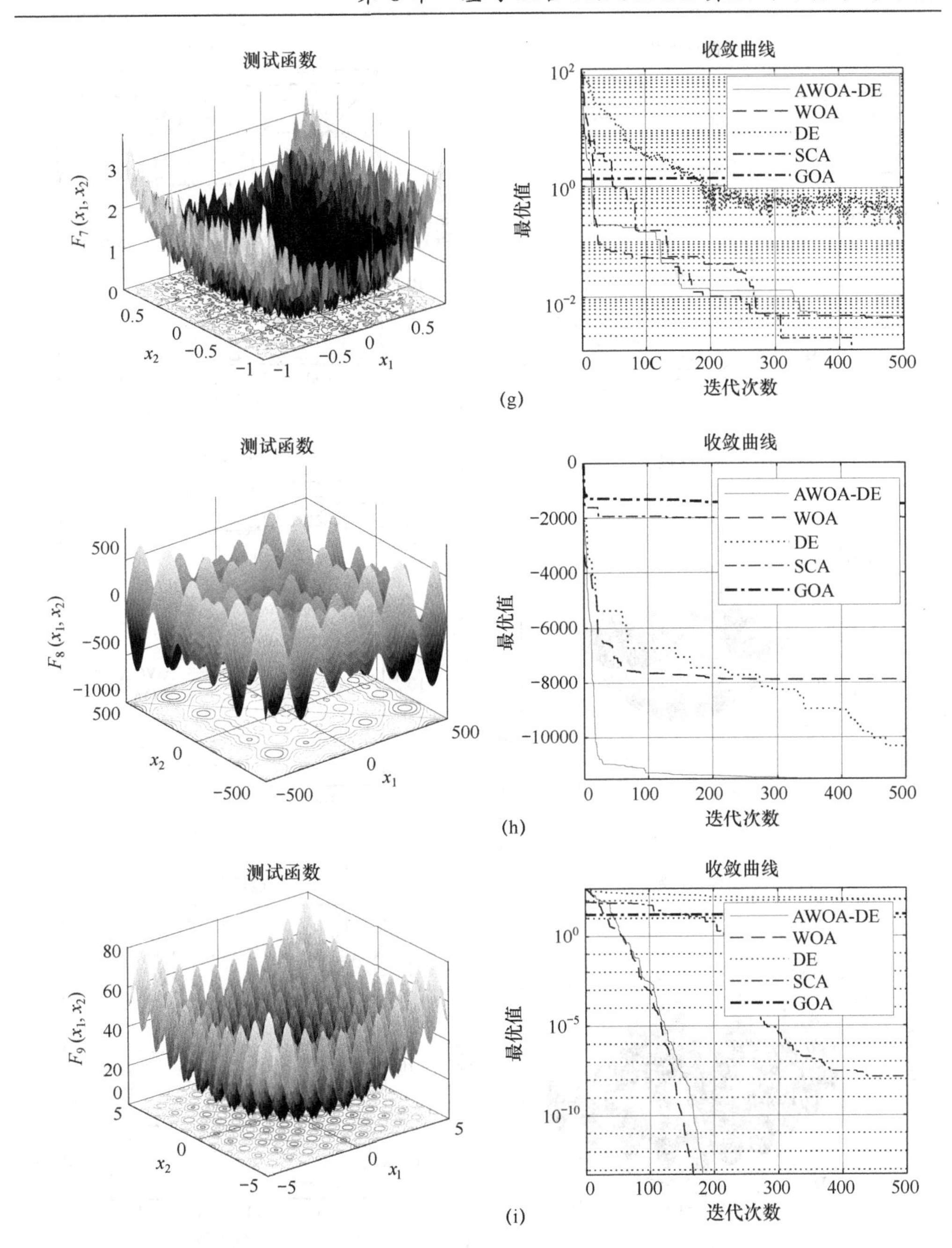


图 8.2　函数 $F_1$～$F_{23}$ 的混合 AWOA-DE、WOA、DE、SCA 和 GOA 算法的收敛曲线（续二）

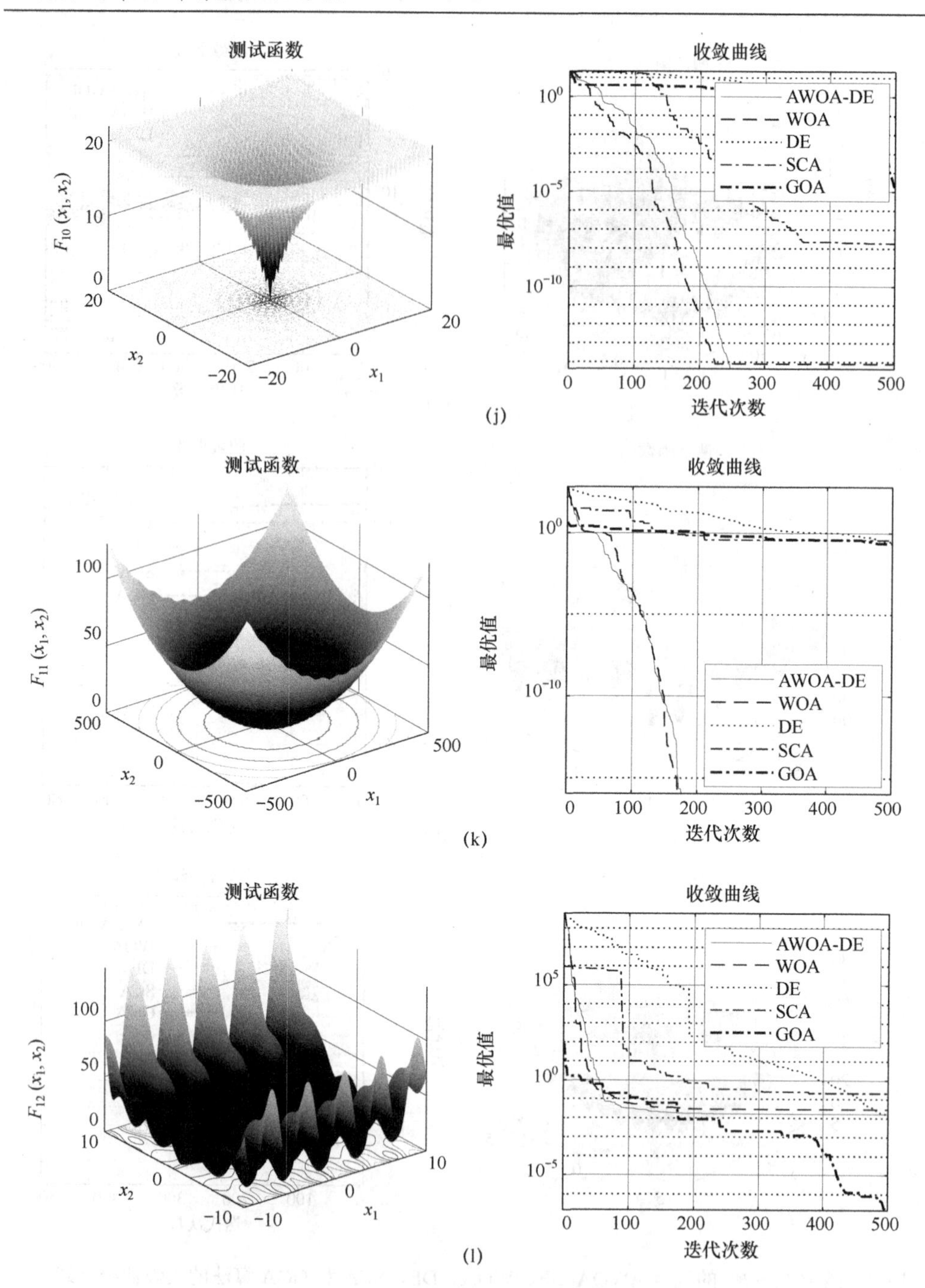


图 8.2　函数 $F_1$～$F_{23}$ 的混合 AWOA-DE、WOA、DE、SCA 和 GOA 算法的收敛曲线（续三）

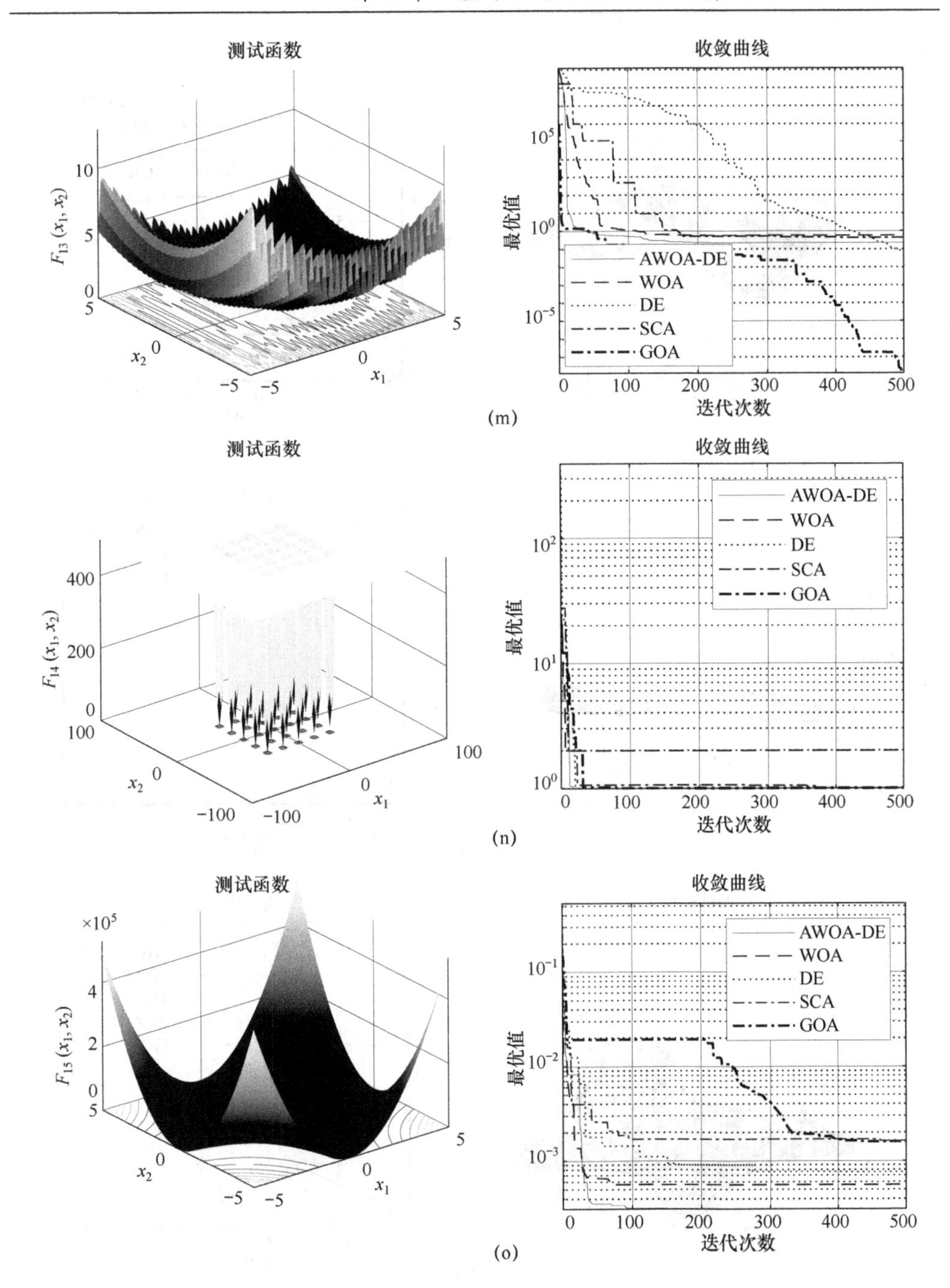


图 8.2　函数 $F_1$～$F_{23}$ 的混合 AWOA-DE、WOA、DE、SCA 和 GOA 算法的收敛曲线（续四）

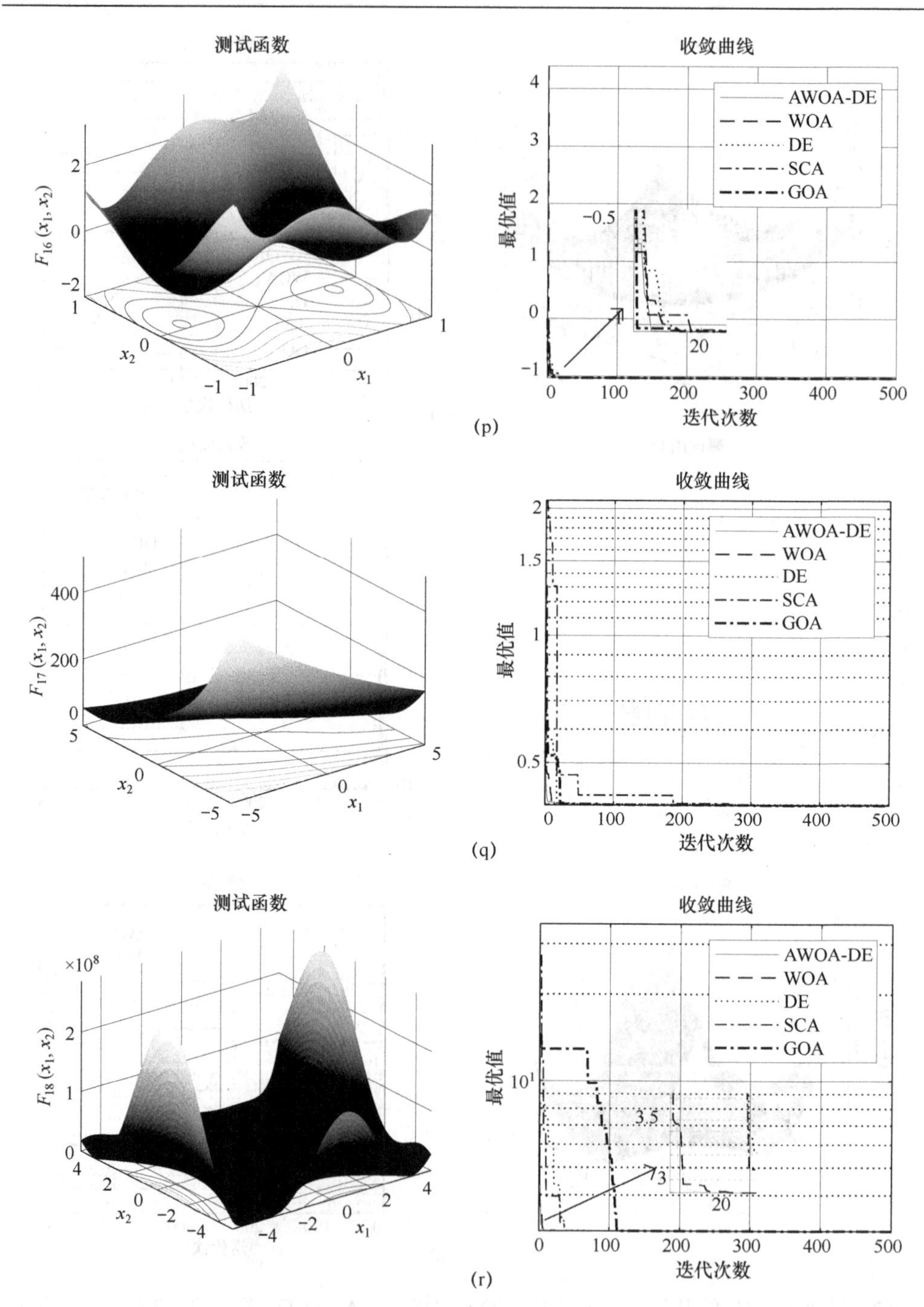


图 8.2　函数 $F_1$～$F_{23}$ 的混合 AWOA-DE、WOA、DE、SCA 和 GOA 算法的收敛曲线（续五）

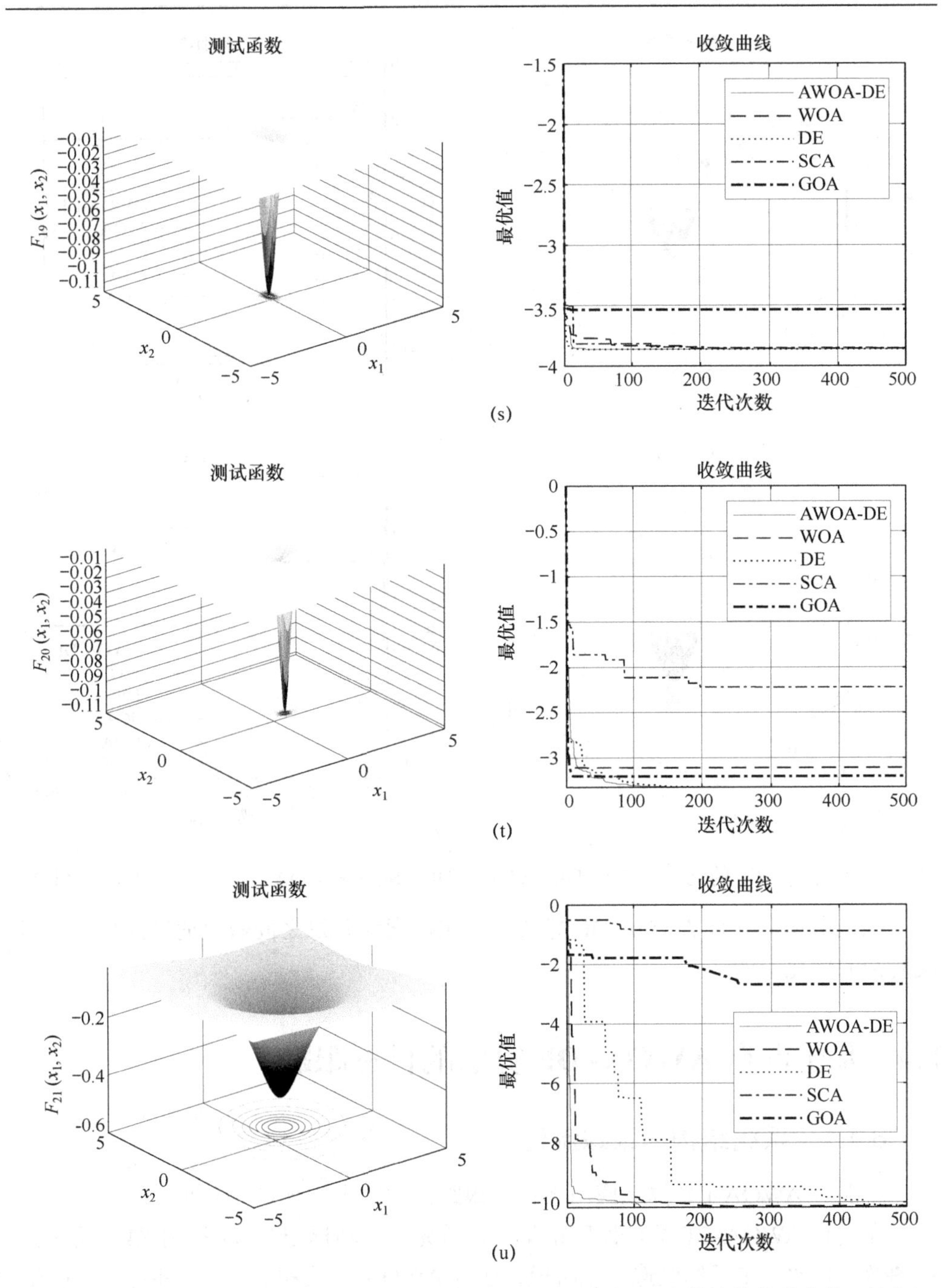


图 8.2　函数 $F_1$～$F_{23}$ 的混合 AWOA-DE、WOA、DE、SCA 和 GOA 算法的收敛曲线（续六）

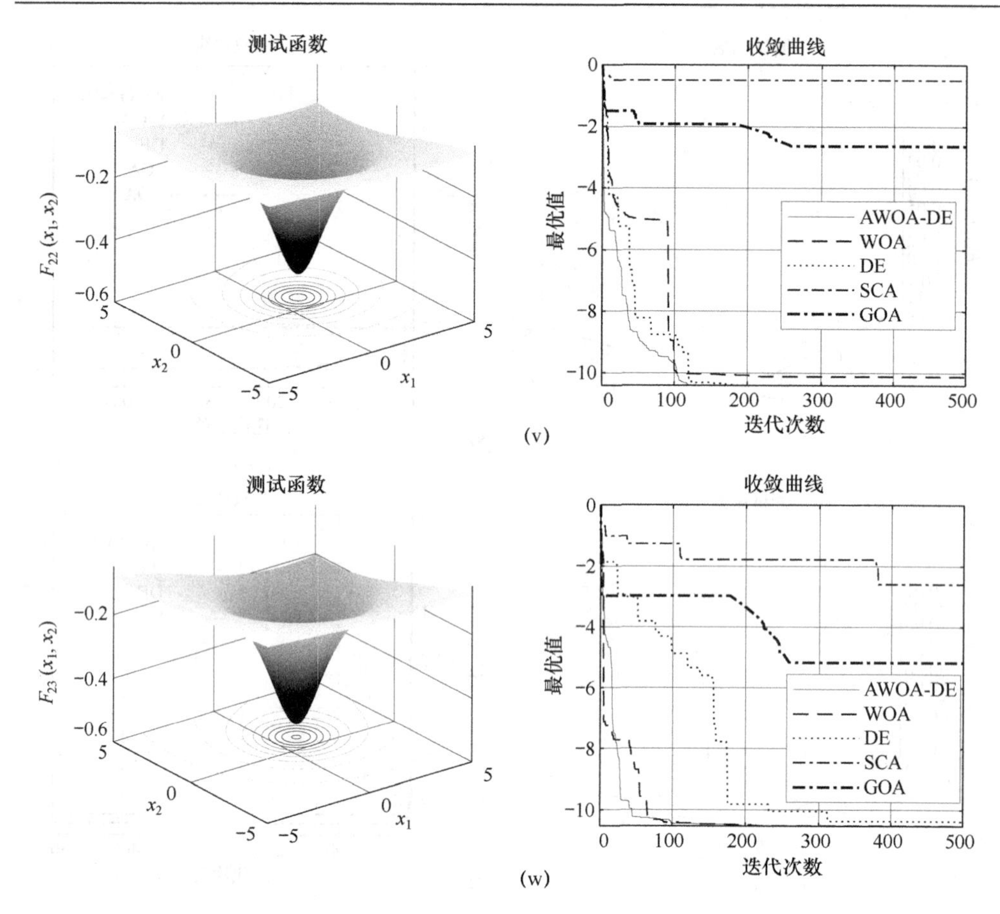


图 8.2　函数 $F_1$～$F_{23}$ 的混合 AWOA-DE、WOA、DE、SCA 和 GOA 算法的收敛曲线（续七）

综上所述，混合 AWOA-DE 算法可以在探索和开发之间做出适当的权衡，解决复杂的优化问题。

# 8.4　基于混合 AWOA-DE 算法的目标跟踪

## 8.4.1　系统结构和跟踪流程

将混合 AWOA-DE 算法应用于目标跟踪，跟踪框架如图 8.3 所示。

在混合 AWOA-DE 算法跟踪框架中，首先，手动标记视频序列中第一帧的目标图像；其次，在目标候选产生阶段，通过 AWOA 算法和 DE 算法并行操作产生目标候选，并通过混合和随机重组使两种方法产生的目标候选多样化，再次迭代，产生新的目标候选；然后，提取目标候选图像和目标图像的特征；最后，计算目标候选图像特征与目标图像特征的相似性，找出最佳目标候选，并将其作为下一帧的目标图像。其跟踪流程图如图 8.4 所示，图中的虚线框为混合 AWOA-DE 算法跟踪器的工作过程，旨在产生目标候选。

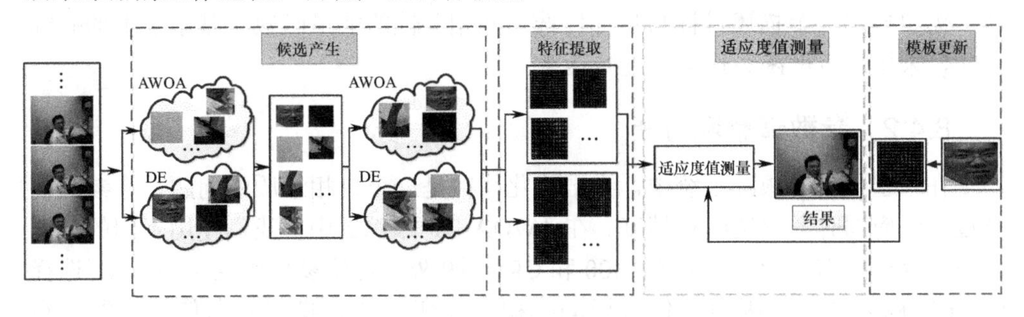


图 8.3　基于混合 AWOA-DE 算法的跟踪框架

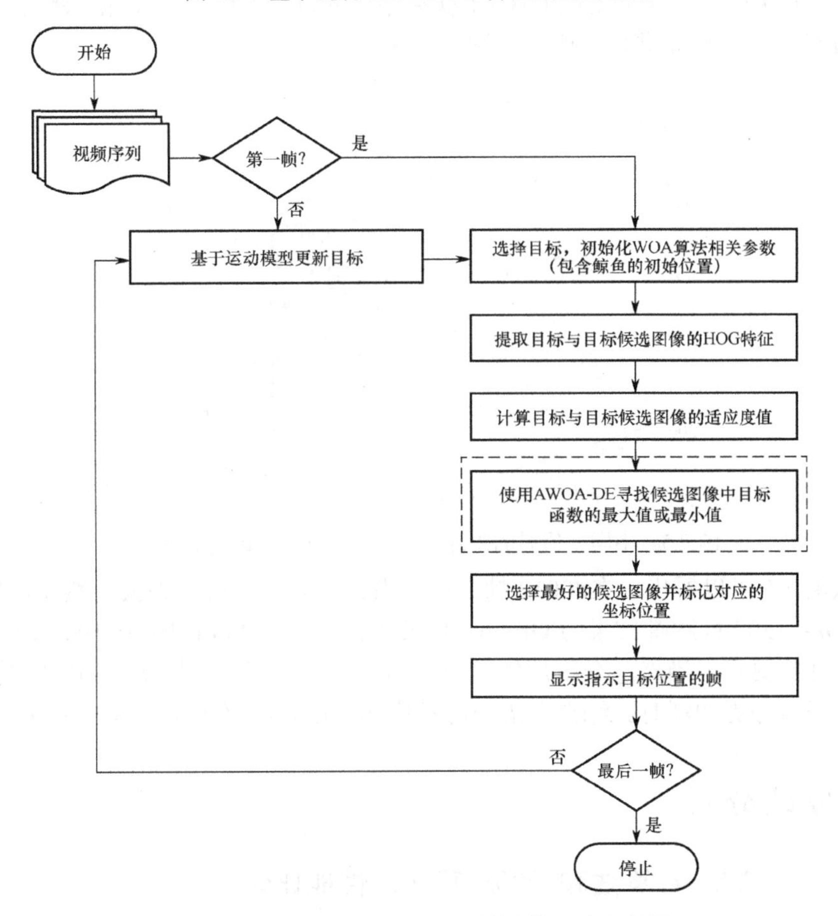


图 8.4　基于混合 AWOA-DE 算法的跟踪流程图

在该跟踪器中，AWOA 算法中的鲸鱼和 DE 中的粒子是实际的搜索代理，可以在搜索空间中作为目标候选。然后通过混合 AWOA-DE 算法并行运行 AWOA 算法和 DE 算法来搜索最佳的目标候选。在这个过程中，为了找到最佳的目标候选，需要构建一个描述目标与目标候选之间相关性的能量函数。基于前期的研究工作，采用适应度函数作为该能量函数[127]。

### 8.4.2 参数调整和分析

在基于优化的跟踪系统中，参数优化往往是一个自相矛盾的问题。在参数调整过程中应同时考虑速度和精度。在 AWOA-DE 跟踪器中，我们使用不同的种群大小来分析跟踪性能，除了 $T=300$ 和 CR = 0.9 外，其他参数如表 8.1 所示。选择 FACE1 视频序列是因为它包含运动模糊和突变运动。我们分别使用种群大小 $n$=20、$n$=100 和 $n$=150 来测试 FACE1 视频序列的每一帧的跟踪结果，然后将跟踪结果与 Ground-Truth 进行对比，如图 8.5 所示。

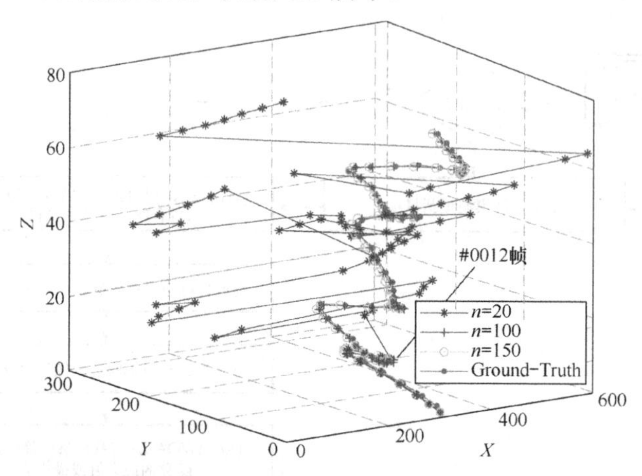


图 8.5 不同 $n$ 值时的跟踪结果与 Ground-Truth 进行对比

从图 8.5 可以看出，在#0012 帧之后，当 $n=20$ 时，目标丢失。然而，当 $n=100$ 或 $n=150$ 时，跟踪结果与 Ground-Truth 坐标基本一致，说明 $n=100$ 或 $n=150$ 的跟踪性能更好。当然，众所周知，较大的种群规模可以保持或提高跟踪精度，但这使得跟踪更加耗时。综合考虑跟踪精度和速度，种群大小的最佳值 $n=100$。

## 8.5 实验分析

### 8.5.1 AWOA 算法和 WOA 算法的性能比较

为了展现 WOA 算法和 AWOA 算法在搜索过程中的群体行为，实验选择了

DEER 视频序列的第一帧，如图 8.6 所示。使用相同的目标模型（方向梯度直方图，HOG）和运动模型（鲸鱼的社会行为）进行公平比较。在本实验中，种群大小 $n=50$，迭代次数 $T=50$，常数 $b=1$，$|\boldsymbol{a}_{\max}|=2$，$|\boldsymbol{a}_{\min}|=0$。此外，为了更好地阐述 AWOA 算法的优点，我们在第一次迭代中设置了相同的初始位置。

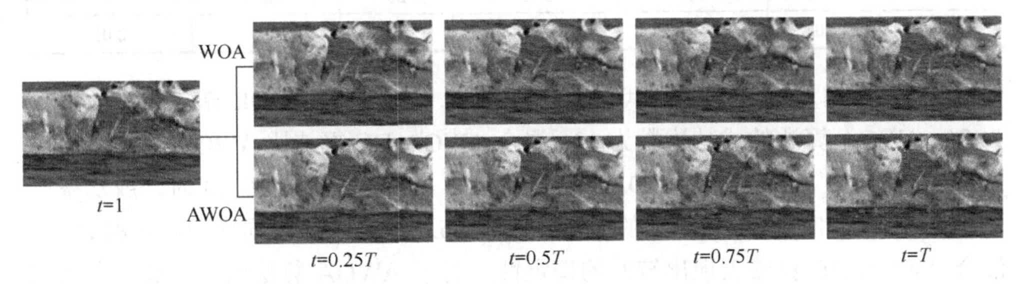


图 8.6　AWOA 算法和 WOA 算法的群体行为

如图 8.6 所示，对于 WOA 算法，$t=0.25T$ 时，大多数粒子并没有分布在目标区域。图 8.6 显示了式（8.3）和式（8.5）是如何将初始随机群体拉近，直到形成一个统一的、有规律的群体的。正是这些现象使得算法最终陷入局部最优。也就是说，一旦算法陷入局部最优，WOA 算法很难跳出局部最优而实现全局最优。对于 AWOA 算法，大多数粒子的分布与 WOA 算法在 $t=0.25T$ 时的分布大致相同。但是根据五分之一原则，当大部分粒子意识到搜索区域不在目标区域时，粒子会扩大步长朝目标区域运动。因此，$t=0.5T$ 和 $t=0.75T$ 时，粒子朝向目标区域移动，最终成功找到目标。可见，AWOA 算法具有良好的全局搜索能力，并有效地避免了局部陷入问题。

## 8.5.2　混合 AWOA-DE 算法的稳定性分析

为了验证混合 AWOA-DE 算法的稳定性优于 AWOA 算法，实验选择了 DEER 视频序列的第一帧。实验使用的目标模型为 HOG，AWOA-DE 算法的参数与 WOA 和 DE 算法的参数一致，如表 8.1 所示。在实验中，种群大小 $n$=60，迭代次数 $T$ 从 10 到 70，间隔为 10。在相同的迭代次数下进行 30 次实验，观察混合 AWOA-DE 算法和 WOA 算法的成功次数，并计算成功率和平均运行时间，如表 8.4 所示。

表 8.4　混合 AWOA-DE 算法和 AWOA 算法的实验结果

| 迭代次数 $T$ | AWOA-DE | | | AWOA | | |
|---|---|---|---|---|---|---|
| | 成功次数 | 成功率（%） | 平均运行时间/s | 成功次数 | 成功率（%） | 平均运行时间/s |
| 10 | 26 | 86.67 | 0.58 | 13 | 43.33 | 0.31 |
| 20 | 30 | 100 | 1.18 | 20 | 66.67 | 0.59 |
| 30 | 30 | 100 | 1.74 | 23 | 76.67 | 0.86 |
| 40 | 30 | 100 | 2.31 | 25 | 83.33 | 1.15 |

（续表）

| 迭代次数 T | AWOA-DE | | | AWOA | | |
|---|---|---|---|---|---|---|
| | 成功次数 | 成功率（%） | 平均运行时间/s | 成功次数 | 成功率（%） | 平均运行时间/s |
| 50 | 30 | 100 | 2.86 | 28 | 93.33 | 1.47 |
| 60 | 30 | 100 | 3.43 | 28 | 93.33 | 1.77 |
| 70 | 30 | 100 | 3.98 | 30 | 100 | 2.01 |

从表 8.4 可以看出，当迭代次数 $T$=10 时，混合 AWOA-DE 算法的成功次数为 26，AWOA 算法的成功次数为 13，混合 AWOA-DE 算法比 AWOA 算法的成功次数多近一倍。对于混合 AWOA-DE 算法而言，在迭代次数 $T$=20 时，成功率已达 100%；而此时 AWOA 算法的成功率仅有 66.67%，说明在同样的迭代次数下，混合 AWOA-DE 算法表现出较好的稳定性。对于 AWOA 算法而言，成功率达到 100%是在迭代次数 $T$=70 时，相比混合 AWOA-DE 算法，迭代次数增加了 50 次，时间约慢了 0.83s。因此，AWOA-DE 算法的稳定性及效率明显优于 AWOA 算法。

### 8.5.3 与先进的跟踪器比较

为了验证提出的跟踪器在目标跟踪中的可行性，实验选取了 12 个视频序列，如表 8.5 所示。此外，为了进一步证明提出的跟踪器对于突变运动具有明显的优势，我们对所有的视频序列进行了以下处理：300 帧以下每隔 5 帧删除 5 帧，300 帧以上每 10 帧删除 5 帧，并分别进行了视频序列处理前后的实验和结果分析。

表 8.5 视频序列（处理前/处理后）实验结果分析

| 视频序列 | 帧数 | 最大位移 | X 分量的最大位移 | Y 分量的最大位移 |
|---|---|---|---|---|
| MHYANG | 1490/995 | 7/35 | 7/35 | 4/8 |
| MAN | 134/69 | 5/22 | 5/22 | 3/3 |
| FISH | 476/320 | 15/56 | 15/56 | 13/28 |
| HUMAN7 | 250/125 | 31/67 | 31/67 | 21/42 |
| JUMPING | 313/210 | 36/41 | 18/41 | 36/72 |
| DEER | 71/36 | 38/134 | 38/134 | 34/115 |
| FACE1 | 380/255 | 39/102 | 22/102 | 39/95 |
| ZXJ | 118/60 | 70/121 | 70/121 | 18/62 |
| BLURFACE | 493/330 | 71/134 | 64/134 | 71/129 |
| BLURBODY | 334/224 | 76/225 | 76/225 | 26/106 |
| FHC | 123/63 | 188/571 | 188/571 | 104/504 |
| ZT | 115/60 | 256/637 | 256/637 | 149/151 |

我们将 AWOA-DE 跟踪器与 WOA 跟踪器及 6 种先进的跟踪器（FCT[139]、KCF[26]、DSST[28]、STC[140]、LSST[141]和 CACF[142]跟踪器）进行比较研究。在整个实验过程中，所有参数都是固定的，AWOA-DE 跟踪器和 WOA 跟踪器的参数保持一致。所有视频序列的部分跟踪结果如图 8.7 所示。我们采用文献[25]中的 DP、OP 和 CLE 等评价指标对跟踪结果进行了评价。

（a）处理前

图 8.7　部分跟踪结果

（a）处理前（续）

图 8.7　部分跟踪结果（续一）

（b）处理后

图 8.7　部分跟踪结果（续二）

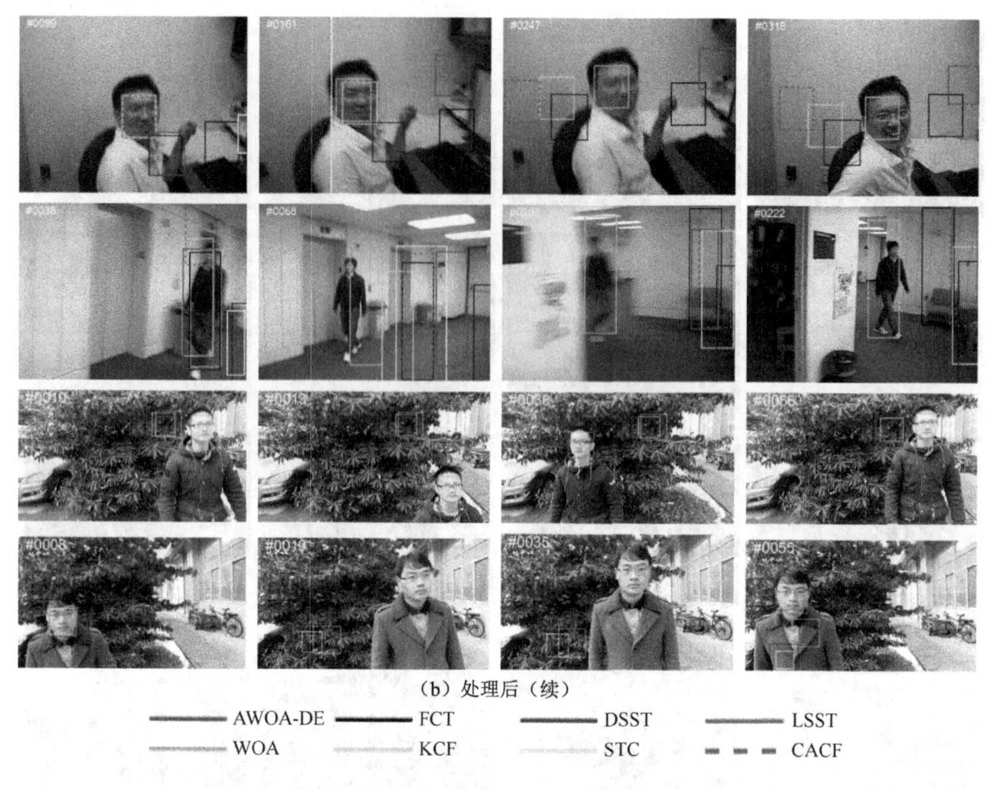

（b）处理后（续）

AWOA-DE　FCT　DSST　LSST
WOA　KCF　STC　CACF

图 8.7　部分跟踪结果（续三）

表 8.6 和表 8.7 分别列出了各跟踪器的平均重叠率和平均中心误差率。由表 8.6 和表 8.7 可见，提出的跟踪器在处理前的 12 个视频序列中有 6 个优于其他跟踪器，在处理后的 12 个视频序列中有 8 个优于其他跟踪器。

**表 8.6　平均重叠率（处理前/处理后）**

| 视频序列 | AWOA-DE | WOA | FCT | KCF | DSST | STC | LSST | CACF |
|---|---|---|---|---|---|---|---|---|
| MHYANG | 0.60/0.76 | 0.60/0.76 | 0.59/0.56 | 0.80/0.80 | 0.81/0.78 | 0.69/0.13 | 0.78/0.81 | 0.78/0.77 |
| MAN | 0.70/0.78 | 0.70/0.78 | 0.71/0.15 | 0.84/0.26 | 0.84/0.22 | 0.83/0.20 | 0.79/0.20 | 0.84/0.86 |
| FISH | 0.74/0.80 | 0.82/0.80 | 0.66/0.47 | 0.84/0.83 | 0.80/0.66 | 0.58/0.16 | 0.63/0.34 | 0.83/0.79 |
| HUMAN7 | 0.47/0.44 | 0.47/0.18 | 0.28/0.19 | 0.28/0.23 | 0.36/0.31 | 0.28/0.19 | 0.30/0.31 | 0.49/0.16 |
| JUMPING | 0.67/0.65 | 0.07/0.03 | 0.20/0.07 | 0.27/0.05 | 0.14/0.05 | 0.07/0.06 | 0.60/0.35 | 0.50/0.08 |
| DEER | 0.74/0.33 | 0.68/0.33 | 0.66/0.14 | 0.62/0.43 | 0.64/0.42 | 0.04/0.08 | 0.71/0.10 | 0.63/0.30 |
| FACE1 | 0.70/0.66 | 0.08/0.04 | 0.63/0.27 | 0.72/0.39 | 0.79/0.41 | 0.65/0.34 | 0.26/0.24 | 0.72/0.38 |
| ZXJ | 0.84/0.84 | 0.82/0.84 | 0.45/0.24 | 0.45/0.46 | 0.48/0.45 | 0.46/0.09 | 0.79/0.37 | 0.83/0.47 |
| BLURFACE | 0.67/0.62 | 0.67/0.62 | 0.23/0.13 | 0.51/0.49 | 0.53/0.19 | 0.30/0.10 | 0.51/0.16 | 0.51/0.48 |
| BLURBODY | 0.54/0.43 | 0.36/0.43 | 0.44/0.07 | 0.44/0.09 | 0.46/0.07 | 0.16/0.04 | 0.07/0.10 | 0.50/0.05 |

（续表）

| 视频序列 | AWOA-DE | WOA | FCT | KCF | DSST | STC | LSST | CACF |
|---|---|---|---|---|---|---|---|---|
| FHC | 0.85/0.84 | 0.45/0.84 | 0.26/0.09 | 0.28/0.37 | 0.22/0.08 | 0.20/0.08 | 0.28/0.10 | 0.78/0.08 |
| ZT | 0.80/0.80 | 0.36/0.80 | 0.09/0.08 | 0.59/0.15 | 0.65/0.15 | 0.35/0.14 | 0.09/0.17 | 0.84/0.15 |

**表 8.7　平均中心误差率（处理前/处理后）**

| 视频序列 | AWOA-DE | WOA | FCT | KCF | DSST | STC | LSST | CACF |
|---|---|---|---|---|---|---|---|---|
| MHYANG | 14.75/5.70 | 14.75/5.87 | 14.72/16.19 | 3.61/3.79 | 2.43/2.32 | 4.22/126.73 | 2.60/2.75 | 6.71/6.83 |
| MAN | 4.48/2.89 | 4.48/2.89 | 4.04/50.96 | 2.21/27.31 | 1.68/30.72 | 2.11/62.09 | 2.01/44.89 | 2.18/1.96 |
| FISH | 9.77/6.16 | 5.27/6.17 | 11.99/35.75 | 4.08/4.28 | 4.36/13.56 | 4.64/52.97 | 3.97/20.69 | 4.32/6.29 |
| HUMAN7 | 7.99/9.16 | 8.08/63.52 | 40.84/58.69 | 48.43/43.96 | 25.67/35.89 | 33.07/78.48 | 45.29/33.47 | 5.77/84.58 |
| JUMPING | 5.47/6.10 | 109.49/92.44 | 37.23/75.26 | 26.26/49.92 | 36.55/57.62 | 66.70/110.09 | 6.05/54.33 | 33.84/71.44 |
| DEER | 6.74/101.40 | 12.36/136.01 | 10.68/121.87 | 21.13/61.55 | 16.65/46.19 | 509.55/256.66 | 7.20/184.37 | 22.96/135.50 |
| FACE1 | 7.58/10.00 | 144.04/146.65 | 12.09/95.90 | 5.82/92.87 | 5.30/109.38 | 6.71/57.18 | 183.77/218.38 | 5.08/80.90 |
| ZXJ | 4.49/4.37 | 4.88/4.37 | 26.74/69.12 | 88.46/74.64 | 21.19/50.55 | 23.68/86.64 | 5.06/99.57 | 4.84/61.60 |
| BLURFACE | 16.21/19.80 | 16.23/19.87 | 116.33/160.60 | 84.83/75.30 | 74.93/111.30 | 89.75/276.39 | 162.05/180.66 | 111.94/111.96 |
| BLURBODY | 27.70/48.14 | 56.93/48.14 | 40.68/200.52 | 68.35/206.00 | 90.77/330.81 | 147.65/276.82 | 208.55/234.61 | 33.80/252.18 |
| FHC | 13.74/15.67 | 522.50/15.69 | 371.37/398.70 | 364.79/298.07 | 616.05/415.22 | 576.47/392.28 | 392.42/392.32 | 23.04/412.69 |
| ZT | 19.57/19.82 | 213.82/19.98 | 642.35/668.89 | 127.53/525.57 | 54.01/672.06 | 99.65/663.27 | 684.85/613.50 | 16.71/483.08 |

图 8.8 和图 8.9 分别是成功率图和跟踪精度图。

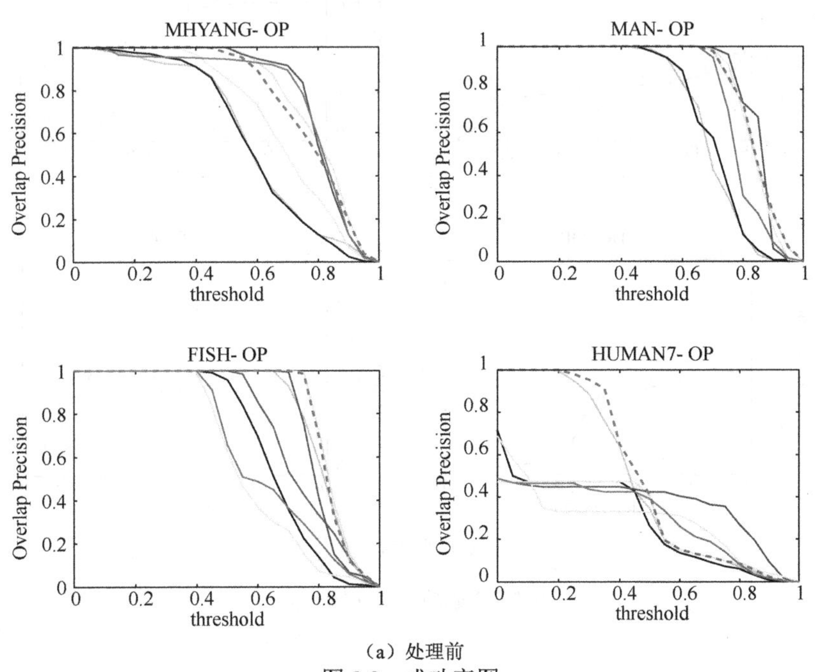


（a）处理前

图 8.8　成功率图

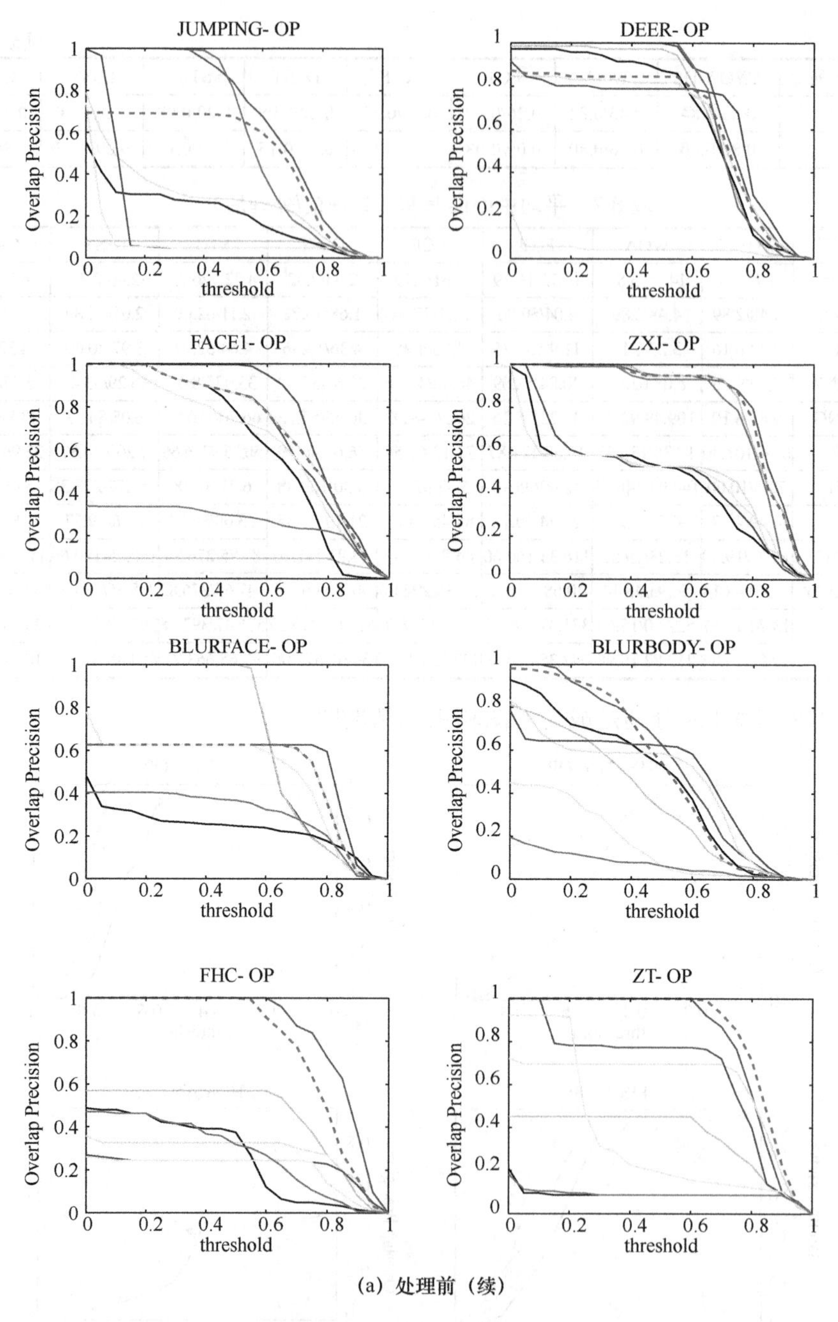


(a) 处理前（续）

图 8.8 成功率图（续一）

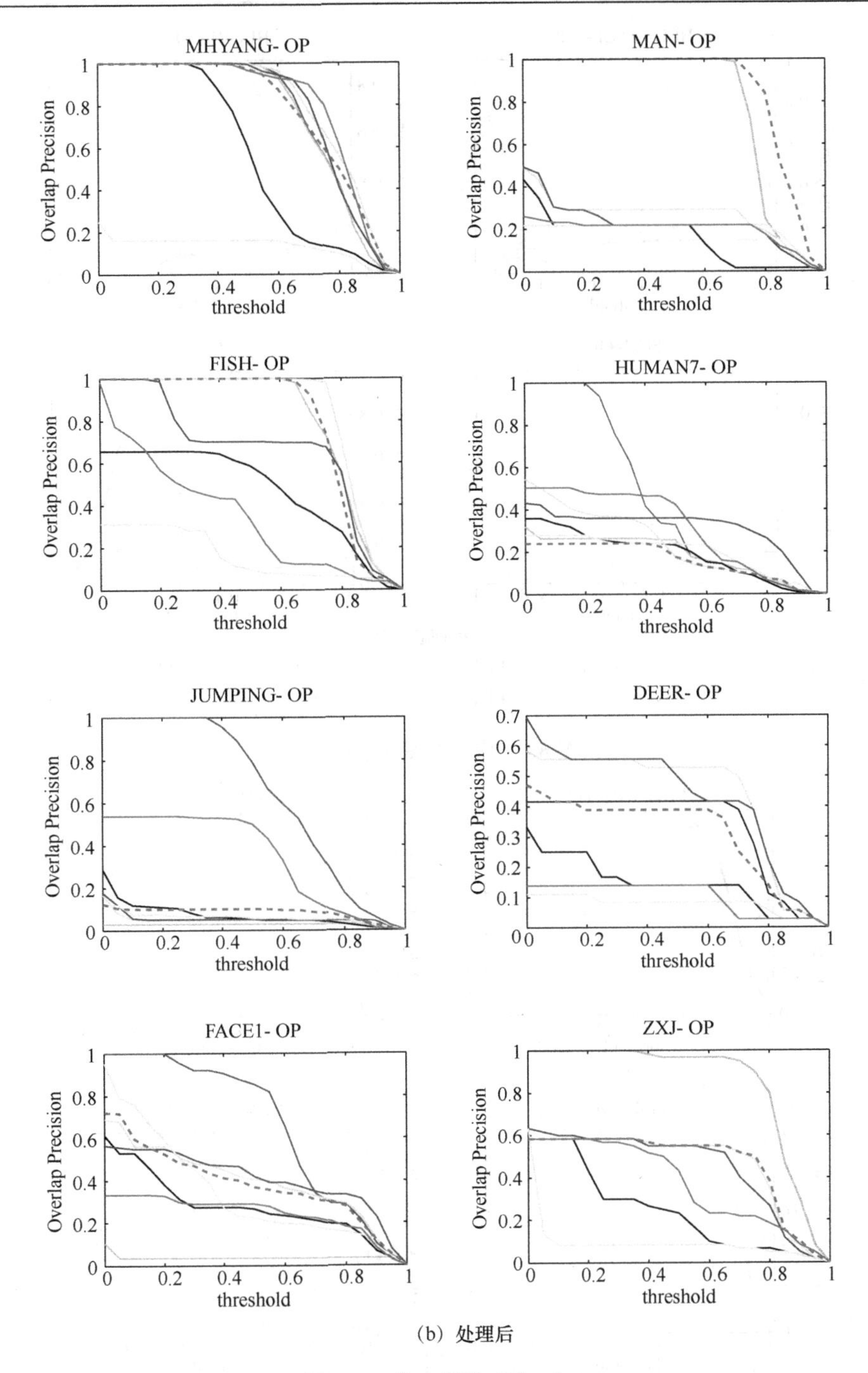


(b) 处理后

图 8.8　成功率图（续二）

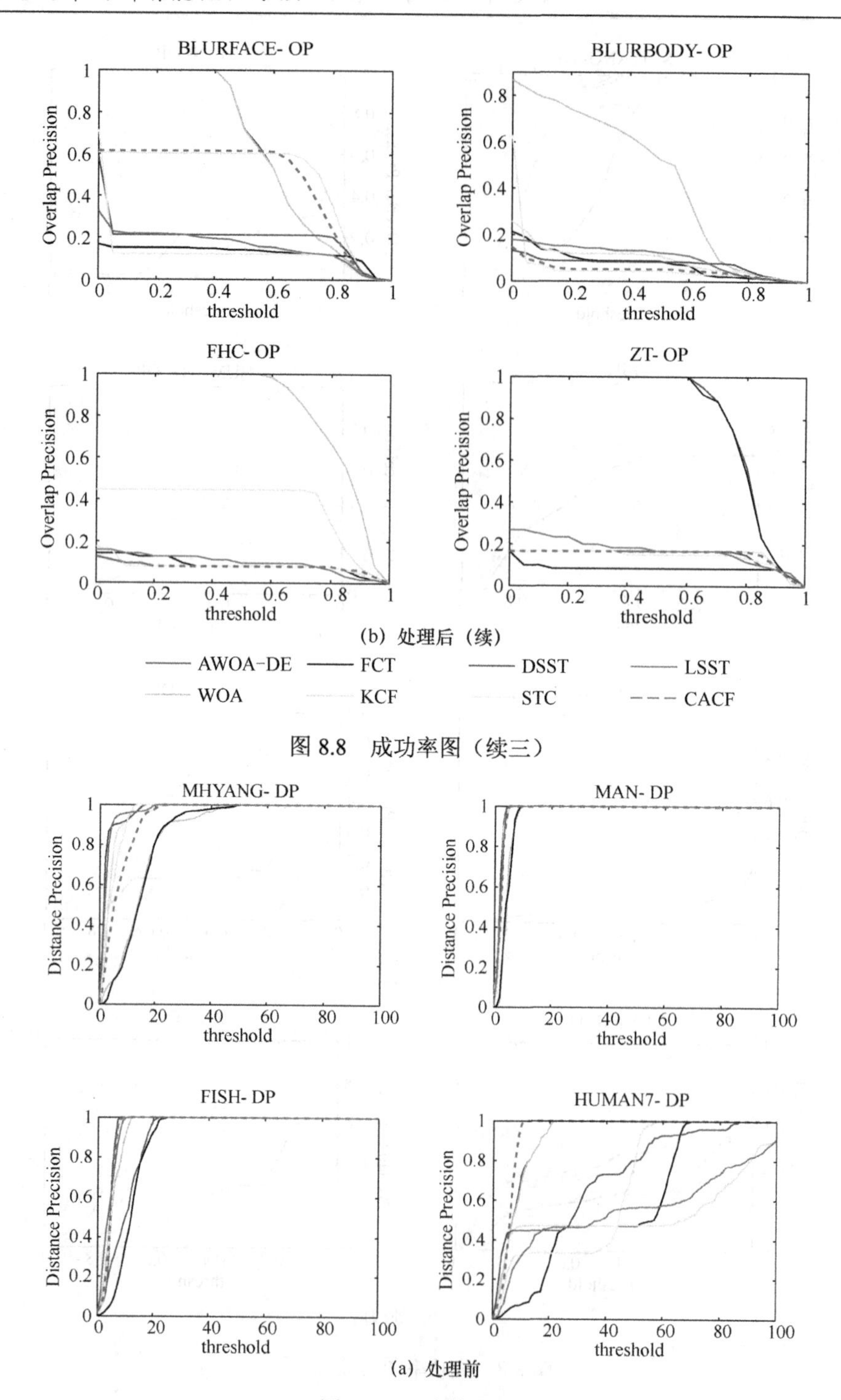


(b) 处理后（续）

图 8.8　成功率图（续三）

(a) 处理前

图 8.9　跟踪精度图

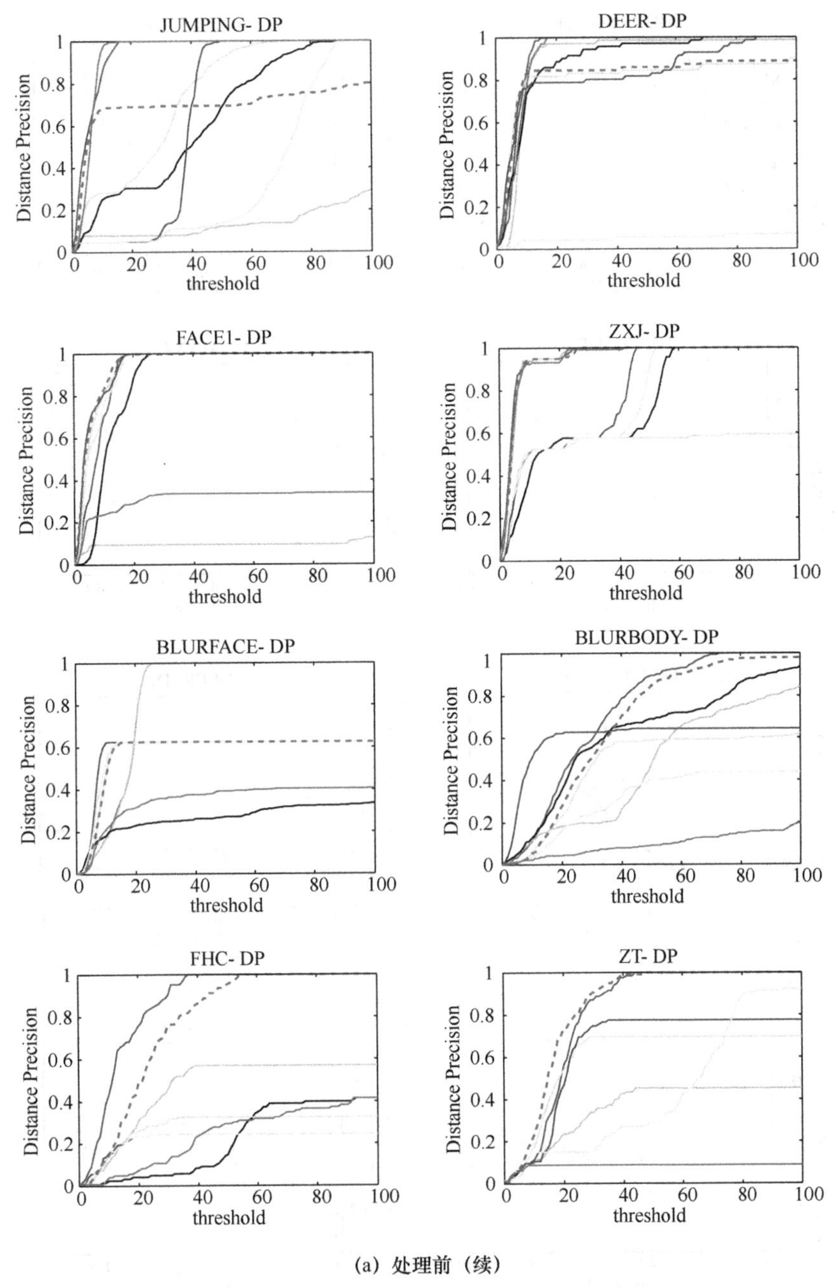


(a) 处理前（续）

图 8.9　跟踪精度图（续一）

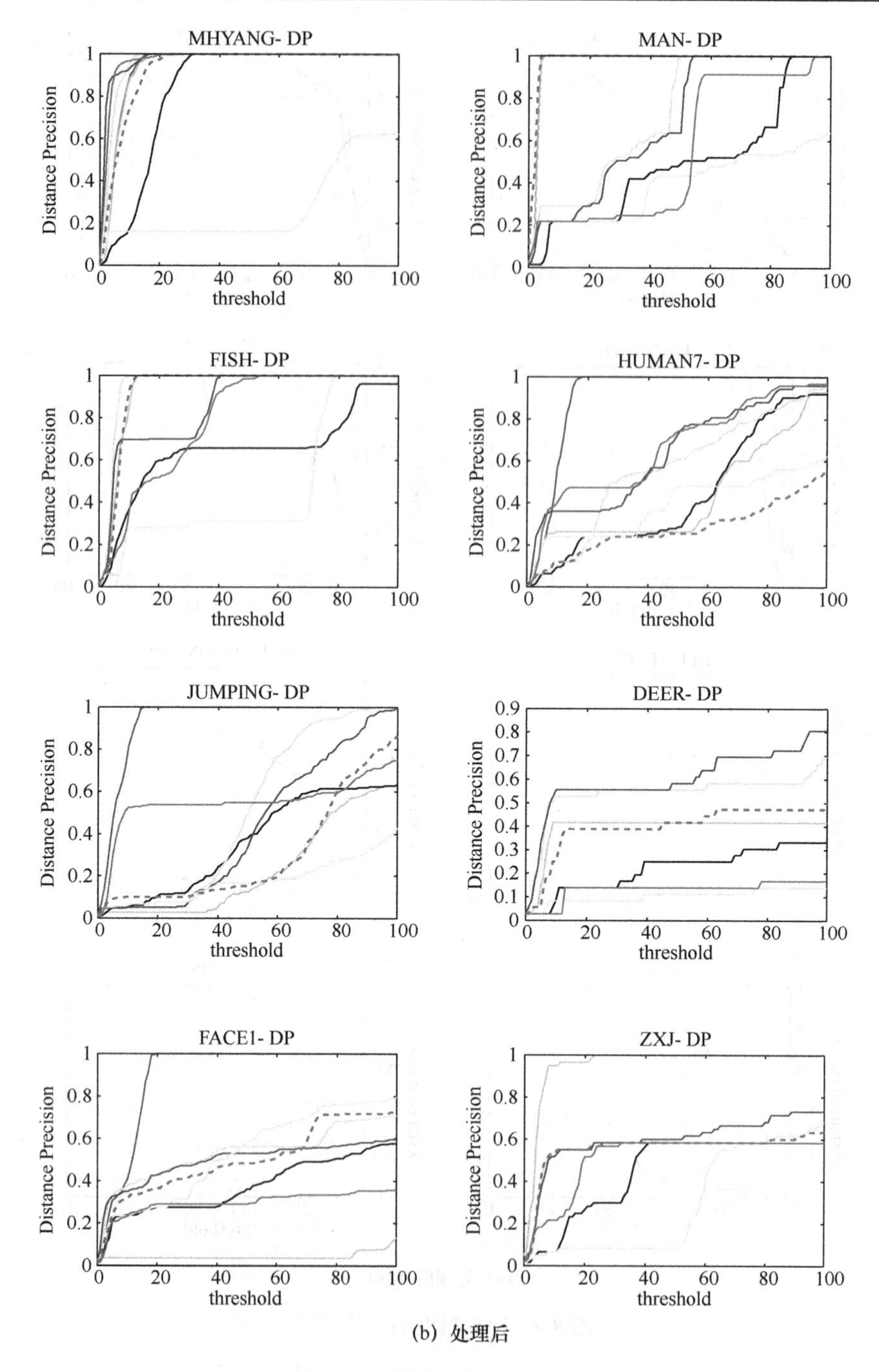


(b) 处理后

图 8.9 跟踪精度图（续二）

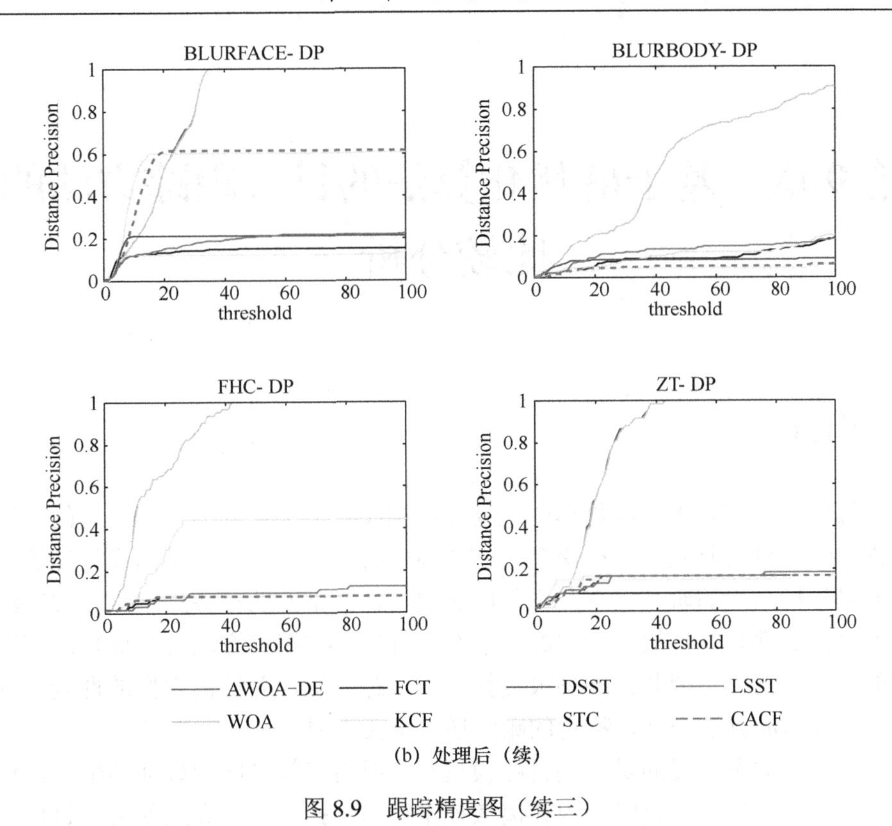


(b) 处理后（续）

图 8.9　跟踪精度图（续三）

## 8.6　小结

本章提出了一种新的优化算法——混合 AWOA-DE 算法，并将其用于解决突变运动跟踪问题。在 AWOA-DE 跟踪器中，首先，将五分之一原则引入 WOA 算法，以增强算法跳出局部最优的能力从而适应突变运动。其次，该混合算法促使样本朝最优解方向逼近，提高了收敛至全局最优的稳定性。另外，两种算法并行操作，实现了种群间的信息共享，提高了跟踪效率。最后，通过使用 23 个基准函数与现有的优化算法相比展现出该算法明显的优势，特别是与标准的 WOA 算法和 DE 算法相比。我们将混合 AWOA-DE 算法应用于目标跟踪。实验结果表明，AWOA-DE 跟踪器的跟踪性能优于其他 6 种先进的跟踪器和 WOA 跟踪器，特别是在突变运动跟踪方面。在未来，我们的工作可以扩展到跟踪多个目标。

# 第9章　基于群优化算法的目标跟踪方法的比较分析

## 9.1　引言

目标跟踪研究对于理解物体的运动和结构起着至关重要的作用。它的应用领域非常广泛，包括监视、人机交互、交通模式分析、识别、医学图像处理等。虽然人们对目标跟踪的研究已有几十年的历史，针对不同的任务提出了多种跟踪算法，但仍是非常具有挑战性的问题，没有一种单一的跟踪方法可以成功地应用于所有的任务和情况。因此，回顾最近提出的跟踪方法，并评估它们的性能，以展示如何设计新的算法来处理特定的跟踪场景至关重要。

跟踪方法的主要目的是找到目标模型和一组潜在解之间的最佳匹配。该任务可以近似于在合理的运行时间内在离散搜索空间中找到一个满意的解。目标跟踪的解决方法与优化问题中的求解行为一致。作为优化算法的重要内容之一的群优化算法越来越受研究者的关注，它能为解决采用传统优化技术无法解决的优化问题提供技术保障。

群优化算法能带来更好的解决方案，如ALO算法中的精英蚁狮指导和轮盘赌选择蚁狮机制、CS算法中的莱维飞行和依据发现概率更新机制、PSO算法中的个体最优和全局最优机制。在开发和探索的共同作用下，群优化算法具有全局寻优能力，因此很多群优化算法已被应用于目标跟踪方法研究中，通过将跟踪问题转换成全局匹配获得最优解的处理方式，实现目标状态的跟踪。Zheng等人[270]提出将目标模型投影到高维特征空间中寻找最佳候选区域，利用粒子群算法的基本原理作为移动目标跟踪器。John等人[271]提出了一种层次PSO（Hierarchy PSO，HPSO）算法来解决多视点视频序列中无标记的全身体铰接人体运动跟踪问题。HPSO算法在快速运动序列中表现良好，精度和一致性优于PF算法和退火后的PF算法。Hsu等人[272]利用PSO算法进行多目标跟踪，方法是利用灰度直方图构造特征模型，将搜索空间中每个粒子对应的灰度直方图与目标对象的差值作为适应度值，并利用PSO算法的迭代来持续跟踪目标。Walia等人[273]通过莱维飞行将

CS 算法嵌入粒子滤波框架，解决了粒子滤波中的样本贫化问题，并将其用于解决一般一维问题和经典方位跟踪问题。

基于群优化算法的目标跟踪方法已经取得了很大的进展，但仍存在一些问题，如迭代次数多、时间消耗大、最优解在很大程度上依赖于参数设置等。因此，本章将近年来基于群优化算法的跟踪方法进行回顾和评价，并对跟踪与群优化算法的关系进行深入的解析，这对于设计具有特定跟踪场景的新方法具有重要意义。

本章主要对基于群优化算法的 3 种跟踪方法进行了分析和研究。为了展示群优化算法在目标跟踪中的特点，对基于 ALO、CS 和 PSO 算法的目标跟踪方法进行了实验分析，并将其跟踪结果与基于 SA 算法的跟踪结果进行了比较，说明了这些方法的优缺点。

## 9.2　跟踪框架

在跟踪框架中，采用人工标定的方式对目标状态进行初始化。提取梯度方向特征直方图进行特征描述，利用相关系数度量相似性。分别采用 ALO、CS、PSO 和 SA 算法作为搜索策略。

在跟踪过程中，以上种优化算法的描述如下。

基于 ALO 算法的目标跟踪方法，假设图像中（状态空间）存在一个与目标（最好的精英蚁狮）相对应的真实目标，并随机生成一组候选样本（蚂蚁和蚁狮）。从某种意义上说，蚂蚁是在搜索空间中进行探索和移动的实际搜索代理，而蚁狮则可以保存到目前为止获得的蚂蚁的最佳位置。同时，蚁狮指导蚂蚁的搜索。这种互动机制使得蚂蚁能够更新自己的位置，从而找到更好的解决方案，而精英蚁狮则可以保持目前的最佳位置。基于 ALO 算法的跟踪器可以描述为在所有蚁狮和蚂蚁中寻找最好的精英蚁狮的全局优化过程。

基于 CS 算法的目标跟踪方法可参见第 5 章相关内容。

基于 PSO 算法的跟踪方法，假设在被搜索的图像（状态空间）中有一个真实目标对应于目标（食物），并随机生成一组粒子（鸟群），没有一个粒子知道食物在哪里，但是通过评估每次迭代的观察，每个粒子都知道它离食物有多远，每个个体都通过参考自身的历史最优及当前迭代中的全局最优来更新自己的位置，进一步接近食物。

在基于 SA 算法的跟踪过程中，目标对应着算法中的能量最低点。由于 SA 算法是一种基于单解的优化算法，在初始温度下随机生成的候选解只有一个采样点。该算法通过多次扰动对唯一采样点进行不断更新，生成新的采样点，并依据规则决定接受或不接受新的采样点，同时温度逐渐降低，使得算法不断迭代整个运行过程，直到内能能量降到最低。

基于群优化算法的跟踪流程图如图 9.1 所示。

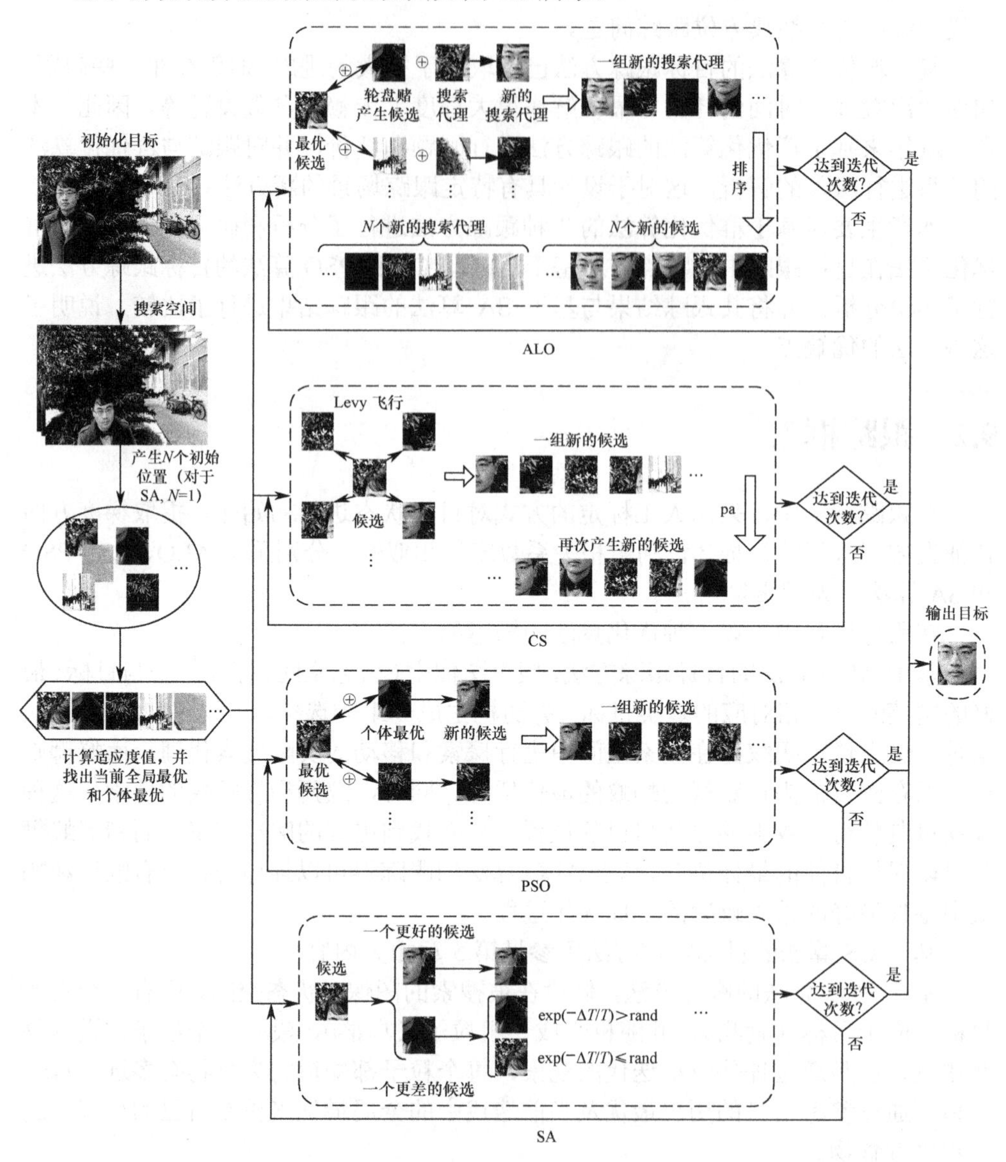


图 9.1 基于群优化算法的跟踪流程图

## 9.3 实验对比及分析

为了评估各跟踪器的性能，在 8 个具有挑战性的视频序列中对其进行了测试。

视频序列包括 BOY、COUPON、DEER、HUMAN7、SHAKING、ZXJ、FACE2 和 FHC。群优化算法的初始参数设置如下。

（1）ALO 算法

蚂蚁和蚁狮的数量$n$=250。迭代次数$K$=100。$t>0.5T$，$w_0=1$；$t>0.7T$，$w_1=2$；$t>0.9T$，$w_2=2.7$（$t$为当前迭代次数）。

（2）CS 算法

宿主鸟巢数$n$=250；迭代次数$K$=100；发现概率 pa=0.5；步长$\alpha$=0.5。

（3）PSO 算法

粒子数$n$=250；迭代次数$K$=100；个体认知$c_1=2.5$，全局认知$c_2=0.5$；惯性权重$w$为 0.9～0.4。

（4）SA 算法

初始温度$T_0$=10；最终温度$T_m=0.1^{10}$，冷却速率$\alpha$=0.9。

为了公平地进行比较，每个算法都设置了相同的种群大小和迭代次数（对于 ALO、CS、PSO 算法）。这些参数保证了所有方法都运行 25000 次评价。

### 9.3.1　效率分析

#### 1．平均运行时间

图 9.2 给出了各群优化跟踪方法的平均运行时间。从图中可以看出，CS 算法的执行时间最长，可能是由于其依据发现概率 Pa 更新鸟巢的机制造成的。根据 Pa 的值将一些鸟巢替换为新的随机生成的鸟巢，这种操作实际上增加了评估的次数。如果设置 Pa>0.5，则宿主鸟发现寄生卵的可能性较小。在这种情况下，随机更新鸟巢的数量较少，运行时间就短，这可能会导致跟踪中的局部最小问题。

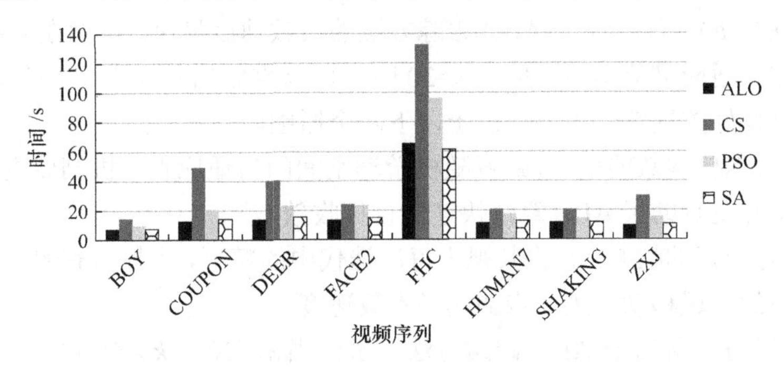


图 9.2　各群优化跟踪方法的平均运行时间

#### 2．收敛速度

图 9.3 所示为群优化算法收敛精度与参数的关系，$X$轴为种群大小，$Y$轴为迭

代次数，$Z$ 轴为相似度值。此处，对于 SA 算法，首先设置与其他跟踪器相同的迭代次数，然后调节温度冷却速率 $\alpha$（$\alpha$= 0.3、0.52、0.65、0.73、0.78），使其与其他算法达到相同的评价次数。

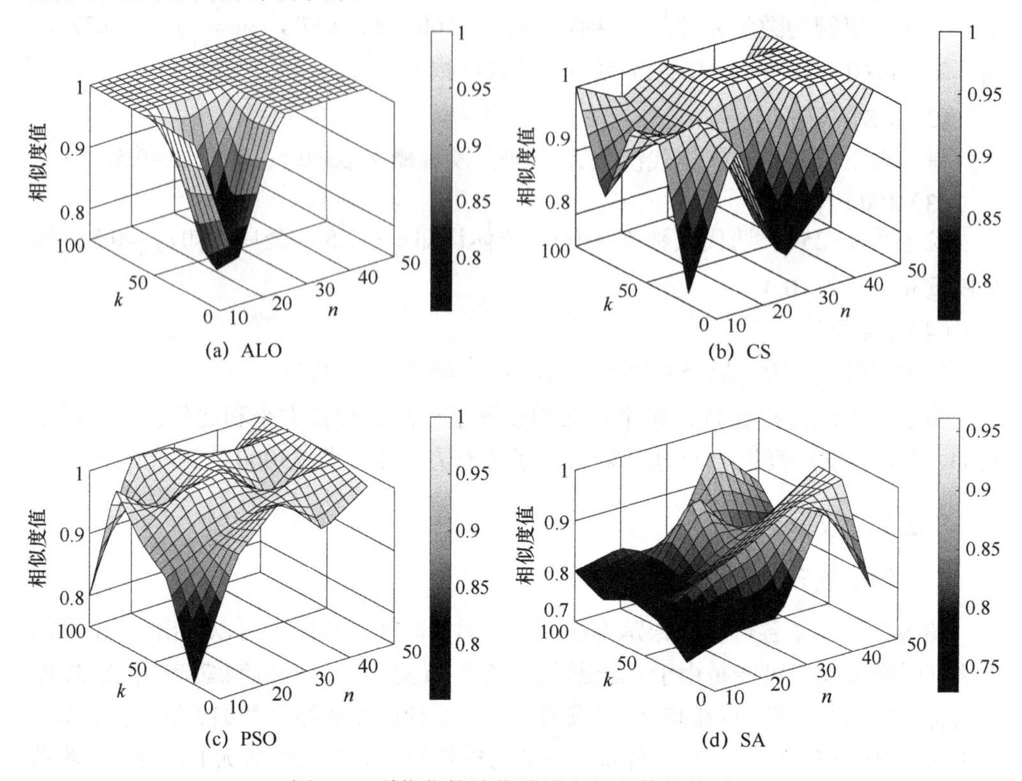


图 9.3 群优化算法收敛精度与参数的关系

从图 9.3（a）可以看出，ALO 跟踪方法的收敛速度最快。虽然在 $n$=20、$k$=40 时，有最差的适应度值出现，但当 $n$=30 时，可以收敛到所有情况下的全局最优。该方法具有良好的性能，主要得益于以下两个原因。

① 随着迭代次数的增加，蚂蚁随机游动空间的自适应收缩机制促进了局部开发，而高度开发有助于 ALO 算法快速向目标收敛。

② 保存最好的蚁狮，并将其视为每次迭代中的精英，引导所有蚂蚁向搜索空间中有希望的区域移动，进一步加快了收敛速度。

CS 跟踪方法落后于 ALO 跟踪方法，虽然当 $n=30$ 、$k=60$ 时，已经可以收敛到最优，但只有当 $n=50$ 时，才能成功地对所有情况收敛至最优。其中一个主要原因是受到基于发现概率的更新鸟巢机制的影响，被更新的鸟巢是随机生成的，这可能会偏离最好的鸟巢，从而导致收敛速度缓慢。

PSO 跟踪方法具有较强的局部搜索能力。在大多数情况下，PSO 算法可以收敛到最优解，但是众所周知的 PSO 算法的稳定性问题限制了成功率。从图 9.3（c）可以看出，虽然跟踪器在 $n=30$ 、$k=20$ 时，就已经第一次收敛于最优解，但由于算法不稳定，大多数情况下只是收敛到最优解附近。

SA 跟踪方法的收敛性最差，它完全失败了。虽然跟踪器的相似度值达到的最佳时为 0.9616，但它不能维持，因此仍是失败的。这种情况主要是由于缺乏局部开发机制和最优解指导机制造成的。

对于群优化算法来说，参数对算法的收敛有着很大的影响。在 ALO 跟踪方法中，$w$ 值越大，蚂蚁随机游动的范围越小，收敛速度越快。在 CS 跟踪方法中，Pa 值越大，随机更新的鸟巢数量越少，收敛速度越快。在 PSO 跟踪方法中，$c_1$ 和 $c_2$ 的值越大，粒子速度越快达到最优值，收敛速度越快。然而，对于所有的算法来说，快速收敛都会伴随着陷入局部最优的危险。

## 9.3.2　精度分析

### 1. 定量分析

表 9.1 和表 9.2 分别列出了各群优化算法的平均重叠率和平均中心误差率。对于平均重叠率，数值越大，准确率越高；对于平均中心误差率，数值越小，准确率越高。

表 9.1　平均重叠率

| 视频序列 | ALO | CS | PSO | SA |
|---|---|---|---|---|
| BOY | 0.27 | 0.69 | 0.01 | 0.2 |
| COUPON | 0.77 | 0.77 | 0.74 | 0.48 |
| DEER | 0.74 | 0.72 | 0.69 | 0.70 |
| FACE2 | 0.28 | 0.71 | 0.66 | 0.62 |
| FHC | 0.84 | 0.83 | 0.80 | 0.61 |
| HUMAN7 | 0.47 | 0.46 | 0.47 | 0.16 |
| SHAKING | 0.44 | 0.44 | 0.25 | 0.29 |
| ZXJ | 0.85 | 0.85 | 0.82 | 0.67 |

表 9.2　平均中心误差率

| 视频序列 | ALO | CS | PSO | SA |
|---|---|---|---|---|
| BOY | 123 | 6 | 207 | 140 |
| COUPON | 9 | 9 | 11 | 27 |
| DEER | 7 | 8 | 8 | 9 |

（续表）

| 视频序列 | ALO | CS | PSO | SA |
|---|---|---|---|---|
| FACE2 | 213 | 10 | 12 | 15 |
| FHC | 15 | 16 | 20 | 46 |
| HUMAN7 | 6 | 7 | 8 | 48 |
| SHAKING | 24 | 24 | 39 | 36 |
| ZXJ | 4 | 4 | 5 | 10 |

ALO 算法在准确性上有较好的表现，主要得益于以下两点。

① 轮盘赌随机选择蚁狮和蚂蚁在蚁狮周围的随机游走保证了搜索空间的探索，避免了跟踪器陷入局部最优。

② 蚂蚁自适应收缩空间和精英蚁狮的利用，保证了搜索空间的开发，确保了跟踪收敛于目标。

SA 算法的跟踪性能最差。这是由于 SA 算法是一种完全随机的搜索机制。在 SA 算法中，如果新的采样点具有更大的能量，则被接受为当前的采样点。如果新的采样点的能量小于当前的采样点，则仍可以根据接受概率被接受。这种机制在很大程度上扩大了探索能力，但限制了开发能力。因此，候选样本可以从局部最优中跳出，但也可能会错过全局最优。

与 ALO 算法类似，CS 算法也具备高效的局部开发和全局探索能力。当前最优鸟巢用于指导下一次迭代的搜索，促进了有希望区域的开发，加快了跟踪方法的收敛速度。与其他随机游走模式（如高斯分布）相比，莱维飞行的优势在于它是无标度模式，因此增加了鸟巢的多样性。另外，依据发现概率随机更新鸟巢位置，有利于全局探索，但随机生成的鸟巢可能较差，从而失去全局最优。

与 SA 相比，PSO 算法的全局开发能力较弱。粒子的更新基于个体最优和全局最优，这可能会弱化粒子的多样性，导致算法过早收敛，从而使搜索过程陷入局部最优。

在跟踪过程中，步长参数是影响跟踪精度的重要因素，步长过小，候选样本可能无法跳出局部最优；步长过大，则可能错过全局最优。例如，PSO 算法中的粒子飞行速度 $v$ 和 CS 算法中的步长 $\alpha$ 都在跟踪过程中扮演着重要的角色。

图 9.4 所示为各视频序列的成功率图，图 9.5 所示为各视频序列的跟踪精度图，结合表 9.1 和表 9.2，可以看出：

① 在所有跟踪器成功跟踪目标的前提下，ALO 跟踪器优于其他跟踪器。

② 对所有视频序列，CS 跟踪器均能成功地跟踪目标。

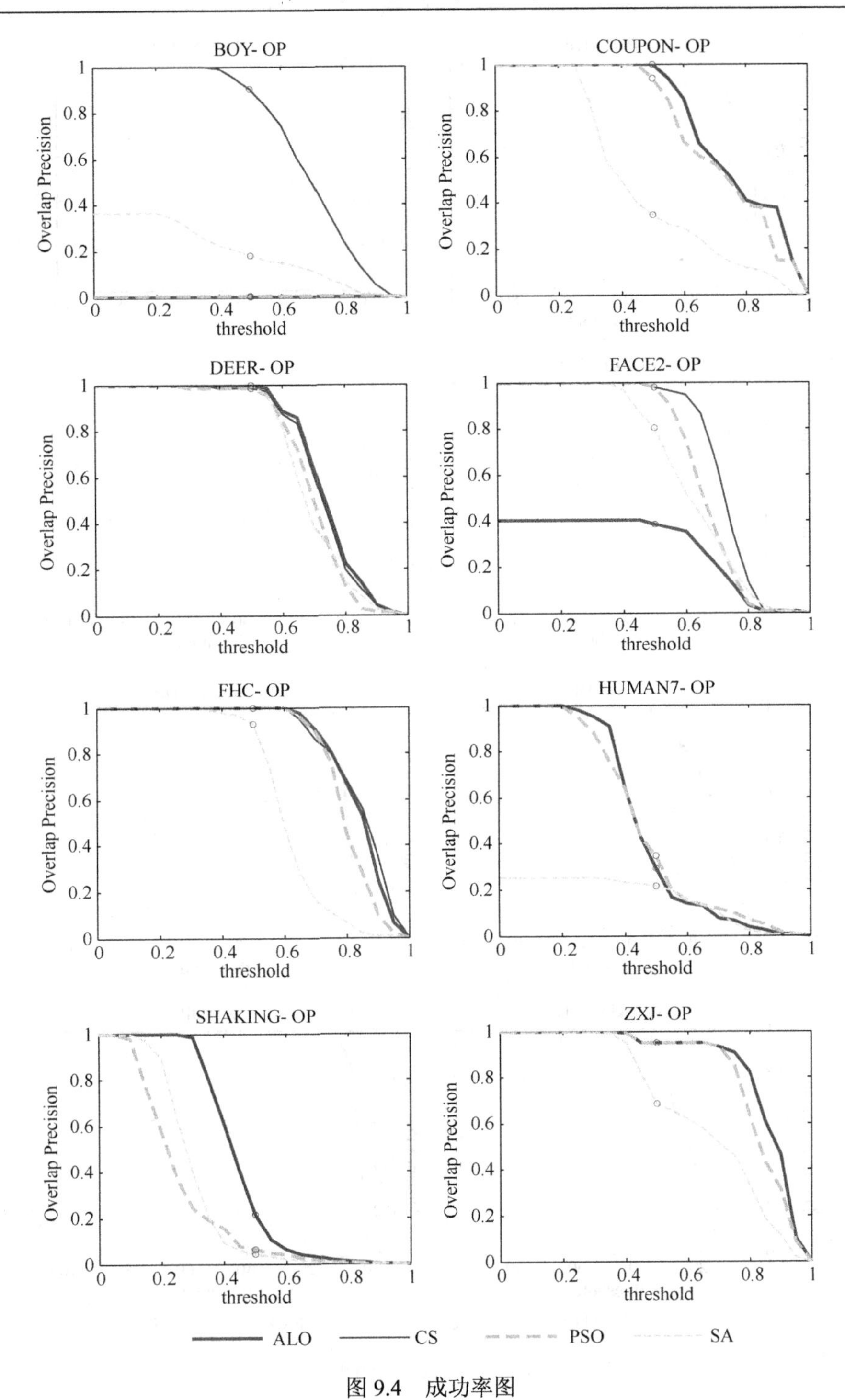
BOY- OP
COUPON- OP
DEER- OP
FACE2- OP
FHC- OP
HUMAN7- OP
SHAKING- OP
ZXJ- OP
Overlap Precision
threshold
0
0.2
0.4
0.6
0.8
1
ALO
CS
PSO
SA

图 9.4　成功率图

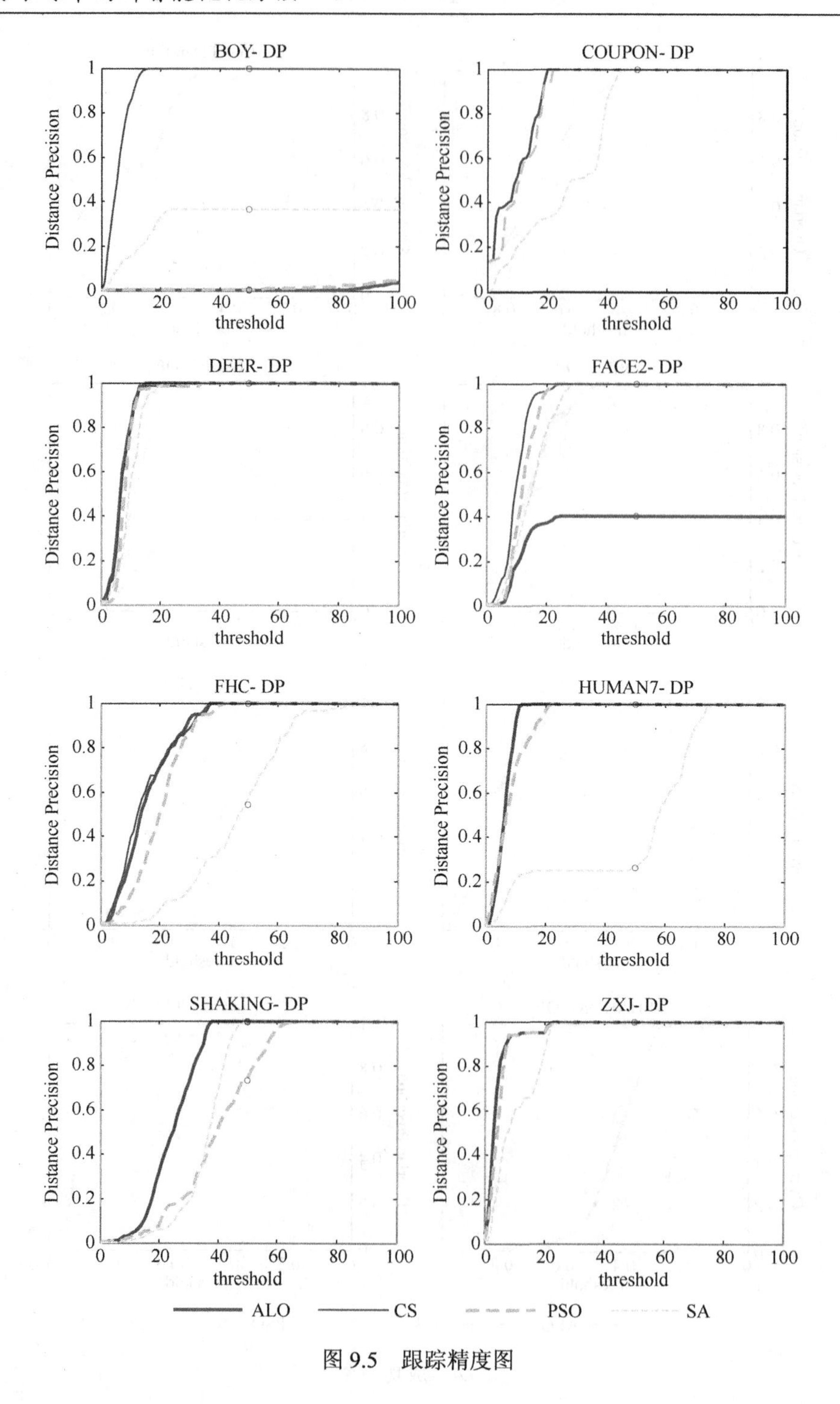
BOY- DP
COUPON- DP
DEER- DP
FACE2- DP
FHC- DP
HUMAN7- DP
SHAKING- DP
ZXJ- DP
Distance Precision
threshold
0
0.2
0.4
0.6
0.8
1
0
20
40
60
80
100
ALO
CS
PSO
SA

图 9.5 跟踪精度图

### 2. 定性分析

如图 9.6 所示为部分跟踪结果。由图 9.6 可知，CS 跟踪器的跟踪性能最好，它可以成功地跟踪每个视频序列中的目标，这实质上得益于更多的评估次数。在 BOY 和 FACE2 视频序列中，ALO 跟踪器失败了。这可能是由于 ALO 算法的自适应收缩机制，实质上只有一半的迭代次数用于全局搜索，减少了算法的全局搜索迭代次数。（已经验证了 ALO 算法在评估次数达到 37500 时可以实现 BOY 和 FACE2 视频序列的跟踪，虽然增加了一点运行时间，但是跟踪的准确性更好了）。

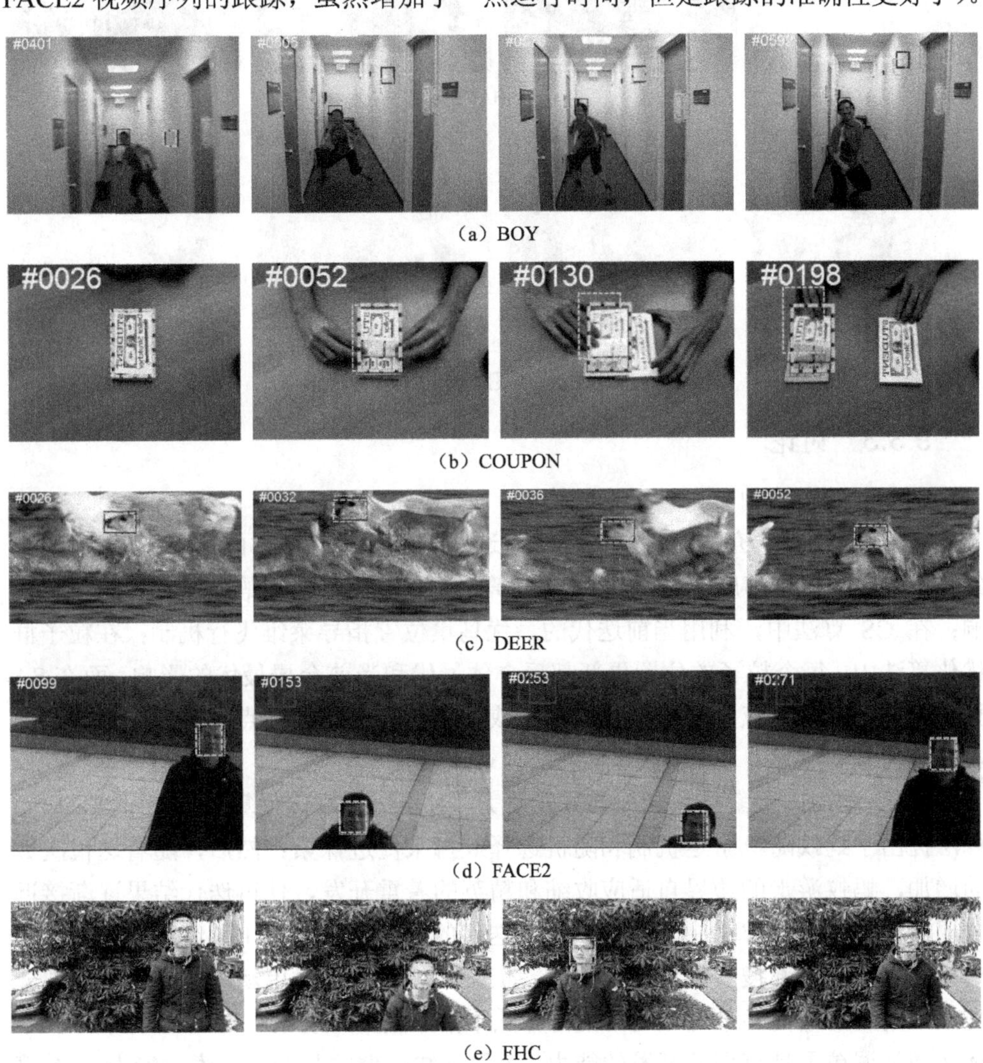


（a）BOY

（b）COUPON

（c）DEER

（d）FACE2

（e）FHC

图 9.6　部分跟踪结果

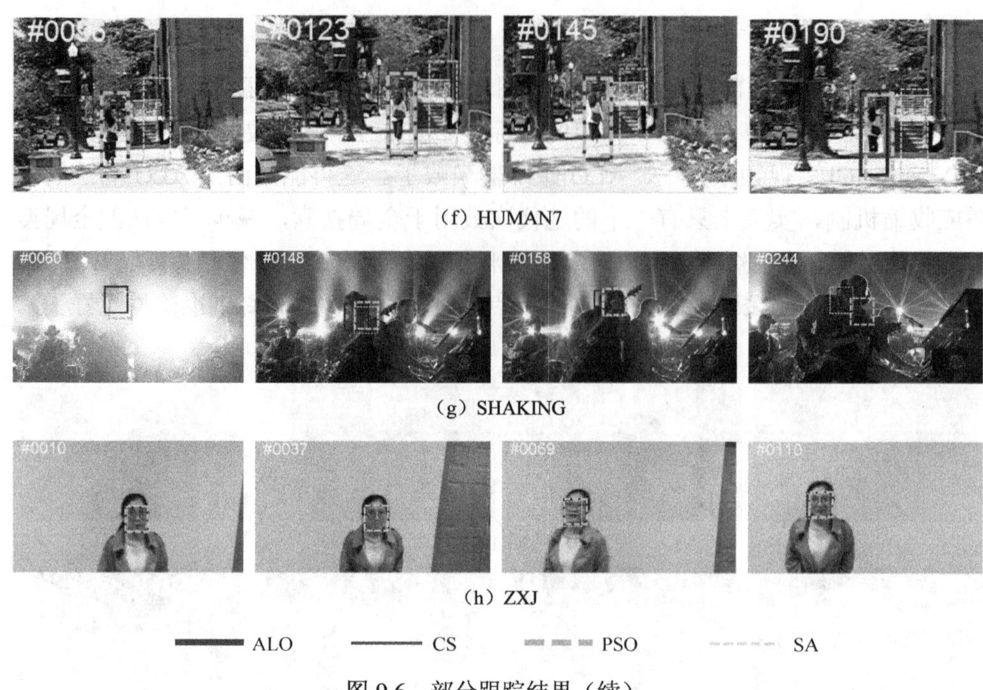


（f）HUMAN7

（g）SHAKING

（h）ZXJ

图 9.6　部分跟踪结果（续）

### 9.3.3　讨论

从前面的实验中可得到以下结论。

① 群优化算法充分利用当前最优候选样本更新候选样本的位置，能够加快收敛速度，提高跟踪精度。例如，在 ALO 算法中，精英蚁狮对蚂蚁的行走路径的影响；在 CS 算法中，利用当前迭代的最优鸟巢位置指导莱维飞行机制；在粒子群优化算法中，每个粒子的位置更新都受个体最优和当前全局最优的影响；而在 SA 算法中，新的采样点只是被简单地接受或拒绝，缺乏对采样点的充分开发，因此收敛性较差。

② 平衡全局探索能力和局部开发能力，对于一个群优化算法至关重要。ALO 算法提出了蚂蚁随机游走机制和随机选择蚁狮来促进探索；然后，随着迭代次数的增加，蚂蚁游走的边界自适应收缩和精英的着重开发，使得迭代结果逐渐接近全局最优。在 CS 算法中，围绕着当前迭代的最优鸟巢，使用莱维飞行产生新的鸟巢，加快了局部搜索的速度。另外，依据发现概率随机更新鸟巢，确保了部分鸟巢距离当前最优鸟巢足够远，使得算法不落入局部最优解。在 PSO 算法中，个体认知强调粒子具有局部开发的能力，全局认知强调的是全局搜索的能力。SA 算法具有很强的全局搜索能力，但没有一种机制能够专注于局部开发。

## 9.4 小结

本章讨论了基于群优化算法的运动跟踪问题，研究了基于 3 种经典的群优化算法，即 ALO 算法、CS 算法和 PSO 算法的目标跟踪方法，并将跟踪结果与 SA 算法的跟踪结果进行了比较。

对跟踪方法进行了对比实验。通过运行时间和收敛速度的特性来分析其跟踪效率，通过定量分析和定性分析来评估其准确性。同时，阐述了参数设置与跟踪结果的关系。实验表明，ALO 算法在平均运行时间、收敛速度等方面具有较好的性能；CS 算法在定量分析和定性分析方面有较好的表现。虽然这些基于群优化算法的跟踪方法比较耗时，但有一个明显的优势，即可以预测不确定运动的状态。未来可能的工作是结合传统跟踪器和群优化理论的优点，设计长期目标跟踪框架。

# 附录 A　23 个基准函数

| 函　数 | 公　式 | 维数 $D$ | 范　围 | 全局最小值 $F_{\min}$ |
|---|---|---|---|---|
| Sphere | $F_1(x)=\sum_{i=1}^{D}x_i^2$ | 30 | [−100,100] | 0 |
| Schwefel2.22 | $F_2(x)=\sum_{i=1}^{D}\lvert x_i\rvert+\prod_{i=1}^{D}\lvert x_i\rvert$ | 30 | [−10,10] | 0 |
| Schwefel 1.2 | $F_3(x)=\sum_{i=1}^{D}(\sum_{j=1}^{i}x_j^2)$ | 30 | [−100,100] | 0 |
| Schwefel 2.21 | $F_4(x)=\max_i\{\lvert x_i\rvert,1\leqslant i\leqslant D\}$ | 30 | [−100,100] | 0 |
| Rosenbrock | $F_5(x)=\sum_{i=1}^{D-1}[100(x_{i+1}-x_i^2)^2+(x_i-1)^2]$ | 30 | [−30,30] | 0 |
| Step | $F_6(x)=\sum_{i=1}^{D}([x_i+0.5])^2$ | 30 | [−100,100] | 0 |
| Quartic | $F_7(x)=\sum_{i=1}^{D}ix_i^4+\text{random}[0,1)$ | 30 | [−1.28, 1.28] | 0 |
| Schwefel | $F_8(x)=-\sum_{i=1}^{D}(x_i\sin\sqrt{\lvert x_i\rvert})$ | 30 | [−500,500] | −418.9829$D$ |
| Rastrigin | $F_9(x)=10D+\sum_{i=1}^{D}(x_i^2-10\cos 2\pi x_i)$ | 30 | [−5.12, 5.12] | 0 |
| Ackley | $F_{10}(x)=-20\exp\left(-0.2\sqrt{\frac{1}{D}\sum_{i=1}^{D}x_i^2}\right)-\exp\left(\frac{1}{D}\sum_{i=1}^{D}\cos 2\pi x_i\right)+20+\mathrm{e}$ | 30 | [−32,32] | 0 |
| Griewank | $F_{11}(x)=\frac{1}{4000}\sum_{i=1}^{D}x_i^2-\prod_{i=1}^{D}\cos\left(\frac{x_i}{\sqrt{i}}\right)+1$ | 30 | [−600,600] | 0 |
| Penalized | $F_{12}(x)=\frac{\pi}{n}\{10\sin(\pi y_1)+\sum_{i=1}^{D-1}(y_i-1)^2[1+10\sin^2(\pi y_{i+1})]+(y_D-1)^2\}+\sum_{i=1}^{D}(x_i,10,100,4)$<br>$y_i=1+\frac{x_i+1}{4},\quad u(x_i,a,k,m)=\begin{cases}k(x_i-a)^m & x_i>a\\0 & -a<x_i<a\\k(-x_i-a)^m & x_i<-a\end{cases}$ | 30 | [−50,50] | 0 |

（续表）

| 函　数 | 公　式 | 维数 D | 范　围 | 全局最小值 $F_{\min}$ |
|---|---|---|---|---|
| Penalize 2 | $F_{13}(x)=0.1\{\sin^2(3\pi x_1)+\sum_{i=1}^{D}(x_i-1)^2[1+\sin^2(3\pi x_i)+1]+(x_n-1)^2[1+\sin^2(2\pi x_n)]\}+\sum_{i=1}^{D}u(x_i,5,100,4)$ | 30 | [−50,50] | 0 |
| Foxholes | $F_{14}(x)=\left[\frac{1}{500}+\sum_{j=1}^{25}\frac{1}{j+\sum_{i=1}^{D}(x_i-a_{ij})^6}\right]$ | 2 | [−65.536, 65.536] | 0.998004 |
| Kowalik | $F_{15}(x)=\sum_{i=1}^{11}\left[a_i-\frac{x_1(b_i^2+b_ix_2)}{b_i^2+b_ix_3+x_4}\right]^2$ | 4 | [−5,5] | 0.0003075 |
| Six-hump Camel-Back | $F_{16}(x)=4x_1^2-2.1x_1^4+\frac{1}{3}x_1^6-x_1x_2-4x_2^2-4x_2^4$ | 2 | [−5,5] | −1.0316285 |
| Branin | $F_{17}(x)=\left(x_2-\frac{5.1}{4\pi^2}x_1^2+\frac{5}{\pi}x_1-6\right)^2+10\times\left(1-\frac{1}{8\pi}\right)\cos x_1+10$ | 2 | [−5,5] | 0.398 |
| Goldstein-Price | $F_{18}(x)=\left[1+(x_1+x_2+1)^2(10-14x_1+3x_1^2-14x_2+6x_1x_2+3x_2^2)\right]\times\left[30+(2x_1-3x_2^2)(18-32x_1+12x_1^2+48x_2-36x_1x_2+27x_2^2)\right]$ | 2 | [−5,5] | 3 |
| Hartman 3 | $F_{19}(x)=-\sum_{i=1}^{4}c_i\exp\left[-\sum_{j=1}^{3}a_{ij}(x_j-p_{ij})^2\right]$ | 3 | [−5,5] | −3.862782 |
| Hartman 6 | $F_{20}(x)=-\sum_{i=1}^{4}c_i\exp\left[-\sum_{j=1}^{6}a_{ij}(x_j-p_{ij})^2\right]$ | 6 | [−5,5] | −3.32236 |
| Shekel5 | $F_{21}(\boldsymbol{x})=-\sum_{i=1}^{5}\left[(\boldsymbol{x}-\boldsymbol{a}_i)(\boldsymbol{x}-\boldsymbol{a}_i)^{\mathrm{T}}+\boldsymbol{c}_i\right]^{-1}$ | 4 | [−5,5] | −10.1532 |
| Shekel7 | $F_{22}(\boldsymbol{x})=-\sum_{i=1}^{7}\left[(\boldsymbol{x}-\boldsymbol{a}_i)(\boldsymbol{x}-\boldsymbol{a}_i)^{\mathrm{T}}+\boldsymbol{c}_i\right]^{-1}$ | 4 | [−5,5] | −10.4029 |
| Shekel10 | $F_{23}(\boldsymbol{x})=-\sum_{i=1}^{10}\left[(\boldsymbol{x}-\boldsymbol{a}_i)(\boldsymbol{x}-\boldsymbol{a}_i)^{\mathrm{T}}+\boldsymbol{c}_i\right]^{-1}$ | 4 | [−5,5] | −10.5364 |

# 参 考 文 献


[1] 卢湖川，李佩霞，王栋．目标跟踪算法综述[J]．模式识别与人工智能，2018，31（1）：61-76．

[2] 邹海荣，龚振邦，罗均．无人飞行器地面移动目标跟踪系统研究现状与展望[J]．宇航学报，2006，27（B12）：233-236．

[3] Dutt S，Kalra A．A scalable and robust framework for intelligent real-time video surveillance[C]．2016 International Conference on Advances in Computing，Communications and Informatics（ICACCI），IEEE，2016：212-215．

[4] 黄凯奇，陈晓棠，康运峰，等．智能视频监控技术综述[J]．计算机学报，2015，38（6）：1093-1118．

[5] Severson J. Human-digital media interaction tracking：U. S. Patent 9，713，444[P]. 2017-7-25.

[6] 高文，朱明，贺柏根，等．目标跟踪技术综述[J]．中国光学，2013，7（3）：365-375．

[7] 崔雨勇．智能交通监控中运动目标检测与跟踪算法研究[D]．武汉：华中科技大学，2012．

[8] Dubuisson S，Gonzales C．A survey of datasets for visual tracking[J]．Machine Vision and Applications，2016，27（1）：23-52．

[9] Li X，Hu W，Shen C，et al．A survey of appearance models in visual object tracking[J]．ACM transactions on Intelligent Systems and Technology（TIST），2013，4（4）：58．

[10] Liang P，Blasch E，Ling H．Encoding color information for visual tracking：Algorithms and benchmark[J]．IEEE Transactions on Image Processing，2015，24（12）：5630-5644．

[11] Liu Q，Zhao X，Hou Z．Survey of single-target visual tracking methods based on online learning[J]．IET Computer Vision，2014，8（5）：419-428．

[12] Smeulders A W M，Chu D M，Cucchiara R，et al．Visual tracking：An experimental survey[J]．IEEE transactions on pattern analysis and machine intelligence，2013，36（7）：1442-1468．

[13] Wu Y，Lim J，Yang M H. Object Tracking Benchmark[J]．IEEE Transactions on Pattern Analysis & Machine Intelligence，2015，37（9）：1834-1848．

[14] Yilmaz A，Javed O，Shah M．Object tracking：A survey[J]．Acm computing surveys（CSUR），2006，38（4）：13．

[15] Zhang S，Yao H，Sun X，et al．Sparse coding based visual tracking：Review and experimental comparison[J]．Pattern Recognition，2013，46（7）：1772-1788．

[16] 管皓，薛向阳，安志勇．深度学习在视频目标跟踪中的应用进展与展望[J]．自动化学报，2016，42（6）：834-847．

[17] 侯志强，韩崇昭．目标跟踪技术综述[J]．自动化学报，2006，32（4）：603-617．

[18] 黎万义，王鹏，乔红．引入视觉注意机制的目标跟踪方法综述[J]．2014．

[19] 罗斌，王涌天，沈浩，等．增强现实混合跟踪技术综述[J]．自动化学报，2013，39（8）：1185-1201．

[20] 杨威，付耀文，潘晓刚，等．弱目标检测前跟踪技术研究综述[J]．电子学报，2014，42（9）：1786-1793．

[21] 张焕龙，胡士强，杨国胜．基于外观模型学习的视频目标跟踪方法综述[J]．计算机研究与发展，2015，52（1）：177-190．

[22] 尹宏鹏，陈波，柴毅，等．基于视觉的目标检测与跟踪综述[J]．自动化学报，2016，42（10）：1466-1489．

[23] Pan Z，Liu S，Fu W．A review of visual moving target tracking[J]．Multimedia Tools and Applications，2017，76（16）：16989-17018．

[24] Fiaz M，Mahmood A，Javed S，et al．Handcrafted and Deep Trackers：A Review of Recent Object Tracking Approaches[J]．arXiv preprint arXiv：1812．07368，2018．

[25] Wu Y，Lim J，Yang M H．Online object tracking：A benchmark[C]．Proceedings of the IEEE conference on computer vision and pattern recognition，2013：2411-2418．

[26] Song S，Xiao J．Tracking revisited using RGBD camera：Unified benchmark and baselines[C]．Proceedings of the IEEE International Conference on Computer Vision，2013：233-240．

[27] Smeulders A W M，Chu D M，Cucchiara R，et al．Visual tracking：An experimental survey[J]．IEEE transactions on pattern analysis and machine intelligence，2013，36（7）：1442-1468．

[28] Wu Y，Lim J，Yang M H. Object Tracking Benchmark[J]. IEEE transactions on pattern analysis and machine intelligence，2015，37（9）：1834．

[29] Li A，Lin M，Wu Y，et al．Nus-pro：A new visual tracking challenge[J]．IEEE transactions on pattern analysis and machine intelligence，2015，38（2）：335-349．

[30] Liang P，Blasch E，Ling H．Encoding color information for visual tracking：Algorithms and benchmark[J]．IEEE Transactions on Image Processing，2015，24（12）：5630-5644．

[31] Mueller M，Smith N，Ghanem B．A benchmark and simulator for uav tracking[C]．European Conference on Computer Vision，Springer，Cham，2016：445-461．

[32] Kiani Galoogahi H，Fagg A，Huang C，et al．Need for speed：A benchmark for higher frame rate object tracking[C]．Proceedings of the IEEE International Conference on Computer Vision，2017：1125-1134．

[33] Kristan M，Matas J，Leonardis A，et al．A novel performance evaluation methodology for single-target trackers[J]．IEEE transactions on pattern analysis and machine intelligence，2016，38（11）：2137-2155．

[34] Valmadre J，Bertinetto L，Henriques J F，et al. Long-term tracking in the wild：A benchmark[C]. Proceedings of the European Conference on Computer Vision（ECCV），2018：670-685.

[35] Leichter I. Mean shift trackers with cross-bin metrics[J]. IEEE Transactions on Pattern Analysis and Machine Intelligence，2011，34（4）：695-706.

[36] Zhang T，Xu C，Yang M H. Multi-task correlation particle filter for robust object tracking[C]. Proceedings of the IEEE Conference on Computer Vision and Pattern Recognition，2017：4335-4343.

[37] Liu T，Wang G，Yang Q. Real-time part-based visual tracking via adaptive correlation filters[C]. Proceedings of the IEEE Conference on Computer Vision and Pattern Recognition，2015：4902-4912.

[38] Gordon N，Ristic B，Arulampalam S. Beyond the kalman filter：Particle filters for tracking applications[J]. Artech House，London，2004，830：5.

[39] Daum F. Nonlinear filters：beyond the Kalman filter[J]. IEEE Aerospace and Electronic Systems Magazine，2005，20（8）：57-69.

[40] Lucena M J，Fuertes J M，Gomez J I，et al. Optical flow-based probabilistic tracking[M]. 2003.

[41] Adam A，Rivlin E，Shimshoni I. Robust fragments-based tracking using the integral histogram[C]. 2006 IEEE Computer Society Conference on Computer Vision and Pattern Recognition（CVPR'06），IEEE，2006（1）：798-805.

[42] Oron S，Bar-Hillel A，Levi D，et al. Locally orderless tracking[J]. International Journal of Computer Vision，2015，111（2）：213-228.

[43] Ross D A，Lim J，Lin R S，et al. Incremental learning for robust visual tracking[J]. International journal of computer vision，2008，77（1-3）：125-141.

[44] Kwon J，Lee K M，Park F C. Visual tracking via geometric particle filtering on the affine group with optimal importance functions[C]. 2009 IEEE Conference on Computer Vision and Pattern Recognition，IEEE，2009：991-998.

[45] Mei X，Ling H. Robust visual tracking using ℓ 1 minimization[C]. 2009 IEEE 12th International Conference on Computer Vision，IEEE，2009：1436-1443.

[46] Mei X，Ling H，Wu Y，et al. Minimum error bounded efficient ℓ 1 tracker with occlusion detection[C]. CVPR 2011，IEEE，2011：1257-1264.

[47] Avidan S. Support vector tracking[J]. IEEE transactions on pattern analysis and machine intelligence, 2004, 26(8): 1064-1072.

[48] Hare S，Golodetz S，Saffari A，et al. Struck：Structured output tracking with kernels[J]. IEEE transactions on pattern analysis and machine intelligence，2015，38（10）：2096-2109.

[49] Godec M，Roth P M，Bischof H. Hough-based tracking of non-rigid objects[J]. Computer Vision

and Image Understanding，2013，117（10）：1245-1256.

[50] Kalal Z，Matas J，Mikolajczyk K. Pn learning：Bootstrapping binary classifiers by structural constraints[C]. Computer Society Conference on Computer Vision and Pattern Recognition，IEEE，2010：49-56.

[51] Bolme D S，Beveridge J R，Draper B A，et al. Visual object tracking using adaptive correlation filters[C]. Computer Society Conference on Computer Vision and Pattern Recognition，IEEE，2010：2544-2550.

[52] Henriques J F，Caseiro R，Martins P，et al. Exploiting the circulant structure of tracking-by-detection with kernels[C]. European Conference on Computer Vision，Springer，Berlin，Heidelberg，2012：702-715.

[53] Henriques J F，Caseiro R，Martins P，et al. High-speed tracking with kernelized correlation filters[J]. IEEE transactions on pattern analysis and machine intelligence，2014，37（3）：583-596.

[54] Dalal N，Triggs B. Histograms of oriented gradients for human detection[C]. International Conference on Computer Vision & Pattern Recognition（CVPR'05）. IEEE Computer Society，2005（1）：886-893.

[55] Danelljan M，Häger G，Khan F，et al. Accurate scale estimation for robust visual tracking[C]. British Machine Vision Conference，Nottingham，BMVA Press，2014.

[56] Li Y，Zhu J. A scale adaptive kernel correlation filter tracker with feature integration[C]. European Conference on Computer Vision，Springer，Cham，2014：254-265.

[57] Ma C，Yang X，Zhang C，et al. Long-term correlation tracking[C]. Proceedings of the IEEE Conference on Computer Vision and Pattern Recognition，2015：5388-5396.

[58] Danelljan M，Hager G，Shahbaz Khan F，et al. Learning spatially regularized correlation filters for visual tracking[C]. Proceedings of the IEEE International Conference on Computer Vision, 2015：4310-4318.

[59] Mueller M，Smith N，Ghanem B. Context-aware correlation filter tracking[C]. Proceedings of the IEEE Conference on Computer Vision and Pattern Recognition，2017：1396-1404.

[60] Kiani Galoogahi H，Fagg A，Lucey S. Learning background-aware correlation filters for visual tracking[C]. Proceedings of the IEEE International Conference on Computer Vision，2017：1135-1143.

[61] Wang N，Yeung D Y. Learning a deep compact image representation for visual tracking[C]. Advances in Neural Information Processing Systems，2013：809-817.

[62] Danelljan M，Hager G，Shahbaz Khan F，et al. Convolutional features for correlation filter based visual tracking[C]. Proceedings of the IEEE International Conference on Computer Vision Workshops，2015：58-66.

[63] Ma C，Huang J B，Yang X，et al. Robust visual tracking via hierarchical convolutional

features[J]. IEEE transactions on pattern analysis and machine intelligence, 2018.
[64] Simonyan K, Zisserman A. Very deep convolutional networks for large-scale image recognition[J]. arXiv, 2014.
[65] Danelljan M, Robinson A, Khan F S, et al. Beyond correlation filters: Learning continuous convolution operators for visual tracking[C]. European Conference on Computer Vision, Springer, Cham, 2016: 472-488.
[66] Danelljan M, Bhat G, Shahbaz Khan F, et al. ECO: efficient convolution operators for tracking[C]. Proceedings of the IEEE Conference on Computer Vision and Pattern Recognition, 2017: 6638-6646.
[67] Li F, Tian C, Zuo W, et al. Learning spatial-temporal regularized correlation filters for visual tracking[C]. Proceedings of the IEEE Conference on Computer Vision and Pattern Recognition, 2018: 4904-4913.
[68] Bertinetto L, Valmadre J, Henriques J F, et al. Fully-convolutional siamese networks for object tracking[C]. European Conference on Computer Vision, Springer, Cham, 2016: 850-865.
[69] Song Y, Ma C, Gong L, et al. Crest: Convolutional residual learning for visual tracking[C]. Proceedings of the IEEE International Conference on Computer Vision, 2017: 2555-2564.
[70] He K, Zhang X, Ren S, et al. Deep residual learning for image recognition[C]. Proceedings of the IEEE Conference on Computer Vision and Pattern Recognition, 2016: 770-778.
[71] Goldberg D E. Genetic algorithms[M]. Pearson Education India, 2006.
[72] Dasgupta D, Michalewicz Z. Evolutionary algorithms in engineering applications [J]. Int. J. Evol. Optim, 1999 (1): 93-94.
[73] Banzhaf W, Nordin P, Keller R E, et al. Genetic programming: an introduction[M]. San Francisco: Morgan Kaufmann, 1998.
[74] Simon D. Biogeography-based optimization[J]. IEEE transactions on evolutionary computation, 2008, 12 (6): 702-713.
[75] Černý V. Thermodynamical approach to the traveling salesman problem: An efficient simulation algorithm[J]. Journal of optimization theory and applications, 1985, 45 (1): 41-51.
[76] Rashedi E, Nezamabadi-Pour H, Saryazdi S. GSA: a gravitational search algorithm [J]. Information sciences, 2009, 179 (13): 2232-2248.
[77] Alatas B. ACROA: artificial chemical reaction optimization algorithm for global optimization[J]. Expert Systems with Applications, 2011, 38 (10): 13170-13180.
[78] Kaveh A, Khayatazad M. A new meta-heuristic method: ray optimization[J]. Computers & structures, 2012, 112: 283-294.
[79] Moghaddam F F, Moghaddam R F, Cheriet M. Curved space optimization: a random search based on general relativity theory[J]. arXiv, 2012.

[80] Kennedy J. Particle swarm optimization[J]. Encyclopedia of machine learning，2010：760-766.

[81] Dorigo M，Birattari M. Ant colony optimization[M]. Springer US，2010.

[82] Kaveh A，Farhoudi N. A new optimization method：Dolphin echolocation[J]. Advances in Engineering Software，2013（59）：53-70.

[83] Basturk B. An artificial bee colony（ABC）algorithm for numeric function optimization[C]. IEEE Swarm Intelligence Symposium，Indianapolis，2006.

[84] Yang X S，Deb S. Cuckoo search via Lévy flights[C]. 2009 World Congress on Nature & Biologically Inspired Computing（NaBIC），IEEE，2009：210-214.

[85] Yang X S. A new metaheuristic bat-inspired algorithm[M]. Nature inspired cooperative strategies for optimization（NICSO 2010），Springer，Berlin，Heidelberg，2010：65-74.

[86] Yang X S. Firefly algorithm，stochastic test functions and design optimisation[J]. arXiv，2010.

[87] Mirjalili S. Dragonfly algorithm：a new meta-heuristic optimization technique for solving single-objective，discrete，and multi-objective problems[J]. Neural Computing and Applications，2016，27（4）：1053-1073.

[88] Mirjalili S. The ant lion optimizer[J]. Advances in Engineering Software，2015（83）：80-98.

[89] Mirjalili S，Lewis A. The whale optimization algorithm[J]. Advances in engineering software，2016（95）：51-67.

[90] Mirjalili S，Gandomi A H，Mirjalili S Z，et al. Salp Swarm Algorithm：A bio-inspired optimizer for engineering design problems[J]. Advances in Engineering Software，2017（114）：163-191.

[91] Qi X，Zhu Y，Zhang H. A new meta-heuristic butterfly-inspired algorithm[J]. Journal of computational science，2017（23）：226-239.

[92] Rao R V，Savsani V J，Vakharia D P. Teaching–learning-based optimization：an optimization method for continuous non-linear large scale problems[J]. Information sciences，2012，183（1）：1-15.

[93] Fogel L J，Owens A J，Walsh M J. Artificial intelligence through simulated evolution[C]. National Conference on Emerging Trends & Applications in Computer Science, Wiley-IEEE Press, 1966.

[94] He S，Wu Q H，Saunders J R. Group search optimizer：an optimization algorithm inspired by animal searching behavior[J]. IEEE transactions on evolutionary computation，2009，13（5）：973-990.

[95] Gandomi A H. Interior search algorithm（ISA）：a novel approach for global optimization[J]. ISA transactions，2014，53（4）：1168-1183.

[96] Eita M A，Fahmy M M. Group counseling optimization[J]. Applied Soft Computing，2014（22）：585-604.

[97] Zhang X，Hu W，Maybank S，et al. Sequential particle swarm optimization for visual tracking[C]. 2008 IEEE Conference on Computer Vision and Pattern Recognition，IEEE，2008：1-8.

[98] Lai D X，Chang Y H，Zhong Z H. Active contour tracking of moving objects using edge flows and ant colony optimization in video sequences[C]. Pacific-Rim Symposium on Image and Video Technology，Springer，Berlin，Heidelberg，2009：1104-1116.

[99] Zhang X，Hu W，Wang X，et al. A swarm intelligence based searching strategy for articulated 3D human body tracking[C]. 2010 IEEE Computer Society Conference on Computer Vision and Pattern Recognition-Workshops，IEEE，2010：45-50.

[100] Fourie J，Mills S，Green R. Harmony filter：a robust visual tracking system using the improved harmony search algorithm[J]. Image and Vision Computing，2010，28（12）：1702-1716.

[101] Gao M L，He X，Luo D，et al. Object tracking based on harmony search：comparative study[J]. Journal of Electronic Imaging，2012，21（4）：043001.

[102] Nguyen H T，Bhanu B. Real-time pedestrian tracking with bacterial foraging optimization[C]. 2012 IEEE Ninth International Conference on Advanced Video and Signal-Based Surveillance，IEEE，2012：37-42.

[103] Gao M L，He X H，Luo D S，et al. Object tracking using firefly algorithm[J]. IET Computer Vision，2013，7（4）：227-237.

[104] Ljouad T，Amine A，Rziza M. A hybrid mobile object tracker based on the modified Cuckoo Search algorithm and the Kalman Filter[J]. Pattern Recognition，2014，47（11）：3597-3613.

[105] Walia G S，Kapoor R. Intelligent video target tracking using an evolutionary particle filter based upon improved cuckoo search[J]. Expert Systems with Applications，2014，41（14）：6315-6326.

[106] Gao M L，Yin L J，Zou G F，et al. Visual tracking method based on cuckoo search algorithm[J]. Optical Engineering，2015，54（7）：073105.

[107] Gao M L，Shen J，Yin L J，et al. A novel visual tracking method using bat algorithm[J]. Neurocomputing，2016（177）：612-619.

[108] Gao M L，Zang Y R，Shen J，et al. Visual tracking based on flower pollination algorithm[C]. 2016 35th Chinese Control Conference（CCC），IEEE，2016：3866-3868.

[109] Wang F，Lin B，Li X. An ant particle filter for visual tracking[C]. Computer and Information Science（ICIS），IEEE/ACIS 16th International Conference，2017：417-422.

[110] Misra R，Ray K S. Object Tracking based on Quantum Particle Swarm Optimization[C]. 2017 Ninth International Conference on Advances in Pattern Recognition（ICAPR），IEEE，2017：1-6.

[111] Zhang H，Zhang X，Wang Y，et al. Extended cuckoo search-based kernel correlation filter for abrupt motion tracking[J]. IET Computer Vision，2018，12（6）：763-769.

[112] Zhang H，Zhang X，Qian X，et al. A Novel Visual Tracking Method Based on Moth-Flame Optimization Algorithm[C]. Chinese Conference on Pattern Recognition and Computer Vision（PRCV），Springer，Cham，2018：284-294.

[113] Wolpert D H，Macready W G. No free lunch theorems for optimization[J]. IEEE transactions on evolutionary computation，1997，1（1）：67-82.

[114] Blum C，Roli A. Hybrid metaheuristics：an introduction[M]. Hybrid Metaheuristics. Springer，Berlin，Heidelberg，2008：1-30.

[115] Skoullis V I，Tassopoulos I X，Beligiannis G N. Solving the high school timetabling problem using a hybrid cat swarm optimization based algorithm[J]. Applied Soft Computing，2017（52）：277-289.

[116] Li Z，Wang W，Yan Y，et al. PS-ABC：A hybrid algorithm based on particle swarm and artificial bee colony for high-dimensional optimization problems[J]. Expert Systems with Applications，2015，42（22）：8881-8895.

[117] Nasir A N K，Tokhi M O. Novel metaheuristic hybrid spiral-dynamic bacteria-chemotaxis algorithms for global optimisation[J]. Applied Soft Computing，2015（27）：357-375.

[118] Lopez-Garcia P，Onieva E，Osaba E，et al. GACE：A meta-heuristic based in the hybridization of Genetic Algorithms and Cross Entropy methods for continuous optimization[J]. Expert Systems with Applications，2016（55）：508-519.

[119] Ali M Z，Awad N H，Suganthan P N，et al. A novel hybrid Cultural Algorithms framework with trajectory-based search for global numerical optimization[J]. Information Sciences，2016（334）：219-249.

[120] Zhong F，Li H，Zhong S. A modified ABC algorithm based on improved-global-best-guided approach and adaptive-limit strategy for global optimization[J]. Applied Soft Computing，2016（46）：469-486.

[121] Beigvand S D，Abdi H，La Scala M. Hybrid gravitational search algorithm-particle swarm optimization with time varying acceleration coefficients for large scale CHPED problem[J]. Energy，2017（126）：841-853.

[122] Chen J，Zhen Y，Yang D. Fast moving object tracking algorithm based on hybrid quantum PSO[J]. Wseas transactions on computers, 2013, 12(10)：375-383.

[123] Nenavath H，Jatoth R K. Hybrid SCA-TLBO：a novel optimization algorithm for global optimization and visual tracking[J]. Neural Computing and Applications，2019, 31(9): 5497-5526.

[124] Nenavath H，Jatoth R K，Das S. A synergy of the sine-cosine algorithm and particle swarm optimizer for improved global optimization and object tracking[J]. Swarm and evolutionary computation，2018（43）：1-30.

[125] Nenavath H，Jatoth R K. Hybridizing sine cosine algorithm with differential evolution for global optimization and object tracking[J]. Applied Soft Computing，2018（62）：1019-1043.

[126] Zhang H，Zhang J，Wu Q，et al. Extended kernel correlation filter for abrupt motion tracking[J]. KSII Transactions on Internet & Information Systems，2017，11（9）.

[127] Zhang H，Zhang X，Wang Y，et al. Extended cuckoo search-based kernel correlation filter for abrupt motion tracking[J]. IET Computer Vision，2018，12（6）：763-769.
[128] Xu F，Hu H，Wang C，et al. A visual tracking framework based on differential evolution algorithm[C]. Seventh International Conference on Information Science & Technology，2017.
[129] Gao M L，Li L L，Sun X M，et al. Firefly algorithm（FA）based particle filter method for visual tracking[J]. Optik，2015，126（18）：1705-1711.
[130] Gao M L，Li L L，Sun X M，et al. Face tracking based on differential harmony search[J]. IET Computer Vision，2014，9（1）：98-109.
[131] Gao M L，Zang Y R，Zhao S Z，et al. A bat-inspired particle filter for visual tracking[C]. 2016 Chinese Control and Decision Conference（CCDC），IEEE，2016：3810-3815.
[132] Hua W，Mu D，Guo D，et al. Visual tracking based on stacked Denoising Autoencoder network with genetic algorithm optimization[J]. Multimedia Tools and Applications，2018，77(4)：4253-4269.
[133] Lowe D. Object recognition from local scale invariant features[C]. ICCV, 1999, 99(2): 1150-1157.
[134] Bay H，Ess A，Tuytelaars T，et al. Speeded-up robust features（SURF）[J]. Computer Vision and Image Understanding，2008，110（3）：346-359.
[135] Zhou H，Yuan Y，Shi C. Object tracking using SIFT features and mean shift[J]. Computer Vision and Image Understanding，2009，113（3）：345-352.
[136] Tang F，Tao H. Probabilistic object tracking with dynamic attributed relational feature graph[J]. IEEE Transactions on Circuits and Systems for Video Technology，2008，18（8）：1064-1074.
[137] Bertinetto L，Valmadre J，Golodetz S，et al. Staple：Complementary learners for real-time tracking[C]. Proceedings of the IEEE Conference on Computer Vision and Pattern Recognition，2016：1401-1409.
[138] Abdechiri M，Faez K，Amindavar H. Visual object tracking with online weighted chaotic multiple instance learning[J]. Neurocomputing，2017（247）：16-30.
[139] Zhao J，Li Z. Particle filter based on Particle Swarm Optimization resampling for vision tracking[J]. Expert Systems with Applications，2010，37（12）：8910-8914.
[140] Simonyan K，Zisserman A. Very deep convolutional networks for large-scale image recognition[J]. arXiv，2014.
[141] He K，Zhang X，Ren S，et al. Deep residual learning for image recognition[C]. Proceedings of the IEEE Conference on Computer Vision and Pattern Recognition，2016：770-778.
[142] Zhuang B，Wang L，Lu H. Visual tracking via shallow and deep collaborative model[J]. Neurocomputing，2016（218）：61-71.
[143] Ma C，Huang J B，Yang X，et al. Hierarchical convolutional features for visual

tracking[C]. Proceedings of the IEEE International Conference on Computer Vision，2015：3074-3082.

[144] Ma C，Huang J B，Yang X，et al. Robust visual tracking via hierarchical convolutional features[J]. IEEE transactions on pattern analysis and machine intelligence，2018.

[145] Qi Y，Zhang S，Qin L，et al. Hedged deep tracking[C]. Proceedings of the IEEE Conference on Computer Vision and Pattern Recognition，2016：4303-4311.

[146] Chen K，Tao W. Once for all：a two-flow convolutional neural network for visual tracking[J]. IEEE Transactions on Circuits and Systems for Video Technology，2017，28（12）：3377-3386.

[147] Zhang X，Hu W，Xie N，et al. Erratum to：A Robust Tracking System for Low Frame Rate Video[J]. International Journal of Computer Vision，2015，115（3）：305-305.

[148] Kailath T. The divergence and Bhattacharyya distance measures in signal selection[J]. IEEE transactions on communication technology，1967，15（1）：52-60.

[149] Gao M ，Shen J ，Jiang J. Visual tracking using improved flower pollination algorithm[J]. Optik-International Journal for Light and Electron Optics，2018（156）：522-529.

[150] Mirjalili S. SCA：a sine cosine algorithm for solving optimization problems[J]. Knowledge-Based Systems，2016（96）：120-133.

[151] 鲍小丽，贾鹤鸣，郎春博，等. 正余弦优化算法在多阈值图像分割中的应用[J]. 森林工程，2019，35（04）：58-64.

[152] 文涛. 基于正余弦优化和最小二乘支持向量机的气象预测研究[D]. 兰州：兰州大学，2018.

[153] 张哲. 基于正余弦算法的城市土地利用空间的优化配置[J]. 山东农业大学学报：自然科学版，2016（5）：701-704.

[154] Sindhu R，Ngadiran R，Yacob Y M，et al. Sine–cosine algorithm for feature selection with elitism strategy and new updating mechanism[J]. Neural Computing and Applications，2017，28（10）：2947-2958.

[155] Kumar N，Hussain I，Singh B，et al. Single sensor-based MPPT of partially shaded PV system for battery charging by using cauchy and gaussian sine cosine optimization[J]. IEEE Transactions on Energy Conversion，2017，32（3）：983-992.

[156] Guo Y，Xiong G. Fault section location in distribution network by means of sine cosine algorithm[J]. Power System Protection & Control，2017，45（13）：97-101.

[157] 郎春博，贾鹤鸣，邢致恺，等. 基于改进正余弦优化算法的多阈值图像分割[J/OL]. 计算机应用研究：1-7[2019-05-27]. https：//doi. org/10. 19734/j. issn. 1001-3695. 2018. 10. 0779.

[158] 郭文艳，王远，戴芳，等. 基于精英混沌搜索策略的交替正余弦算法[J/OL]. 控制与决策：1-9[2019-05-27]. https：//doi. org/10. 13195/j. kzyjc. 2018. 0006.

[159] 张校非，白艳萍，郝岩，等. 改进的正弦余弦算法在函数优化问题中的研究[J]. 重庆理工大学学报：自然科学版，2017，31（2）：146-152.

[160] Yong L I U，Liang M A．Sine cosine algorithm with nonlinear decreasing conversion parameter[J]．Computer Engineering and Applications，2017，53（2）：1-5.

[161] Li N，Li G，Deng Z L．An improved sine cosine algorithm based on levy flight[C]．Ninth International Conference on Digital Image Processing（ICDIP 2017），International Society for Optics and Photonics，2017，10420：104204R.

[162] Qu C，Zeng Z，Dai J，et al．A modified sine-cosine algorithm based on neighborhood search and greedy levy mutation[J]．Computational Intelligence and Neuroscience，2018：1-19.

[163] Elaziz M A，Oliva D，Xiong S．An improved opposition-based sine cosine algorithm for global optimization[J]．Expert Systems with Applications，2017（90）：484-500.

[164] Črepinšek M，Liu S H，Mernik M．Exploration and exploitation in evolutionary algorithms：A survey[J]．ACM Computing Surveys（CSUR），2013，45（3）：35.

[165] Zhang K，Zhang L，Yang M H．Fast compressive tracking[J]．IEEE transactions on pattern analysis and machine intelligence，2014，36（10）：2002-2015.

[166] Zhang K，Zhang L，Liu Q，et al．Fast visual tracking via dense spatio-temporal context learning[C]．European Conference on Computer Vision，Springer，Cham，2014：127-141.

[167] Wang D，Lu H，Yang M H．Robust visual tracking via least soft-threshold squares[J]．IEEE Transactions on Circuits and Systems for Video Technology，2015，26（9）：1709-1721.

[168] Mueller M，Smith N，Ghanem B．Context-aware correlation filter tracking[C]．Proceedings of the IEEE Conference on Computer Vision and Pattern Recognition，2017：1396-1404.

[169] Li W，Zhang X，Hu W．Contour tracking with abrupt motion[C]．2009 16th IEEE International Conference on Image Processing（ICIP），2009：3593-3596.

[170] Lim M K，Chan C S，Monekosso D N，et al．SwATrack：A Swarm Intelligence-based Abrupt Motion Tracker[C]．MVA，2013：37-40.

[171] Lim M K，Chan C S，Monekosso D，et al．Refined particle swarm intelligence method for abrupt motion tracking[J]．Information Sciences，2014（283）：267-287.

[172] Zhang H，Fu H，Zhou T，et al．Large displacement object tracking via annealed kernel correlation filter[C]．2017 36th Chinese Control Conference（CCC），IEEE，2017：10907-10911.

[173] Hao Z，Zhang X，Yu P，et al．Video object tracing based on particle filter with ant colony optimization[C]．2010 2nd International Conference on Advanced Computer Control，IEEE，2010（3）：232-236.

[174] Mirjalili S．Moth-flame optimization algorithm：A novel nature-inspired heuristic paradigm[J]．Knowledge-Based Systems，2015（89）：228-249.

[175] Yamany W，Fawzy M，Tharwat A，et al．Moth-flame optimization for training multi-layer perceptrons[C]．2015 11th International Computer Engineering Conference（ICENCO），IEEE，2015：267-272.

[176] Zhao H，Zhao H，Guo S．Using GM（1，1）optimized by MFO with rolling mechanism to forecast the electricity consumption of inner mongolia[J]．Applied Sciences，2016，6（1）：20．

[177] Li C，Li S，Liu Y．A least squares support vector machine model optimized by moth-flame optimization algorithm for annual power load forecasting[J]．Applied Intelligence，2016，45（4）：1166-1178．

[178] Trivedi I N，Kumar A，Ranpariya A H，et al．Economic Load Dispatch problem with ramp rate limits and prohibited operating zones solve using Levy flight Moth-Flame optimizer[C]．2016 International Conference on Energy Efficient Technologies for Sustainability（ICEETS），IEEE，2016：442-447．

[179] Zawbaa H M，Emary E，Parv B，et al．Feature selection approach based on moth-flame optimization algorithm[C]．2016 IEEE Congress on Evolutionary Computation（CEC），IEEE，2016：4612-4617．

[180] Li Z，Zhou Y，Zhang S，et al．Lévy-flight moth-flame algorithm for function optimization and engineering design problems[J]．Mathematical Problems in Engineering，2016．

[181] Jangir N，Pandya M H，Trivedi I N，et al．Moth-Flame Optimization algorithm for solving real challenging constrained engineering optimization problems[C]．2016 IEEE Students' Conference on Electrical，Electronics and Computer Science（SCEECS），2016：1-5．

[182] Nanda S J．Multi-objective moth flame optimization[C]．2016 International Conference on Advances in Computing，Communications and Informatics（ICACCI），IEEE，2016：2470-2476．

[183] Allam D，Yousri D A，Eteiba M B．Parameters extraction of the three diode model for the multi-crystalline solar cell/module using Moth-Flame Optimization Algorithm[J]．Energy Conversion and Management，2016（123）：535-548．

[184] Metwally A S，Hosam E，Hassan M M，et al．WAP：A novel automatic test generation technique based on moth flame optimization[C]．2016 IEEE 27th International Symposium on Software Reliability Engineering（ISSRE），2016：59-64．

[185] 崔东文．飞蛾火焰优化算法-投影寻踪回归模型在需水预测中的应用[J]．华北水利水电大学学报：自然科学版，2017（2）：6．

[186] 吴伟民，李泽熊，林志毅，等．飞蛾纵横交叉混沌捕焰优化算法[J]．计算机工程与应用，2018，54（3）：136-141．

[187] 包义钊，殷保群，曹杰，等．基于飞蛾-烛火优化算法的贝叶斯网络结构学习[J]．计算机工程，2018，44（1）：187-192．

[188] 王子琪，陈金富，张国芳，等．基于飞蛾扑火优化算法的电力系统最优潮流计算[J]．电网技术，2017，41（11）：3641-3647．

[189] Porikli F，Tuzel O．Object tracking in low-frame-rate video[C]．Image and Video

Communications and Processing 2005，International Society for Optics and Photonics，2005(5685)：72-80.

[190] Bai Y，Tang M. Robust visual tracking via augmented kernel SVM[J]. Image and Vision Computing，2014，32（8）：465-475.

[191] Su Y，Zhao Q，Zhao L，et al. Abrupt motion tracking using a visual saliency embedded particle filter[J]. Pattern Recognition，2014，47（5）：1826-1834.

[192] Dhivya M，Sundarambal M，Anand L N. Energy efficient computation of data fusion in wireless sensor networks using cuckoo based particle approach（CBPA）[J]. International Journal of Communications，Network and System Sciences，2011，4（04）：249.

[193] Naik M K，Panda R. A novel adaptive cuckoo search algorithm for intrinsic discriminant analysis based face recognition[J]. Applied Soft Computing，2016（38）：661-675.

[194] Gandomi A H，Yang X S，Alavi A H. Cuckoo search algorithm：a metaheuristic approach to solve structural optimization problems[J]. Engineering with Computers，2013，29（1）：17-35.

[195] Tiwari V. Face recognition based on cuckoo search algorithm[J]. Image，2012，7（8）：9.

[196] Zhao H，Jiang Y，Wang T，et al. A method based on the adaptive cuckoo search algorithm for endmember extraction from hyperspectral remote sensing images[J]. Remote Sensing Letters，2016，7（3）：289-297.

[197] Jaime-Leal J E，Bonilla-Petriciolet A，Bhargava V，et al. Nonlinear parameter estimation of e-NRTL model for quaternary ammonium ionic liquids using Cuckoo Search[J]. Chemical Engineering Research and Design，2015（93）：464-472.

[198] 刘长平，叶春明. 求解置换流水车间调度问题的布谷鸟算法[J]. 上海理工大学学报，2013（1）：17-20.

[199] Lim W C E，Kanagaraj G，Ponnambalam S G. PCB drill path optimization by combinatorial cuckoo search algorithm[J]. The Scientific World Journal，2014.

[200] 王凡，贺兴时，王燕，等. 基于 CS 算法的 Markov 模型及收敛性分析[J]. 计算机工程，2012, 38(11)：180-182+185.

[201] Gao F，Lee X J，Tong H，et al. Identification of unknown parameters and orders via cuckoo search oriented statistically by differential evolution for noncommensurate fractional-order chaotic systems[C]. Abstract and Applied Analysis，Hindawi，2013.

[202] 吴炅，周健勇. 整数规划的布谷鸟算法[J]. 数学理论与应用，2013, 33(3)：99-106.

[203] Kaveh A，Bakhshpoori T，Azimi M. Seismic optimal design of 3D steel frames using cuckoo search algorithm[J]. The Structural Design of Tall and Special Buildings，2015，24（3）：210-227.

[204] Marichelvam M K，Prabaharan T，Yang X S. Improved cuckoo search algorithm for hybrid flow shop scheduling problems to minimize makespan[J]. Applied Soft Computing，2014（19）：93-101.

[205] Wang F，Luo L，He X，et al. Hybrid optimization algorithm of PSO and Cuckoo Search[C]. 2011 2nd International Conference on Artificial Intelligence，Management Science and Electronic Commerce（AIMSEC），IEEE，2011：1172-1175.

[206] Layeb A，Boussalia S R. A novel quantum inspired cuckoo search algorithm for bin packing problem[J]. International Journal of Information Technology and Computer Science，2012，4（5）：58-67.

[207] 王李进，尹义龙，钟一文. 逐维改进的布谷鸟搜索算法[J]. 软件学报，2013，24（11）：2687-2698.

[208] 胡欣欣，尹义龙. 求解连续函数优化问题的合作协同进化布谷鸟搜索算法[J]. 模式识别与人工智能，2013, 26(11)：1041-1048.

[209] 王凡，贺兴时，王燕. 基于高斯扰动的布谷鸟搜索算法[J]. 西安工程大学学报，2011，25(4)：566-569.

[210] Brown C T，Liebovitch L S，Glendon R. Lévy flights in Dobe Ju/'hoansi foraging patterns[J]. Human Ecology，2007，35（1）：129-138.

[211] Reynolds A M，Frye M A. Free-flight odor tracking in Drosophila is consistent with an optimal intermittent scale-free search[J]. PloS One，2007，2（4）：e354.

[212] Pavlyukevich I. Lévy flights，non-local search and simulated annealing[J]. Journal of Computational Physics，2007，226（2）：1830-1844.

[213] Pavlyukevich I. Cooling down Lévy flights[J]. Journal of Physics A：Mathematical and Theoretical，2007，40（41）：12299.

[214] Nelder J A，Mead R. A simplex method for function minimization[J]. The Computer Journal，1965，7（4）：308-313.

[215] Yang X S，Deb S. Cuckoo search via Lévy flights[C]. 2009 World Congress on Nature & Biologically Inspired Computing（NaBIC），IEEE，2009：210-214.

[216] Li Y，Zhu J，Hoi S C H. Reliable patch trackers：Robust visual tracking by exploiting reliable patches[C]. Proceedings of the IEEE Conference on Computer Vision and Pattern Recognition，2015：353-361.

[217] Saremi S，Mirjalili S，Lewis A. Grasshopper optimisation algorithm：theory and application[J]. Advances in Engineering Software，2017（105）：30-47.

[218] Elmi Z，Efe M Ö. Multi-objective grasshopper optimization algorithm for robot path planning in static environments[C]. 2018 IEEE International Conference on Industrial Technology（ICIT），2018：244-249.

[219] Rajput N，Chaudhary V，Dubey H M，et al. Optimal generation scheduling of thermal System using biologically inspired grasshopper algorithm[C]. 2017 2nd International Conference on Telecommunication and Networks（TEL-NET），2017：1-6.

[220] Zhang X，Miao Q，Zhang H，et al. A parameter-adaptive VMD method based on grasshopper

optimization algorithm to analyze vibration signals from rotating machinery[J]. Mechanical Systems and Signal Processing，2018（108）：58-72.

[221] Mirjalili S Z，Mirjalili S，Saremi S，et al. Grasshopper optimization algorithm for multi-objective optimization problems[J]. Applied Intelligence，2018，48（4）：805-820.

[222] Liu J，Wang A，Qu Y，et al. Coordinated operation of multi-integrated energy system based on linear weighted sum and grasshopper optimization algorithm[J]. IEEE Access，2018（6）：42186-42195.

[223] 崔东文，郭荣. 基于 GOA-PP 模型的区域水资源红黄绿分区管理识别[J]. 华北水利水电大学学报：自然科学版，2018（1）：12.

[224] 张育凡. 基于蚱蜢优化和最小二乘支持向量机的电力负荷预测研究[D]. 兰州：兰州大学，2018.

[225] Tumuluru P，Ravi B. GOA-based DBN：Grasshopper Optimization Algorithm-based Deep Belief Neural Networks for Cancer Classification[J]. Int. J. of Appl. Eng. Research，2017（12）：14218-14231.

[226] Wu J，Wang H，Li N，et al. Distributed trajectory optimization for multiple solar-powered UAVs target tracking in urban environment by Adaptive Grasshopper Optimization Algorithm[J]. Aerospace Science and Technology，2017（70）：497-510.

[227] Arora S，Anand P. Chaotic grasshopper optimization algorithm for global optimization[J]. Neural Computing and Applications，2018：1-21.

[228] Ewees A A，Elaziz M A，Houssein E H. Improved grasshopper optimization algorithm using opposition-based learning[J]. Expert Systems with Applications，2018（112）：156-172.

[229] Rogers S M，Matheson T，Despland E，et al. Mechanosensory-induced behavioural gregarization in the desert locust Schistocerca gregaria[J]. Journal of Experimental Biology，2003，206（22）：3991-4002.

[230] Lewis A. LoCost：a spatial social network algorithm for multi-objective optimisation[C]. 2009 IEEE Congress on Evolutionary Computation，2009：2866-2870.

[231] Emary E，Zawbaa H M，Hassanien A E. Binary ant lion approaches for feature selection[J]. Neurocomputing，2016（213）：54-65.

[232] Yao P，Wang H. Dynamic Adaptive Ant Lion Optimizer applied to route planning for unmanned aerial vehicle[J]. Soft Computing，2017，21（18）：5475-5488.

[233] 崔东文，王宗斌. 基于 ALO-ENN 算法的洪灾评估模型及应用[J]. 人民珠江，2016，37（5）：44-50.

[234] Reddy K S，Panwar L K，Panigrahi B K，et al. A New Binary Variant of Sine-Cosine Algorithm：Development and Application to Solve Profit-Based Unit Commitment Problem[J]. Arabian Journal for Science and Engineering，2018，43（8）：4041-4056.

[235] Pasandideh S H R，Khalilpourazari S. Sine Cosine Crow Search Algorithm：A powerful hybrid

meta heuristic for global optimization[J]. arXiv，2018.

[236] Singh N， Singh S B. A novel hybrid GWO-SCA approach for optimization problems[J]. Engineering Science and Technology，an International Journal，2017，20（6）：1586-1601.

[237] Chen K，Zhou F，Yin L，et al. A hybrid particle swarm optimizer with sine cosine acceleration coefficients[J]. Information Sciences，2018（422）：218-241.

[238] Zhang J，Zhou Y，Luo Q. An improved sine cosine water wave optimization algorithm for global optimization[J]. Journal of Intelligent & Fuzzy Systems，2018，34（4）：2129-2141.

[239] Khalilpourazari S，Khalilpourazary S. SCWOA：an efficient hybrid algorithm for parameter optimization of multi-pass milling process[J]. Journal of Industrial and Production Engineering，2018，35（3）：135-147.

[240] 赵世杰，高雷阜，于冬梅，等. 带混沌侦查机制的蚁狮优化算法优化 SVM 参数[J]. 计算机科学与探索，2016，10（5）：722-731.

[241] 栗然，张凡，靳保源，等. 基于改进蚁狮算法的电力系统最优潮流计算[J]. 电力科学与工程，2017：15-22.

[242] 景坤雷，赵小国，张新雨，等. 具有 Levy 变异和精英自适应竞争机制的蚁狮优化算法[J]. 智能系统学报，2018，13（2）：236-242.

[243] 吴伟民，张晶晶，林志毅，等. 双重反馈机制的蚁狮算法[J]. 计算机工程与应用，2017，53（12）：31-35.

[244] 李宗妮，吴伟民，林志毅. 一种采用改进蚁狮优化算法的图像增强方法[J]. 计算机应用研究，2018（4）：1258-1260，1265.

[245] Mafarja M M，Mirjalili S. Hybrid Whale Optimization Algorithm with simulated annealing for feature selection[J]. Neurocomputing，2017（260）：302-312.

[246] Tawhid M A，Ali A F. A Hybrid grey wolf optimizer and genetic algorithm for minimizing potential energy function[J]. Memetic Computing，2017，9（4）：347-359.

[247] Singh N，Singh S B. Hybrid algorithm of particle swarm optimization and grey wolf optimizer for improving convergence performance[J]. Journal of Applied Mathematics，2017：1-15.

[248] Mostafa A，Hassanien A E，Houseni M，et al. Liver segmentation in MRI images based on whale optimization algorithm[J]. Multimedia Tools and Applications，2017，76（23）：24931-24954.

[249] 沙金霞. 改进鲸鱼算法在多目标水资源优化配置中的应用[J]. 水利水电技术，2018，49（04）：18-26.

[250] 闫旭，叶春明. 混合随机量子鲸鱼优化算法求解 TSP 问题[J]. 微电子学与计算机，2018，35（08）：1-5，10.

[251] Sayed G I，Darwish A，Hassanien A E. A new chaotic whale optimization algorithm for features selection[J]. Journal of Classification，2018，35（2）：300-344.

[252] Abdel-Basset M，Manogaran G，El-Shahat D，et al．A hybrid whale optimization algorithm based on local search strategy for the permutation flow shop scheduling problem[J]．Future Generation Computer Systems，2018（85）：129-145．

[253] 龙文，蔡绍洪，焦建军，等．求解大规模优化问题的改进鲸鱼优化算法[J]．系统工程理论与实践，2017，37（11）：2983-2994．

[254] Ling Y，Zhou Y，Luo Q．Lévy flight trajectory-based whale optimization algorithm for global optimization[J]．IEEE Access，2017（5）：6168-6186．

[255] 郭振洲，王平，马云峰，等．基于自适应权重和柯西变异的鲸鱼优化算法[J]．微电子学与计算机，2017，34（9）：20-25．

[256] 吴成智．一种改进的鲸鱼优化算法[J]．现代计算机，2019（14）：8-13．

[257] 钟明辉，龙文．一种随机调整控制参数的鲸鱼优化算法[J]．科学技术与工程，2017，17（12）：68-73．

[258] Hu H，Bai Y，Xu T．A whale optimization algorithm with inertia weight[J]．WSEAS Trans．Comput，2016（15）：319-326．

[259] 王坚浩，张亮，史超，车飞，丁刚，武杰．基于混沌搜索策略的鲸鱼优化算法[J/OL]．控制与决策：1-8[2019-05-28]．https：//doi．org/10．13195/j．kzyjc．2018．0098．

[260] Differential Evolution - a Simple and Efficient Adaptive Scheme for Global Optimization over Continuous Space．Technical report [R]．International Computer Science Institute，Berkley，1995．

[261] Storn R，Price K．Differential Evolution-a Simple and Efficient Heuristic for Global Optimization over Continuous Spaces [J]．Journal of Global Optimization，1997，11（4）：341-359．

[262] Zhang L，Liu L，Yang X S，et al．A novel hybrid firefly algorithm for global optimization[J]．PloS one，2016，11（9）：e0163230．

[263] Du M，Guan L．Monocular human motion tracking with the DE-MC particle filter[C]．2006 IEEE International Conference on Acoustics Speech and Signal Processing Proceedings，2006（2）：Ⅱ-205-Ⅱ-208．

[264] Wang L，Zou F，Hei X，et al．A hybridization of teaching–learning-based optimization and differential evolution for chaotic time series prediction[J]．Neural Computing and Applications，2014，25（6）：1407-1422．

[265] Wang G G，Gandomi A H，Alavi A H，et al．Hybrid krill herd algorithm with differential evolution for global numerical optimization[J]．Neural Computing and Applications，2014，25（2）：297-308．

[266] Zhu A，Xu C，Li Z，et al．Hybridizing grey wolf optimization with differential evolution for global optimization and test scheduling for 3D stacked SoC[J]．Journal of Systems Engineering and Electronics，2015，26（2）：317-328．

[267] Back T. Evolutionary algorithms in theory and practice：evolution strategies，evolutionary programming，genetic algorithms[M]. Oxford University Press，1996.

[268] Yao X，Liu Y，Lin G. Evolutionary programming made faster[J]. IEEE Transactions on Evolutionary Computation，1999，3（2）：82-102.

[269] Zhu G Y，Zhang W B. Optimal foraging algorithm for global optimization[J]. Applied Soft Computing，2017（51）：294-313.

[270] Zheng Y，Meng Y. Object detection and tracking using Bayes-constrained particle swarm optimization[C]. Proc. of Computer Vision Research Progress，2007.

[271] John V，Trucco E，Ivekovic S. Markerless human articulated tracking using hierarchical particle swarm optimisation[J]. Image and Vision Computing，2010，28（11）：1530-1547.

[272] Hsu C，Dai G T. Multiple object tracking using particle swarm optimization[J]. World Academy of Science，Engineering and Technology，2012（68）：41-44.

[273] Walia G S，Kapoor R. Particle filter based on cuckoo search for non-linear state estimation[C]. 2013 3rd IEEE International Advance Computing Conference（IACC），2013：918-924.

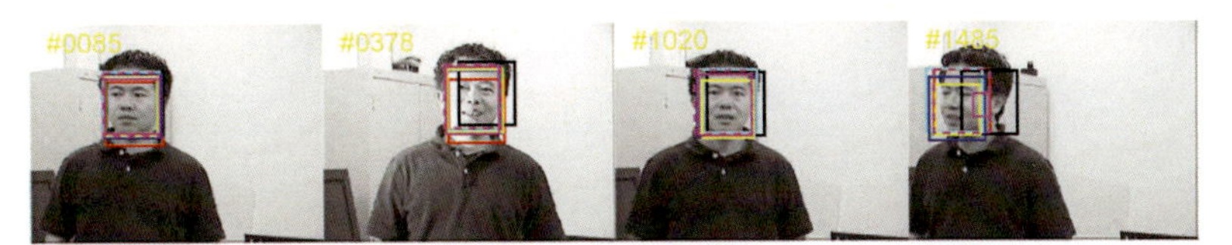


(a) MHYANG

(b) FISH

(c) HUAMN7

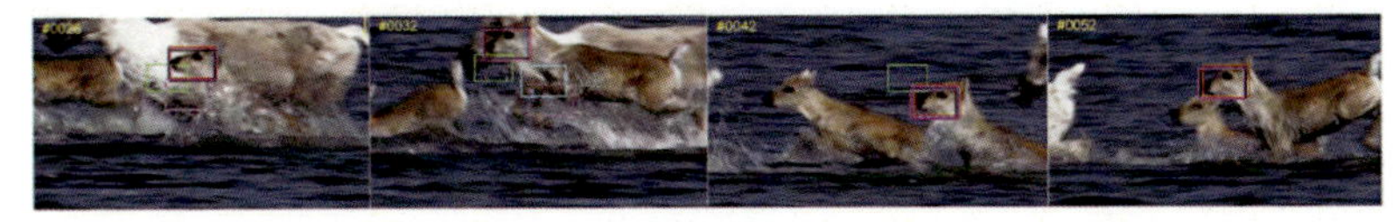

(d) DEER

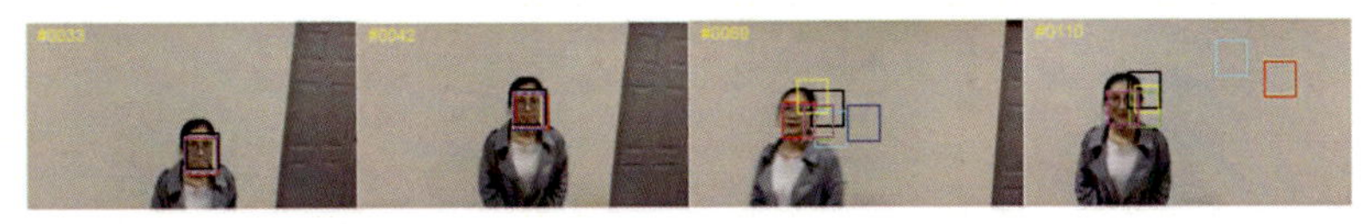

(e) ZXJ

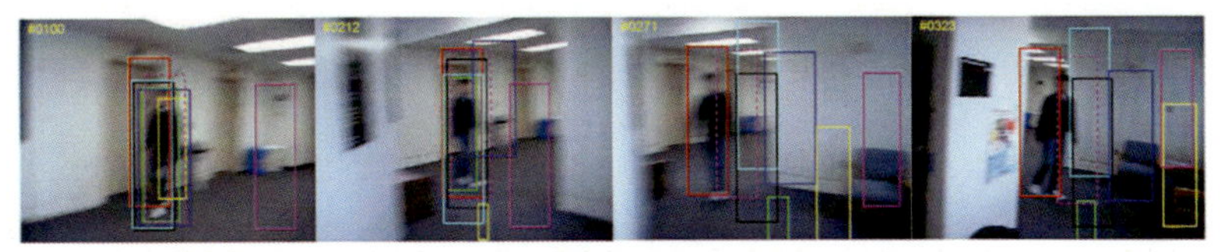

(f) BLURBODY

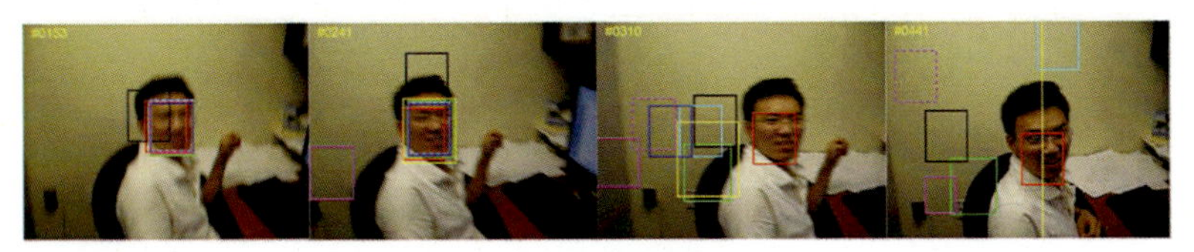

(g) BLURFACE

(h) ZT

SCA　FCT　CSK　LSST
DSST　KCF　STC　CACF

图3.6　部分跟踪结果

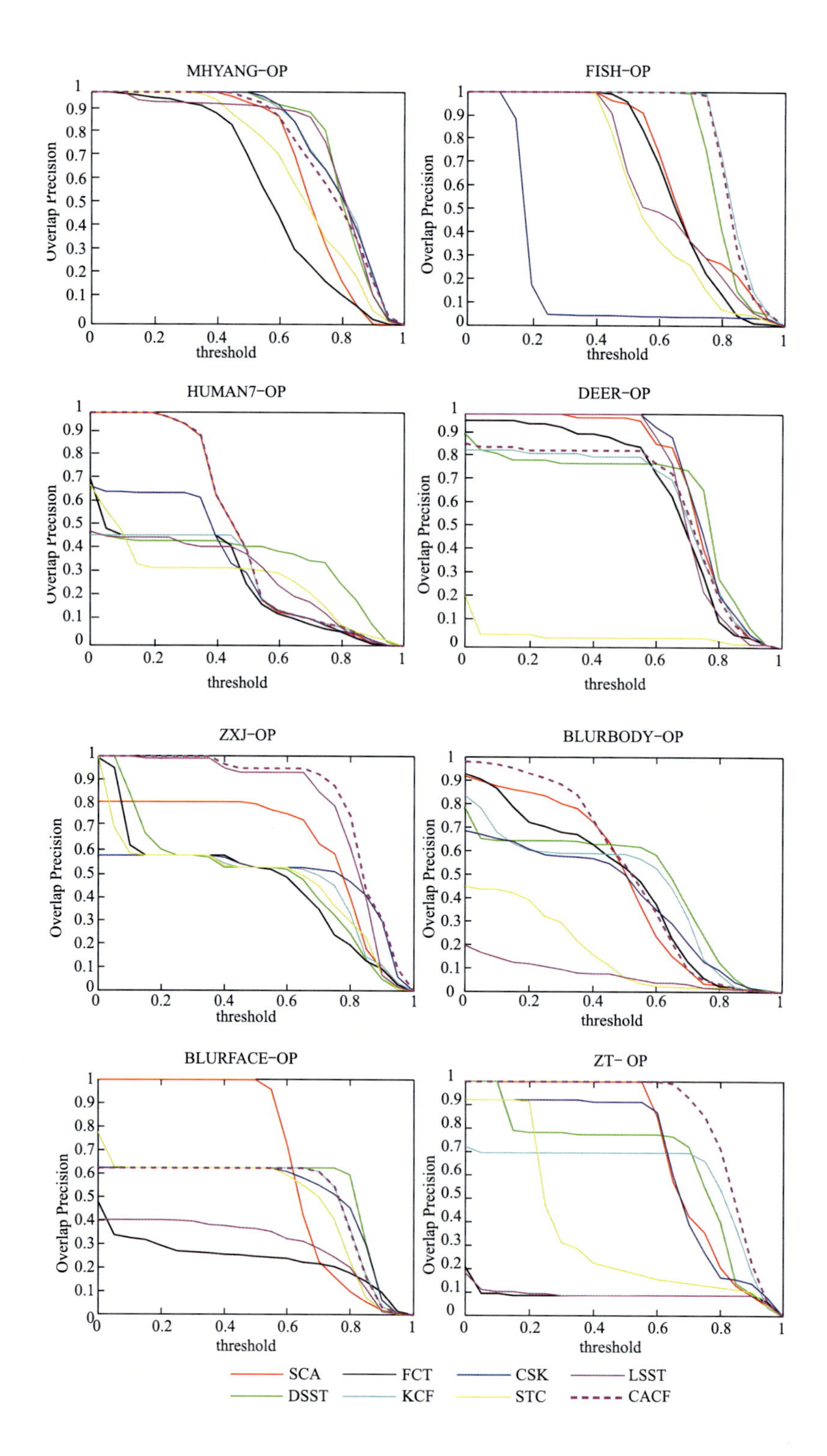
MHYANG-OP
FISH-OP
HUMAN7-OP
DEER-OP
ZXJ-OP
BLURBODY-OP
BLURFACE-OP
ZT- OP
Overlap Precision
threshold
SCA
FCT
CSK
LSST
DSST
KCF
STC
CACF

图3.7　成功率图

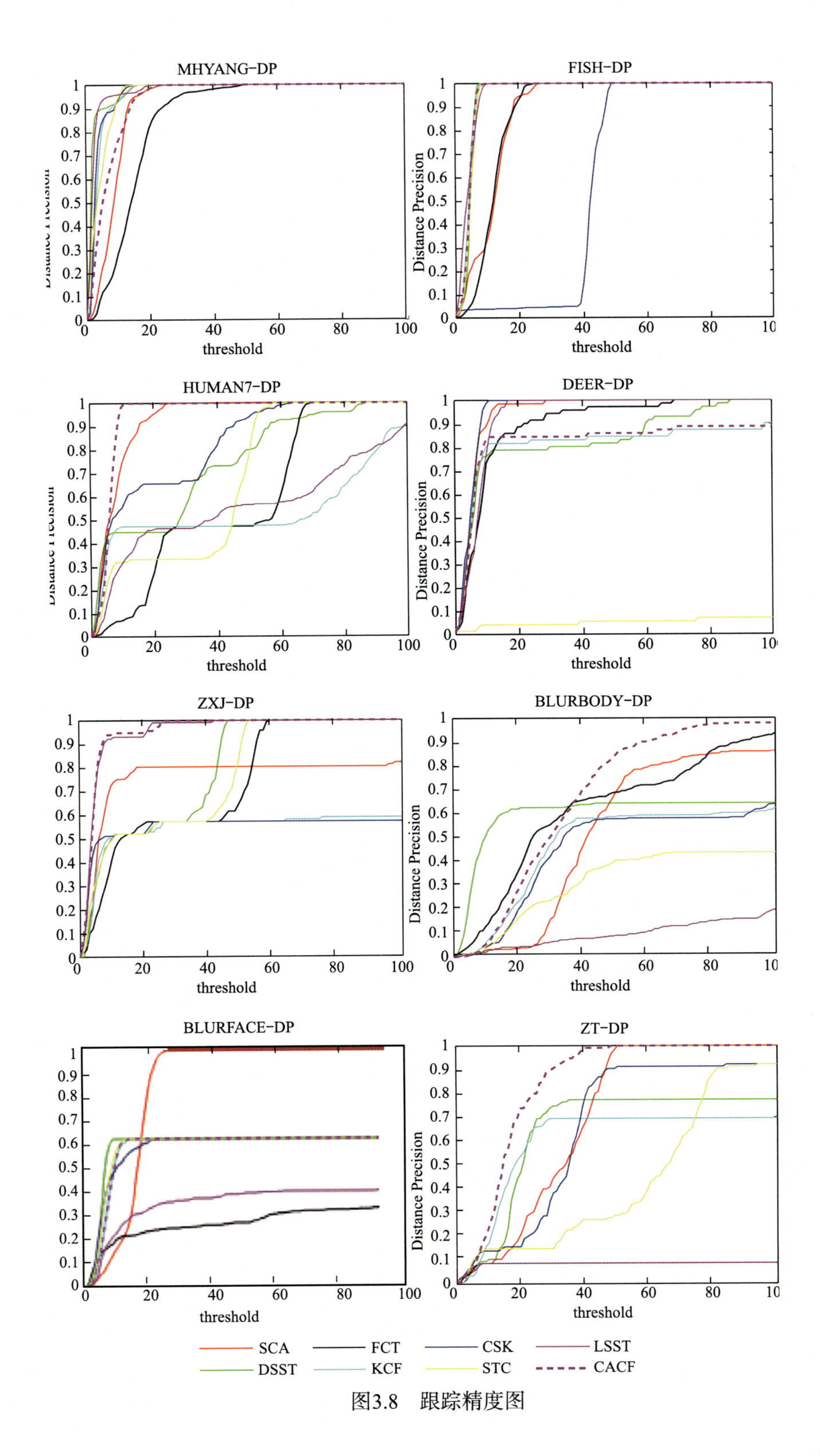
MHYANG-DP
FISH-DP
HUMAN7-DP
DEER-DP
ZXJ-DP
BLURBODY-DP
BLURFACE-DP
ZT-DP
Distance Precision
threshold
SCA
FCT
CSK
LSST
DSST
KCF
STC
CACF

图3.8 跟踪精度图

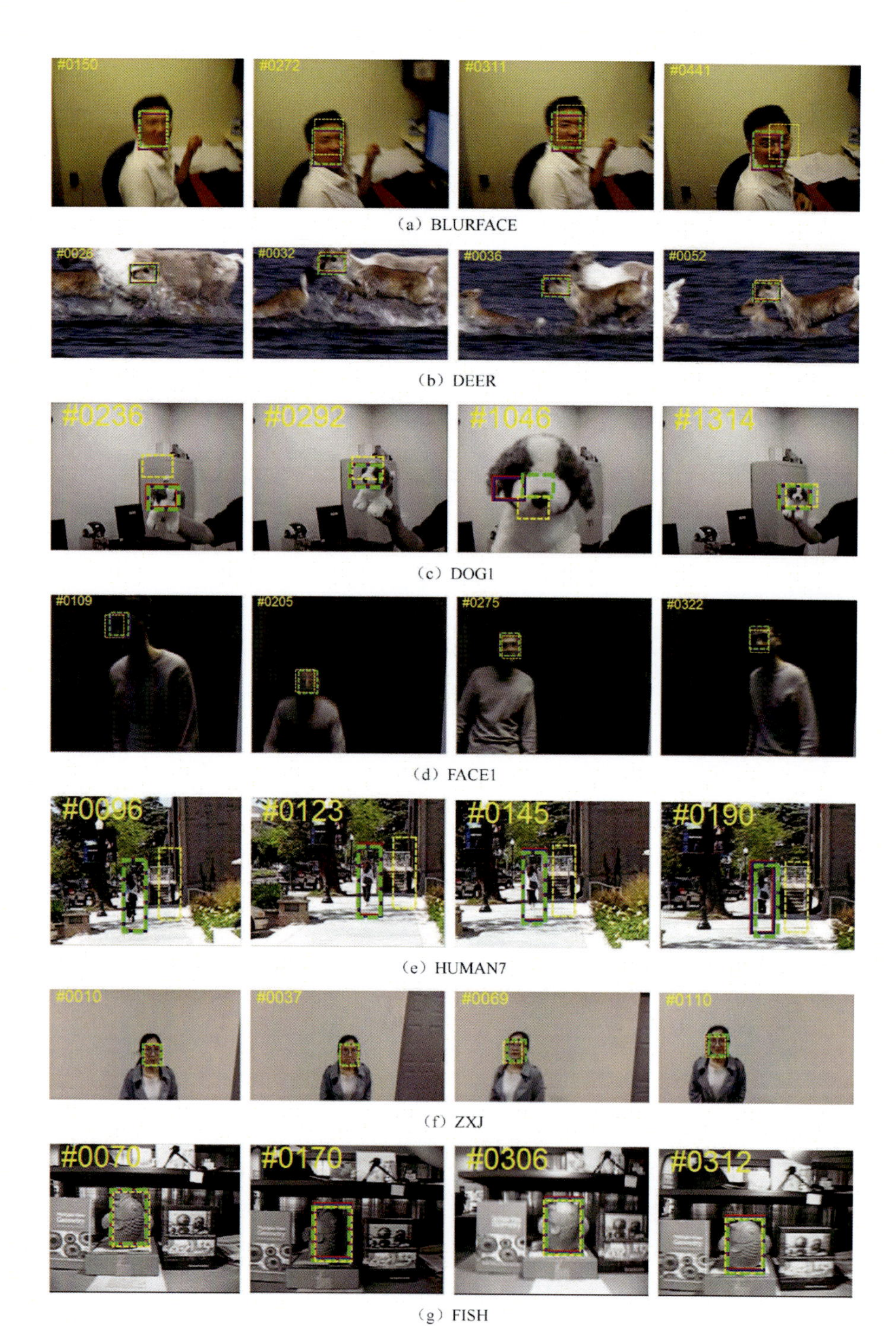
#0150
#0272
#0311
#0441
(a) BLURFACE
#0032
#0036
#0052
(b) DEER
#0236
#0292
#1046
#1314
(c) DOG1
#0109
#0205
#0275
#0322
(d) FACE1
#0123
#0145
#0190
(e) HUMAN7
#0010
#0037
#0069
#0110
(f) ZXJ
#0170
#0306
#0312
(g) FISH

图4.10　部分跟踪结果

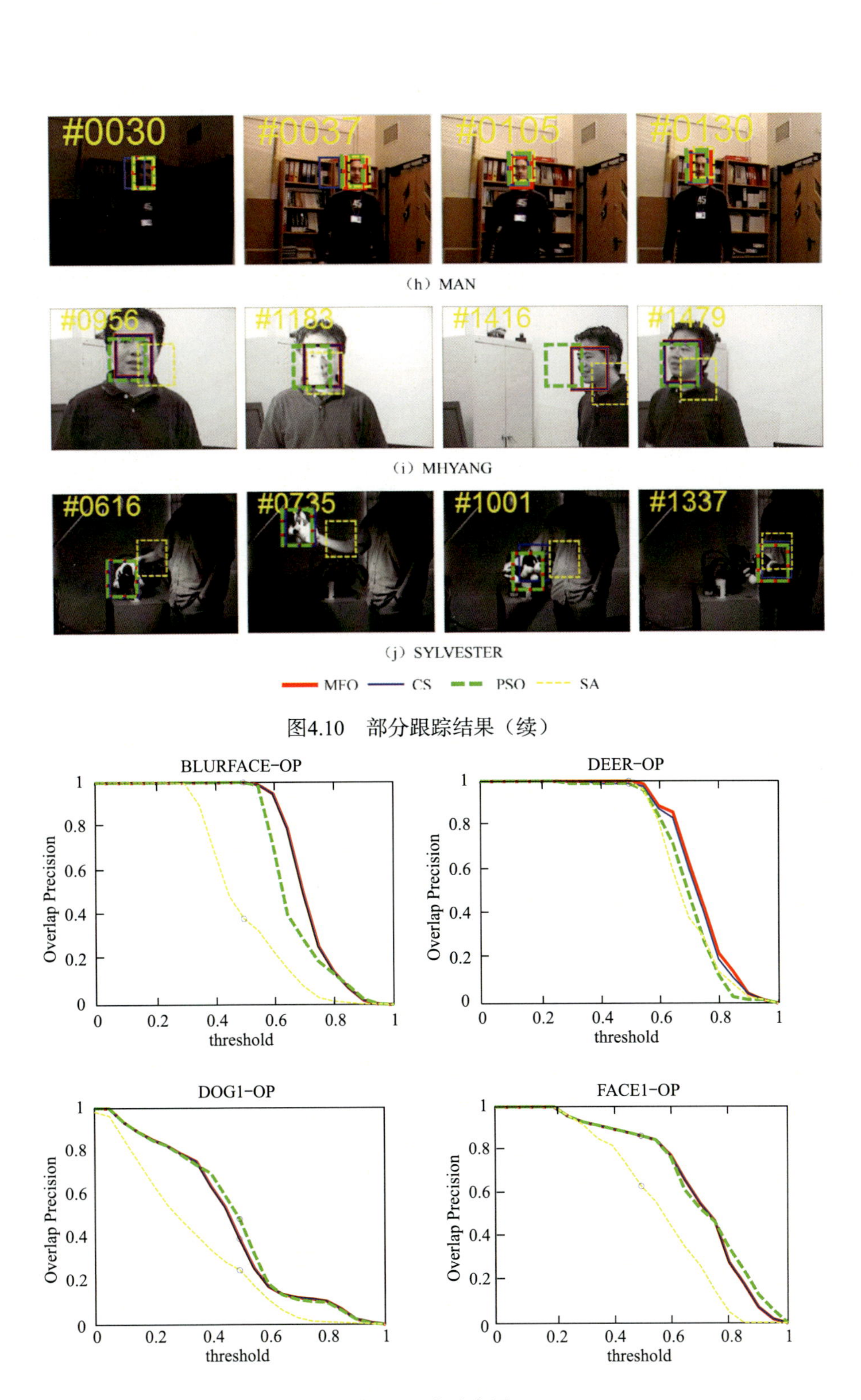


图4.10　部分跟踪结果（续）

图4.11　成功率图

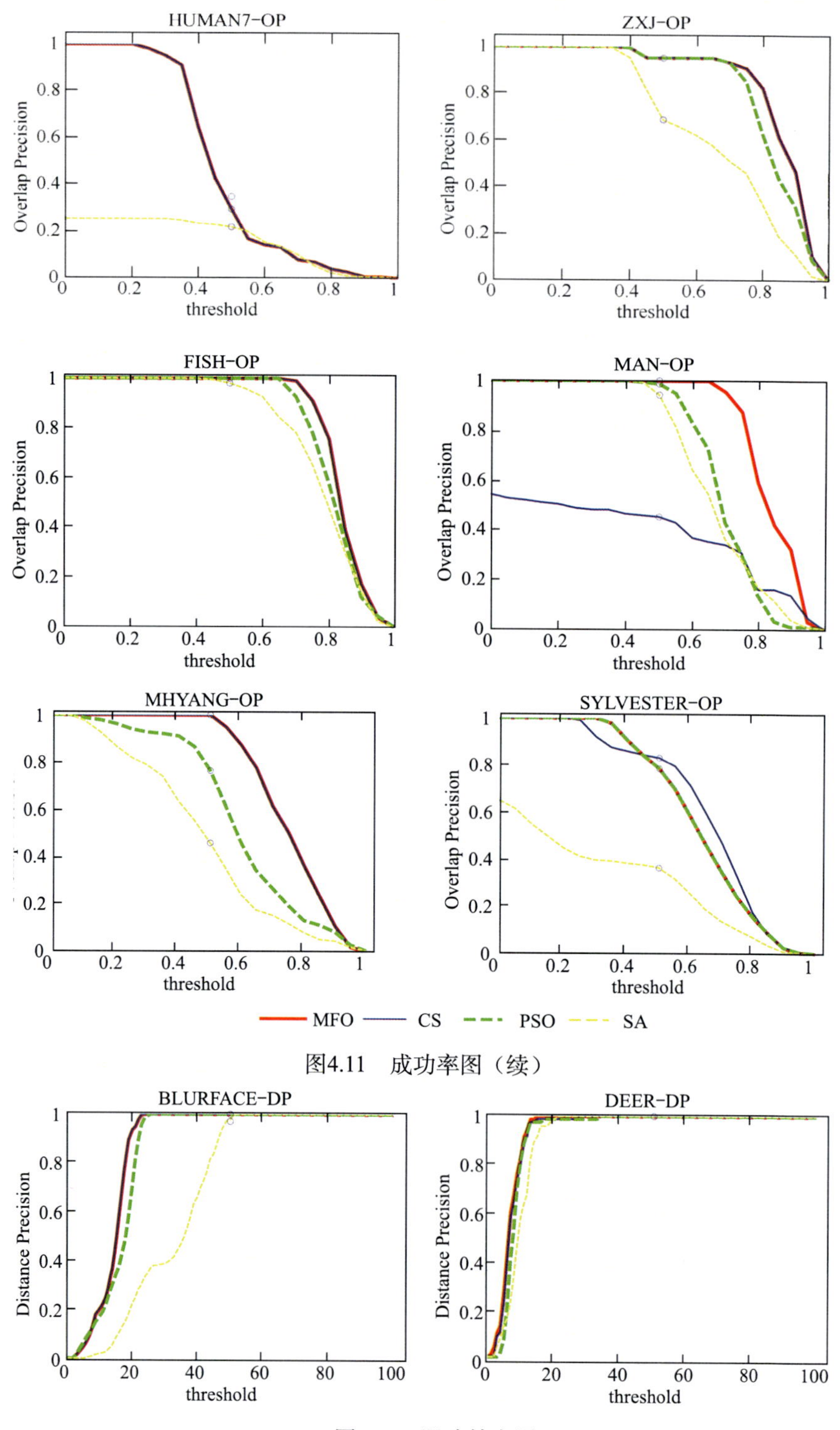


图4.11　成功率图（续）



图4.12　跟踪精度图

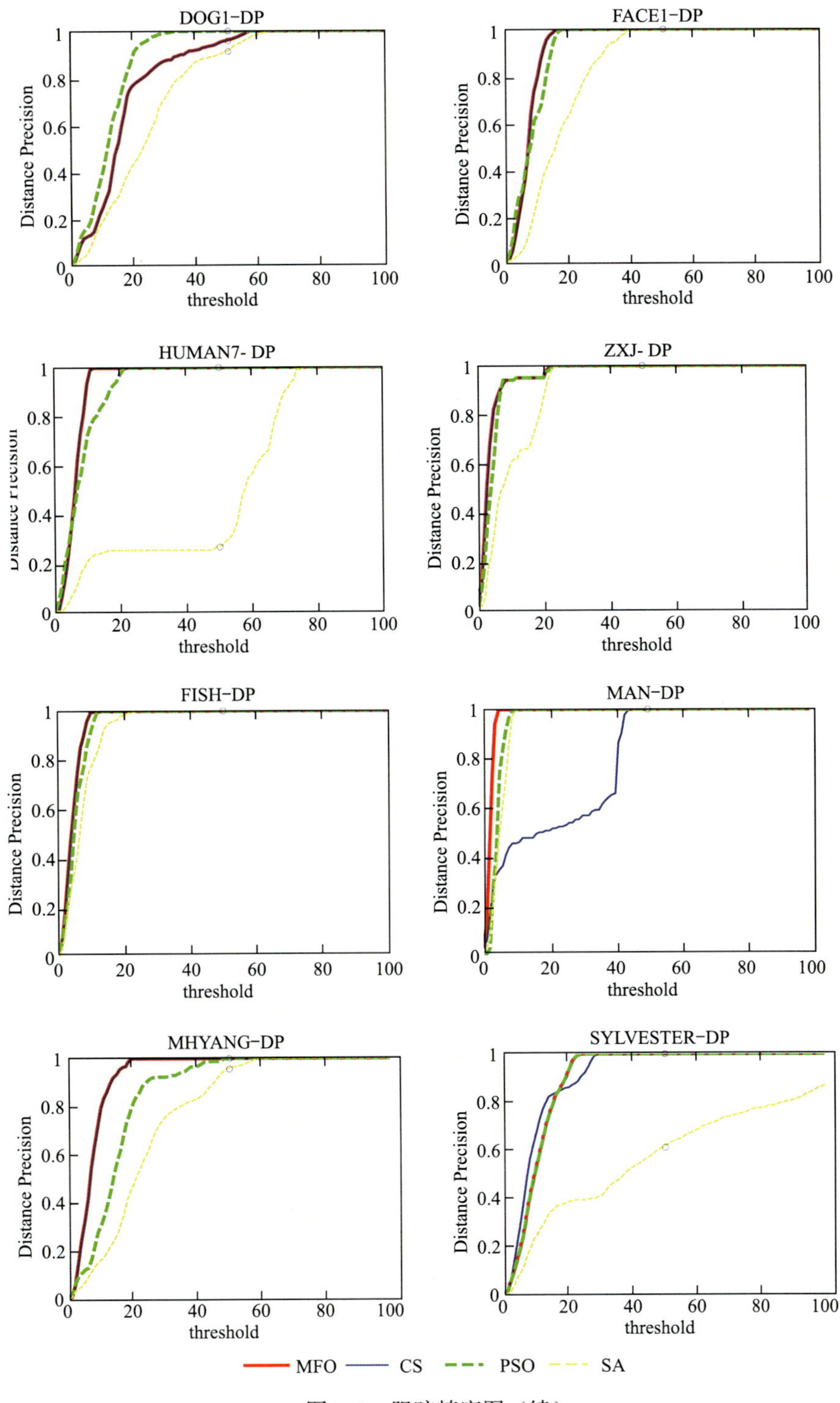
DOG1-DP
FACE1-DP
HUMAN7- DP
ZXJ- DP
FISH-DP
MAN-DP
MHYANG-DP
SYLVESTER-DP
Distance Precision
threshold
MFO
CS
PSO
SA

图4.12 跟踪精度图（续）

（a）FISH

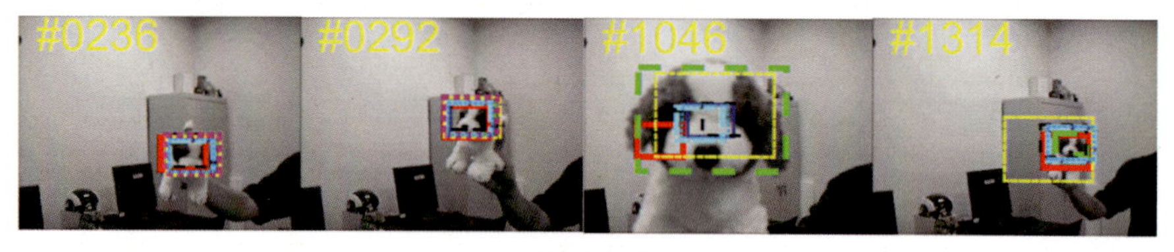


（b）DOG1

（c）JUMPING

图5.5　一般运动组部分跟踪结果

（a）DEER

（b）FACE1

（c）ZXJ

图5.6　大位移运动组部分跟踪结果

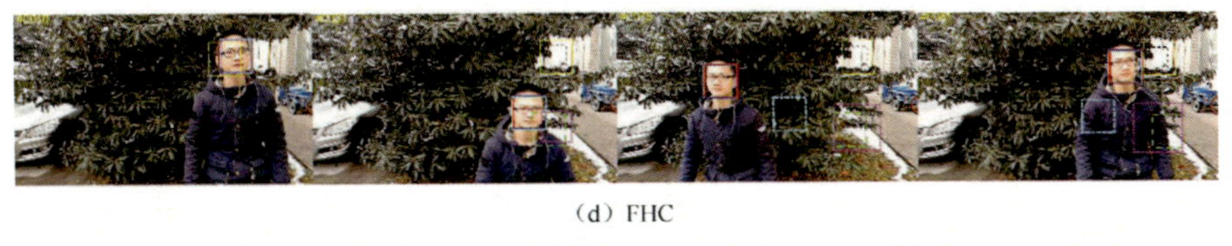

（d）FHC

（e）BLURFACE

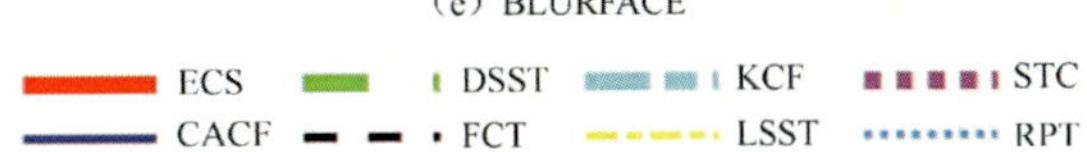


图5.6　大位移运动组部分跟踪结果（续）

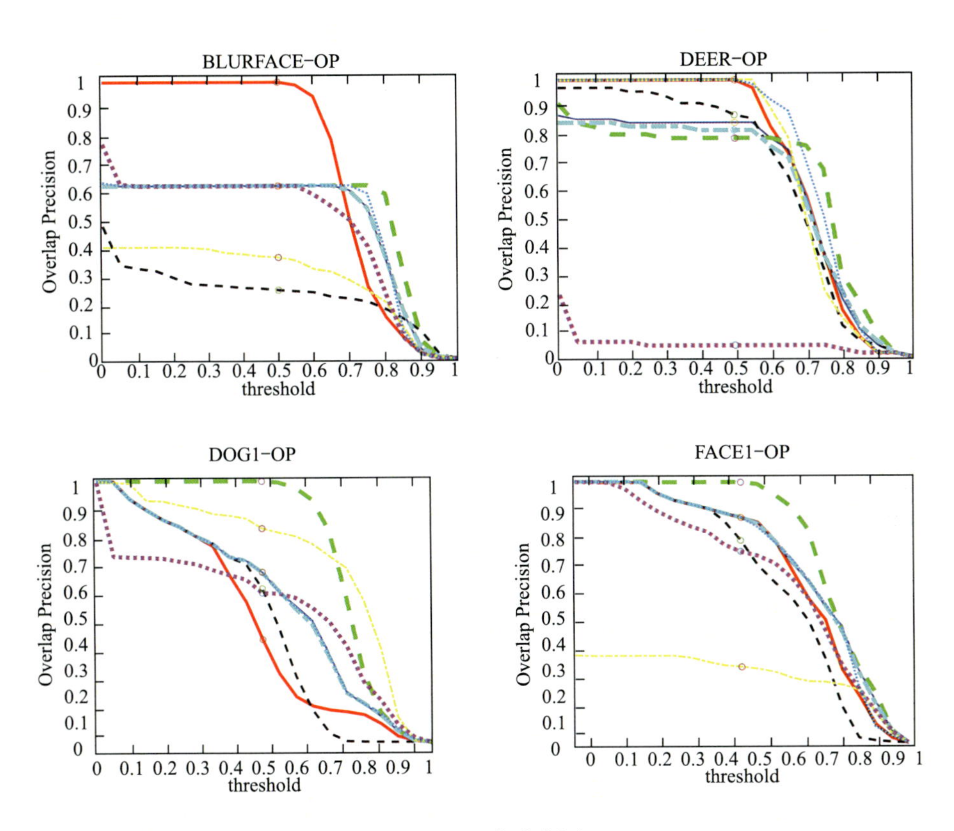


图5.7　成功率图

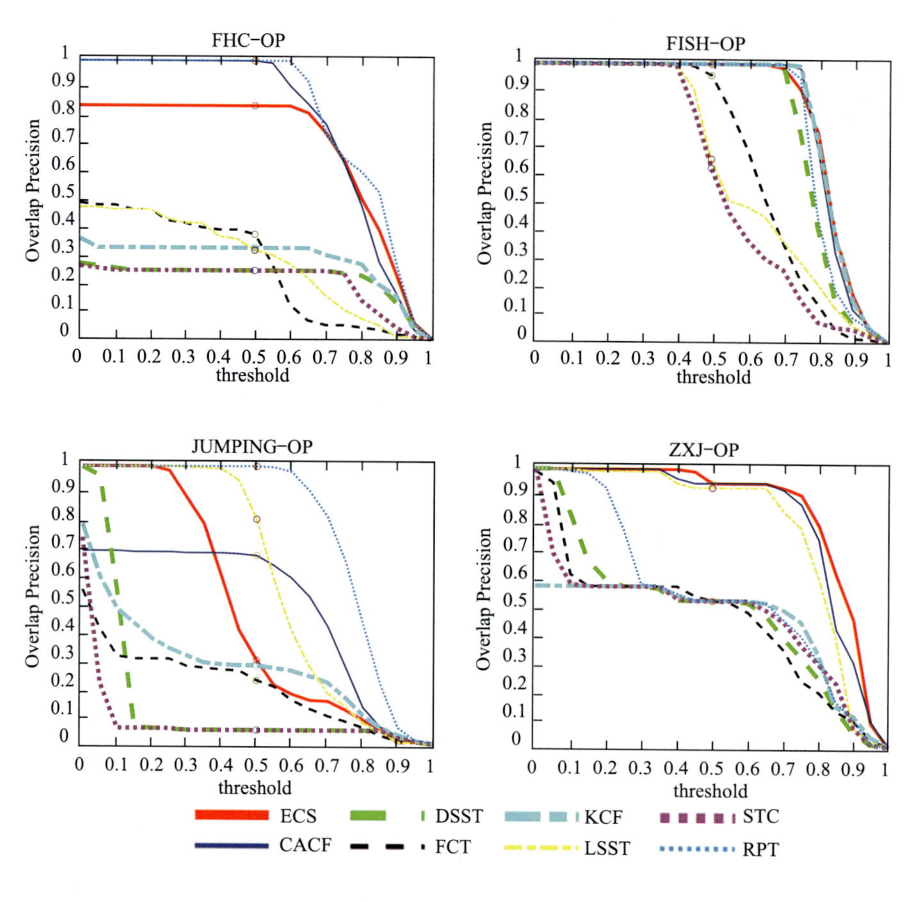


图5.7　成功率图（续）

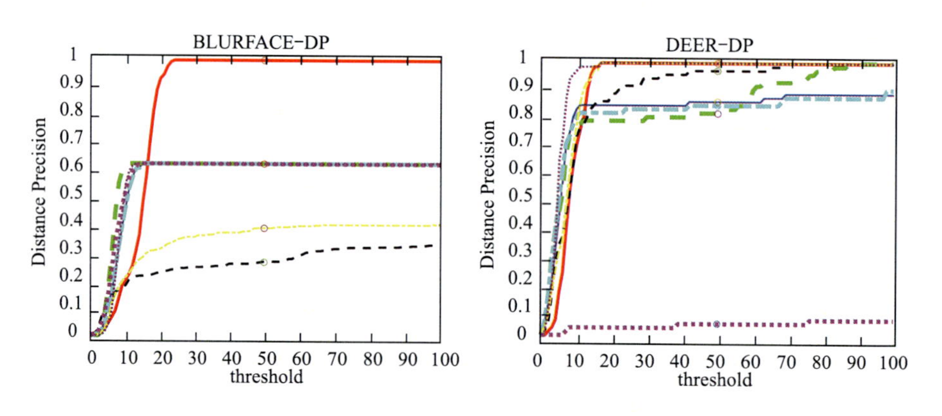


图5.8　跟踪精度图

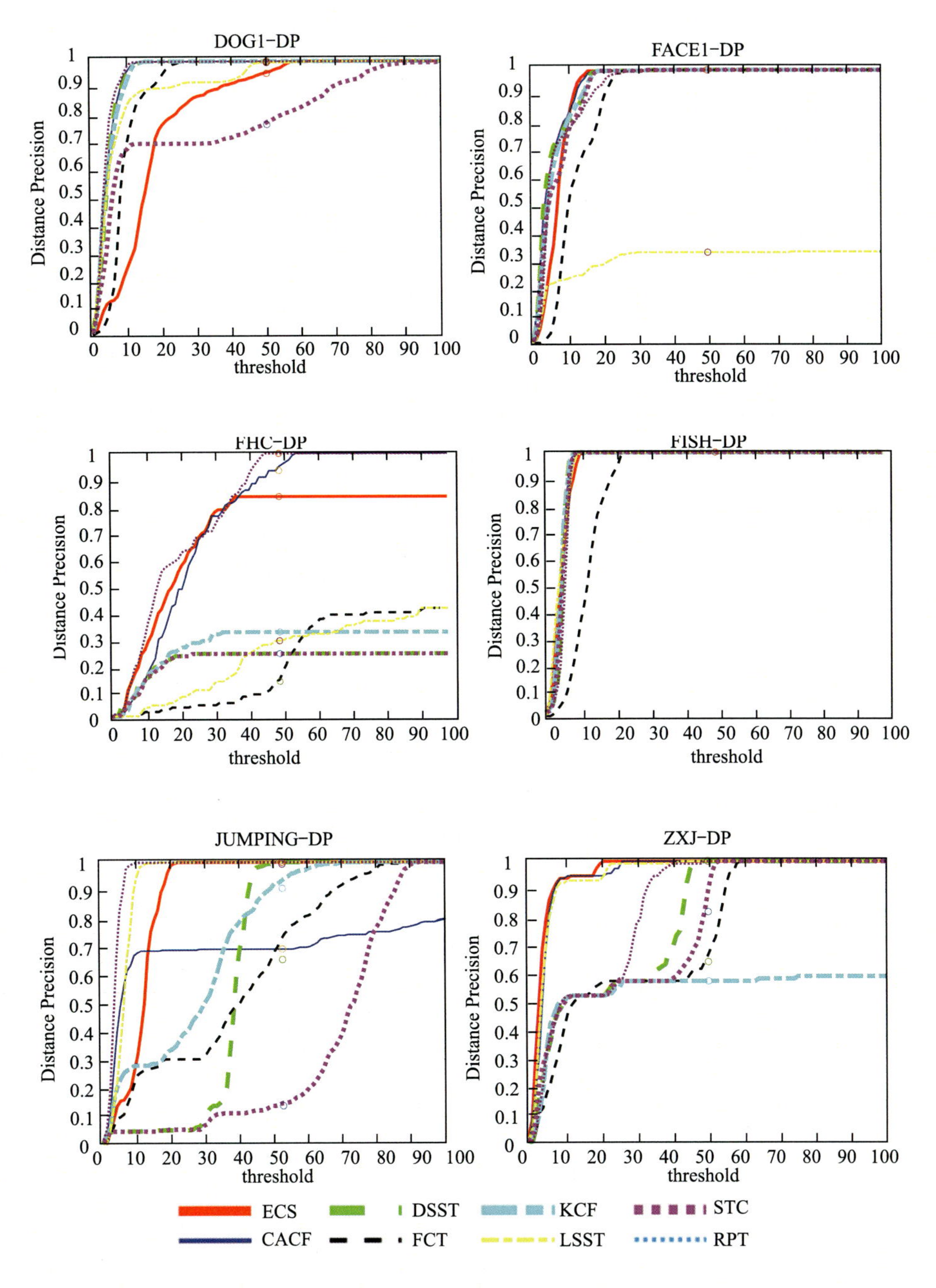
DOG1-DP
FACE1-DP
FHC-DP
FISH-DP
JUMPING-DP
ZXJ-DP
Distance Precision
threshold
ECS
DSST
KCF
STC
CACF
FCT
LSST
RPT

图5.8　跟踪精度图（续）

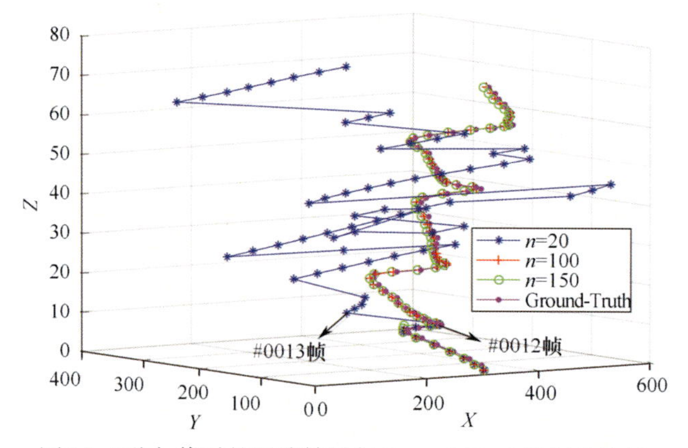


图6.8　不同$n$值时的跟踪结果与Ground-Truth坐标的比较

（a）FISH

（b）MAN

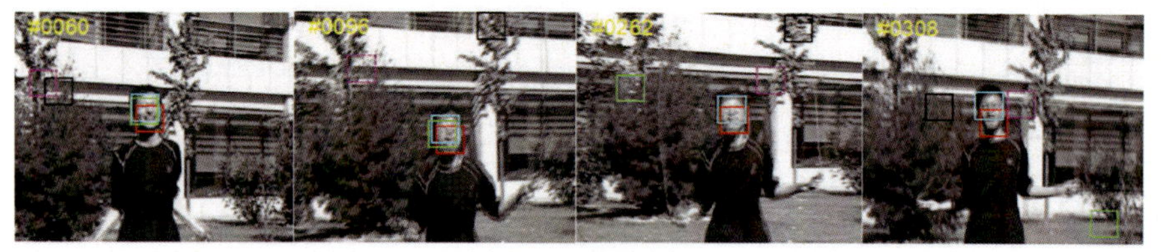

（c）JUMPING

（d）HUMAN7

图6.9　部分跟踪结果

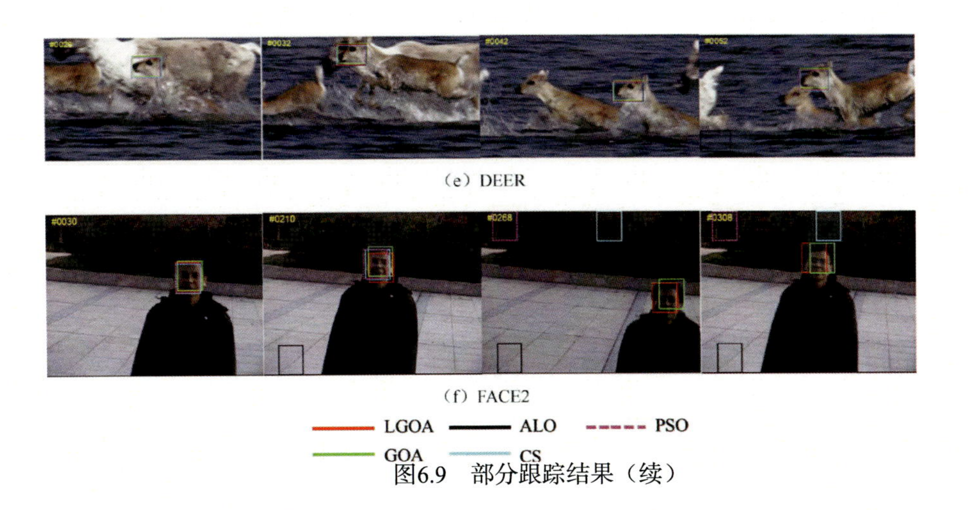


图6.9　部分跟踪结果（续）

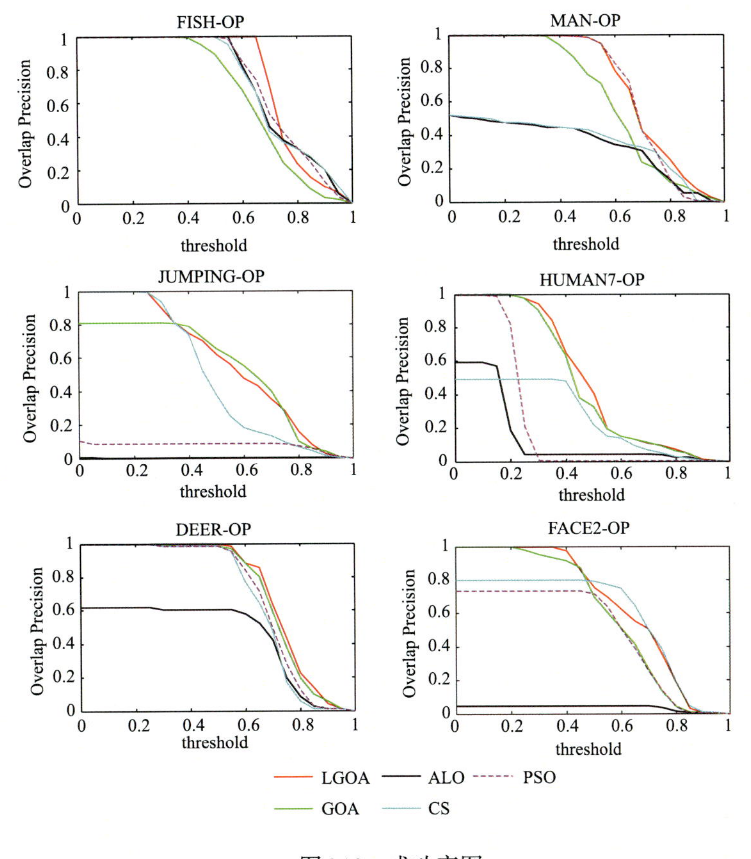


图6.10　成功率图

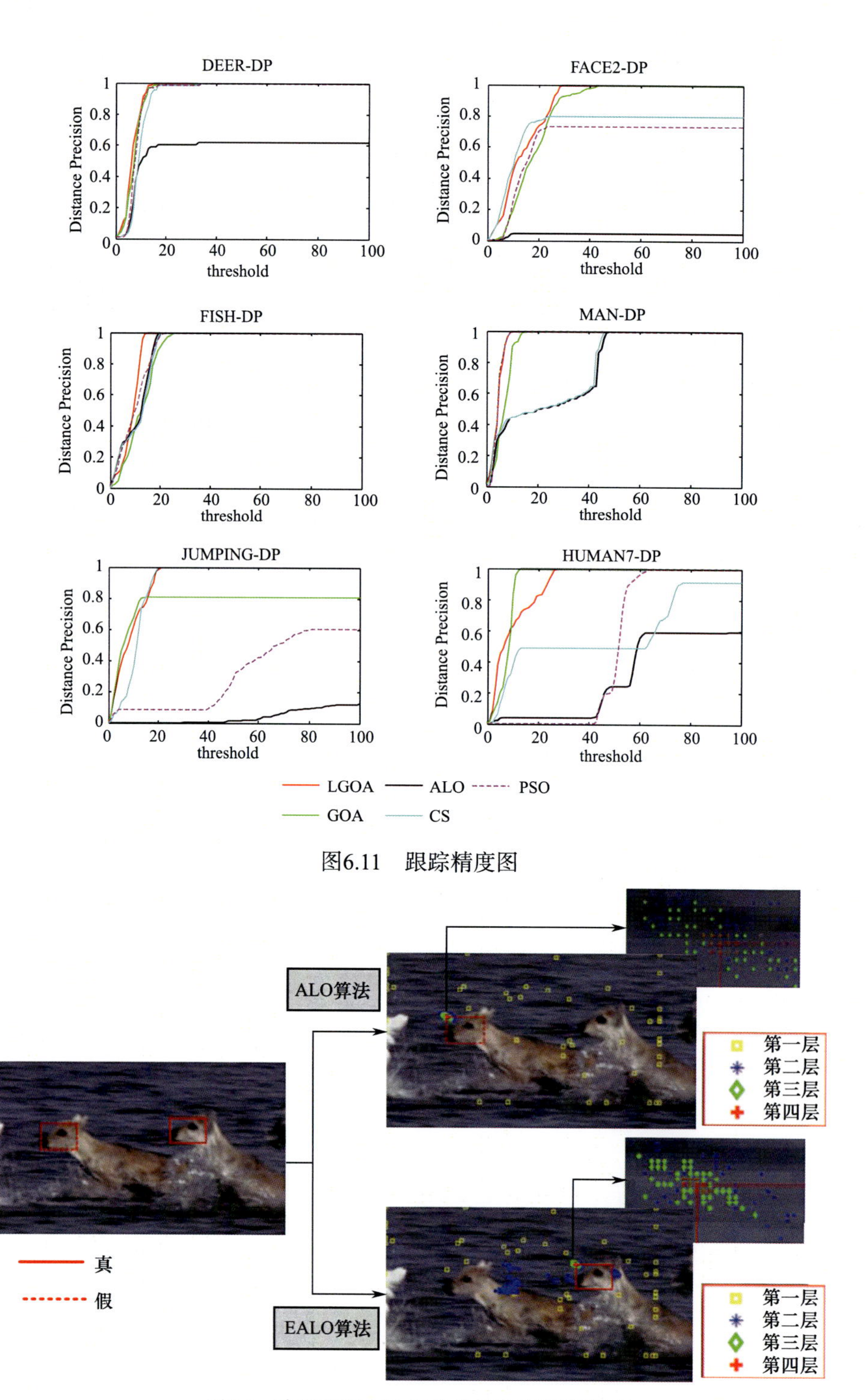


图6.11　跟踪精度图



图7.3　采用自适应边界收缩机制的跟踪结果

(a) MHYANG

(b) FZSH

(c) BOY

(d) HVMANT

(e) JVMPZNG

(f) DEER

(g) FACE1

图7.9　部分跟踪结果

图7.9　部分跟踪结果（续）

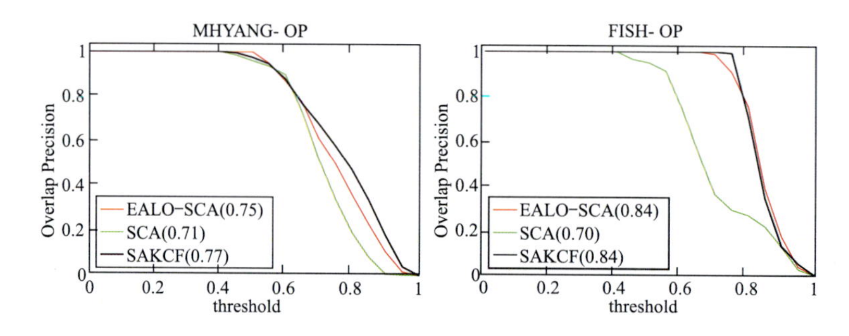


图7.10　跟踪精度图

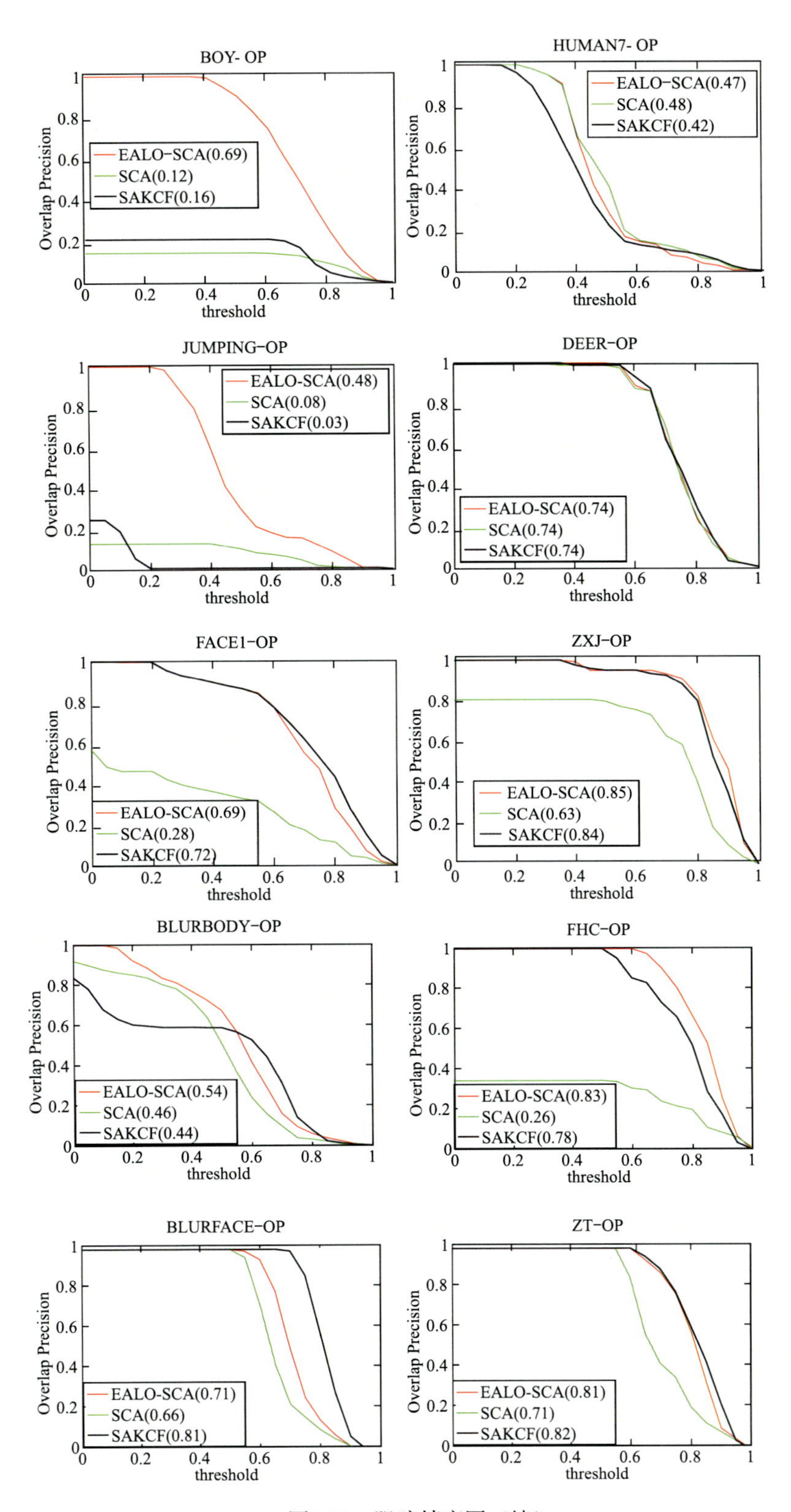
BOY- OP
EALO-SCA(0.69)
SCA(0.12)
SAKCF(0.16)
HUMAN7- OP
EALO-SCA(0.47)
SCA(0.48)
SAKCF(0.42)
JUMPING-OP
EALO-SCA(0.48)
SCA(0.08)
SAKCF(0.03)
DEER-OP
EALO-SCA(0.74)
SCA(0.74)
SAKCF(0.74)
FACE1-OP
EALO-SCA(0.69)
SCA(0.28)
SAKCF(0.72)
ZXJ-OP
EALO-SCA(0.85)
SCA(0.63)
SAKCF(0.84)
BLURBODY-OP
EALO-SCA(0.54)
SCA(0.46)
SAKCF(0.44)
FHC-OP
EALO-SCA(0.83)
SCA(0.26)
SAKCF(0.78)
BLURFACE-OP
EALO-SCA(0.71)
SCA(0.66)
SAKCF(0.81)
ZT-OP
EALO-SCA(0.81)
SCA(0.71)
SAKCF(0.82)
Overlap Precision
threshold

图7.10　跟踪精度图（续）

图7.11　小运动组的部分跟踪结果

图7.12　中运动组的部分跟踪结果

图7.13　大运动组的部分跟踪结果

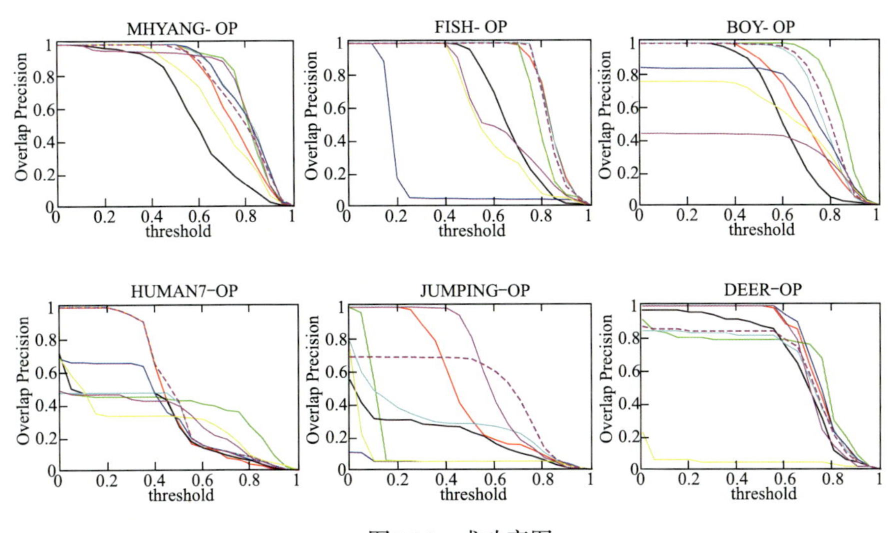


图7.14　成功率图

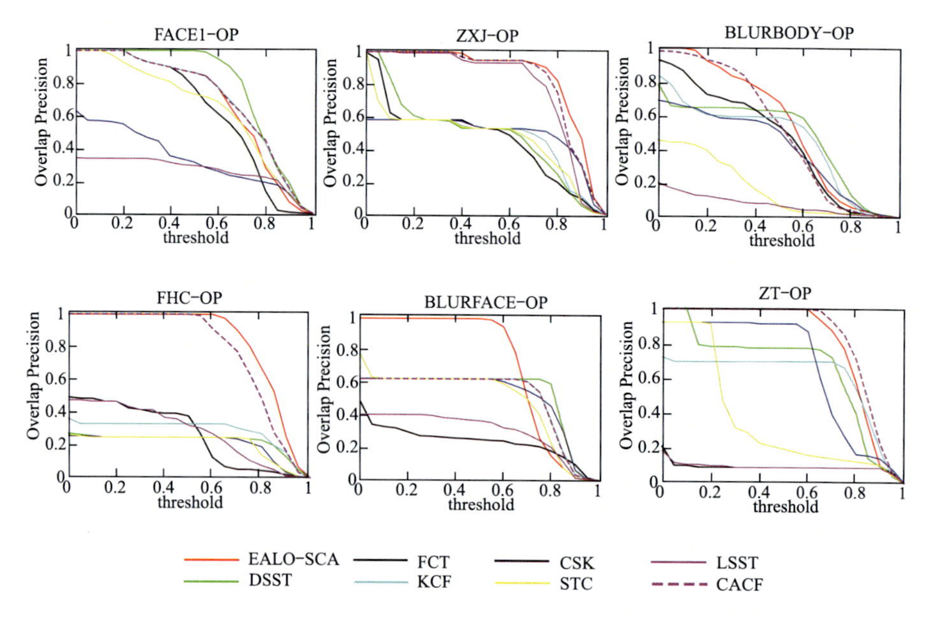


图7.14　成功率图（续）

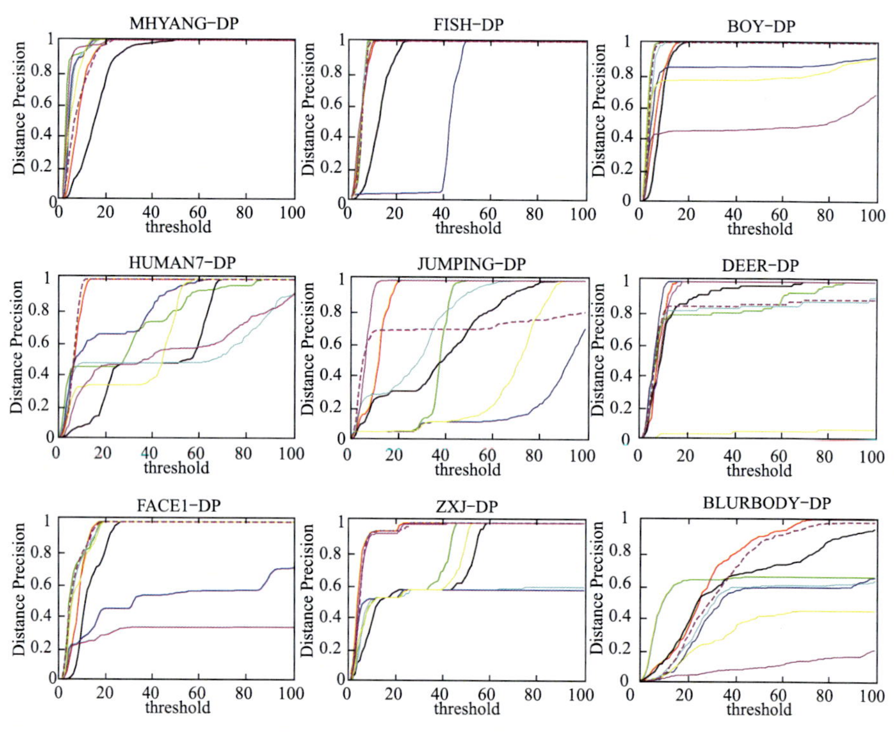


图7.15　跟踪精度图

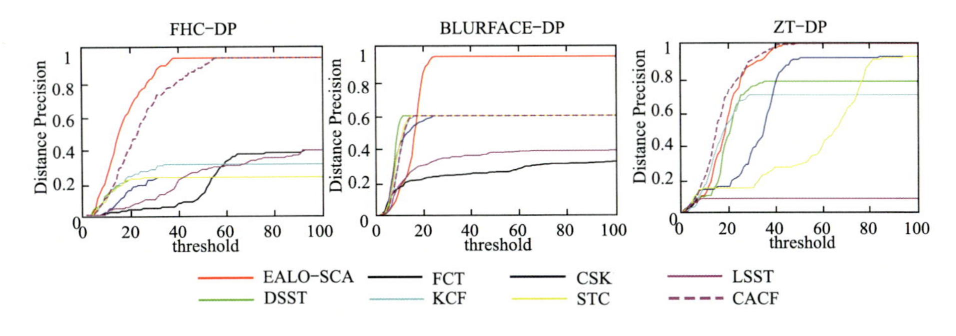


图7.15　跟踪精度图（续）

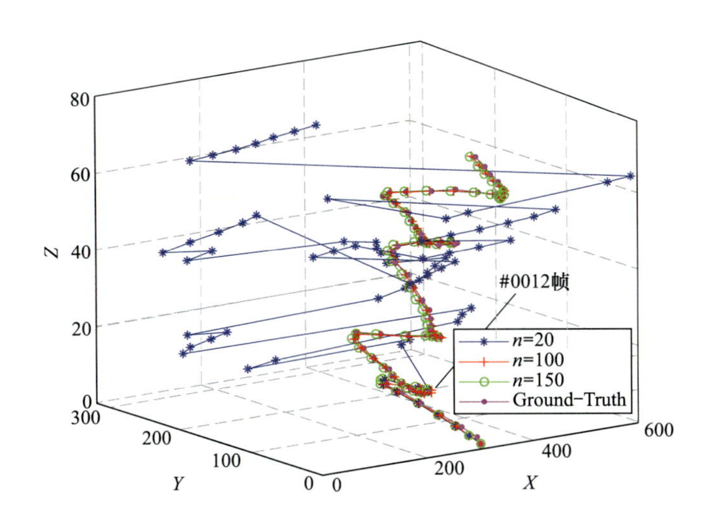


图8.5 不同$n$值时的跟踪结果与Ground-Truth进行对比

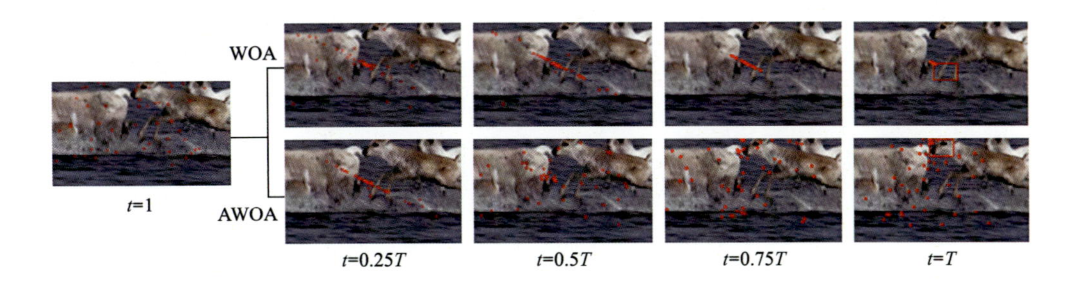


图8.6 AWOA算法和WOA算法的群体行为

（a）处理前

图8.7　部分跟踪结果

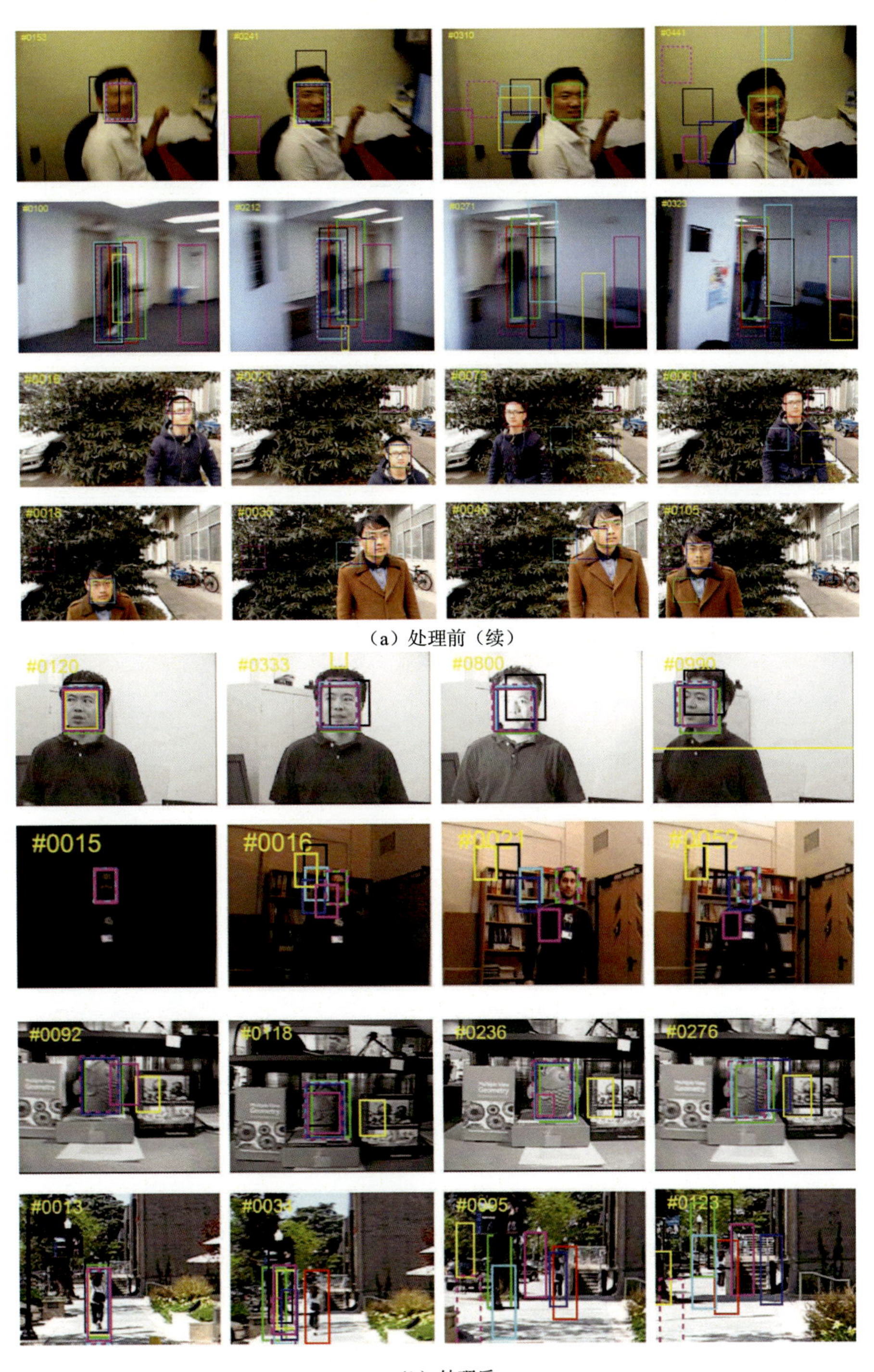


（a）处理前（续）

（b）处理后

图8.7　部分跟踪结果（续一）

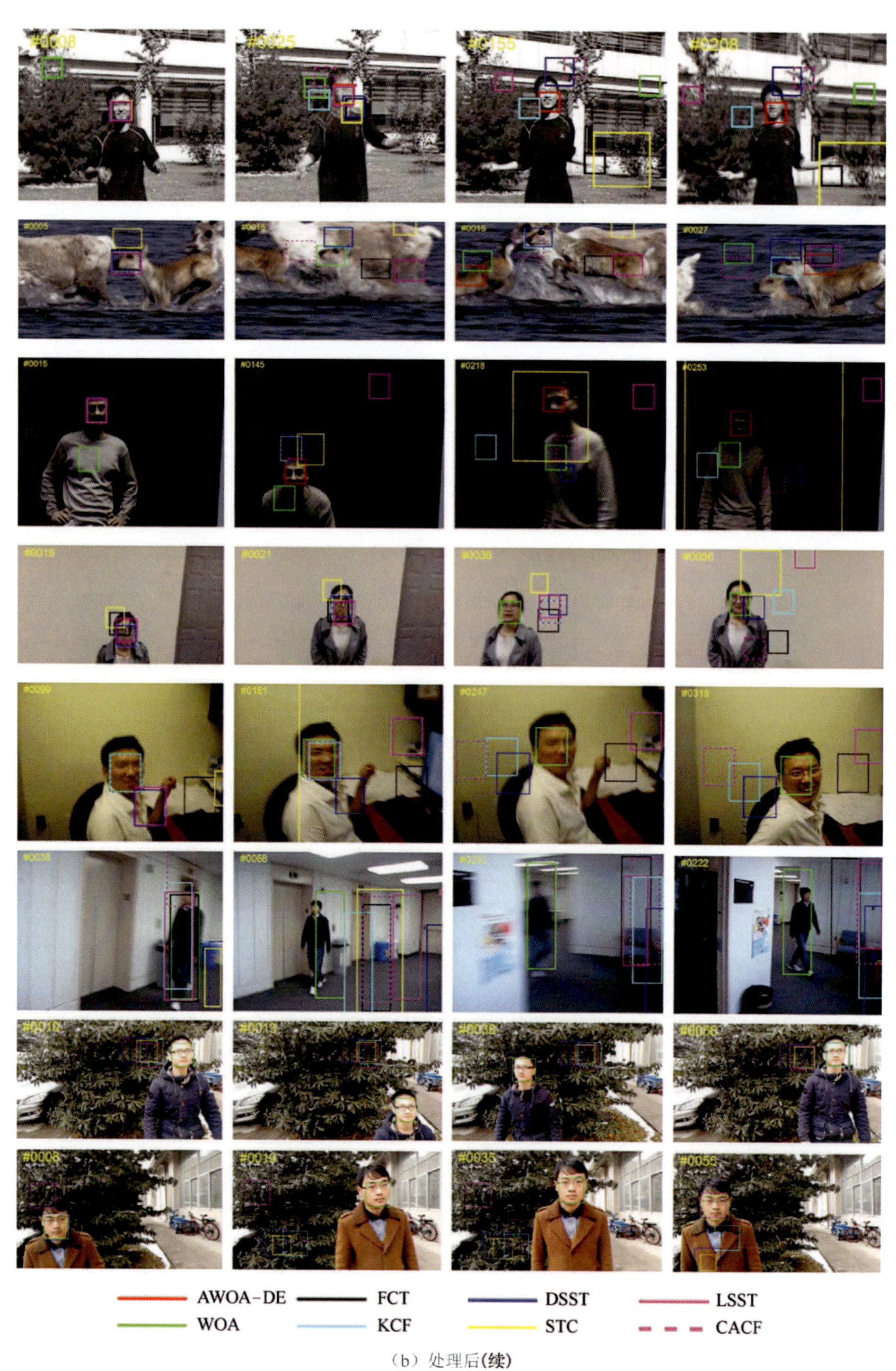


（b）处理后(续)

图8.7　部分跟踪结果（续二）

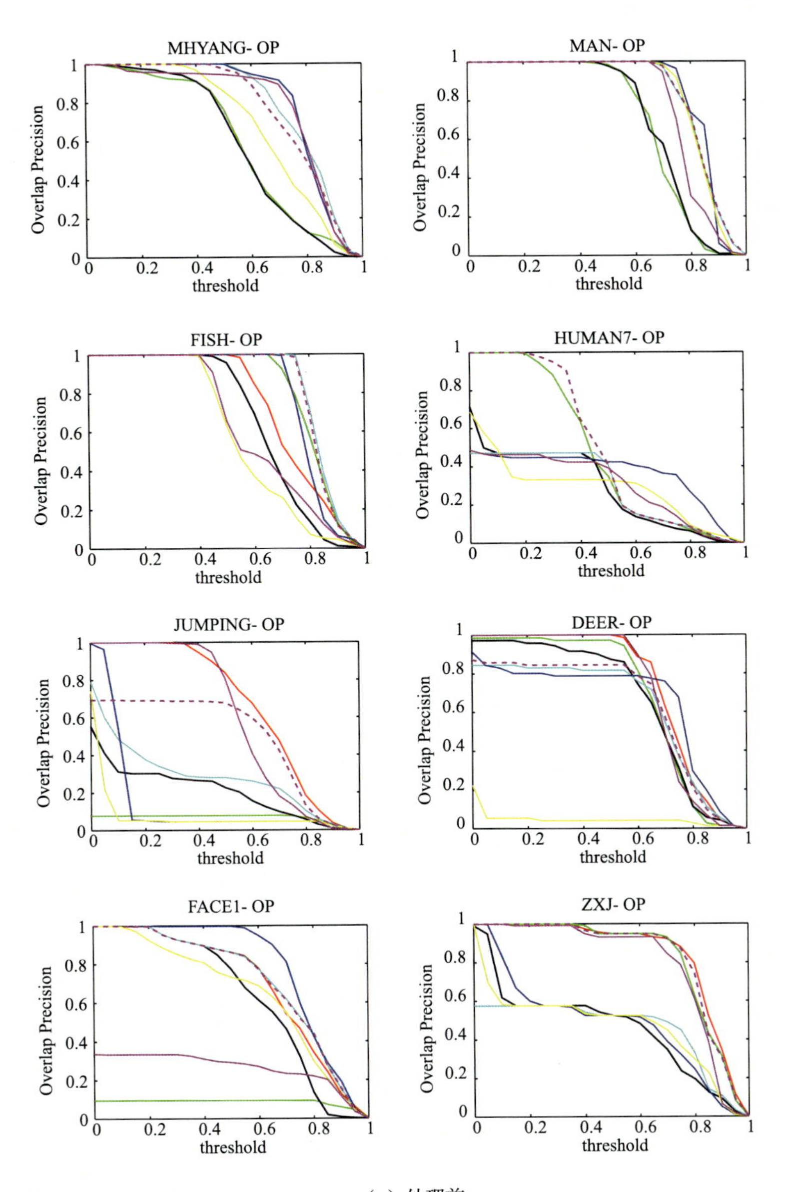


（a）处理前

图8.8　成功率图

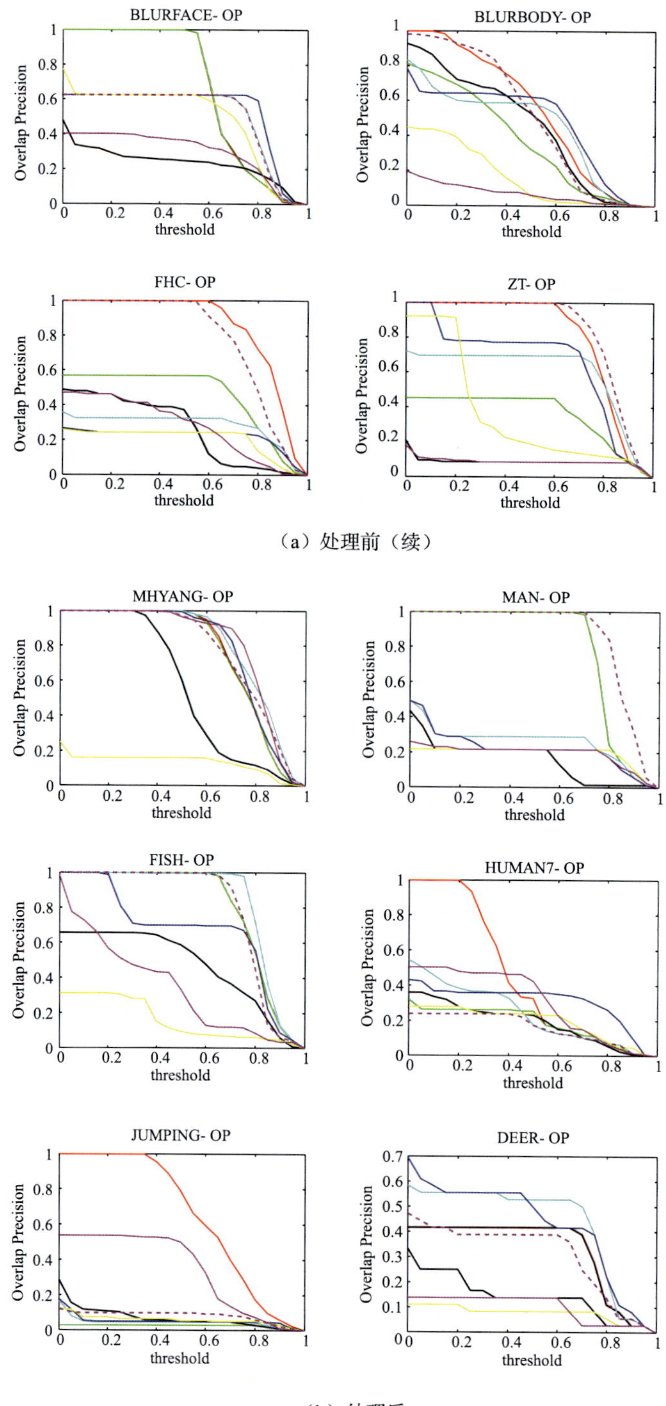


（a）处理前（续）

（b）处理后

图8.8　成功率图（续一）

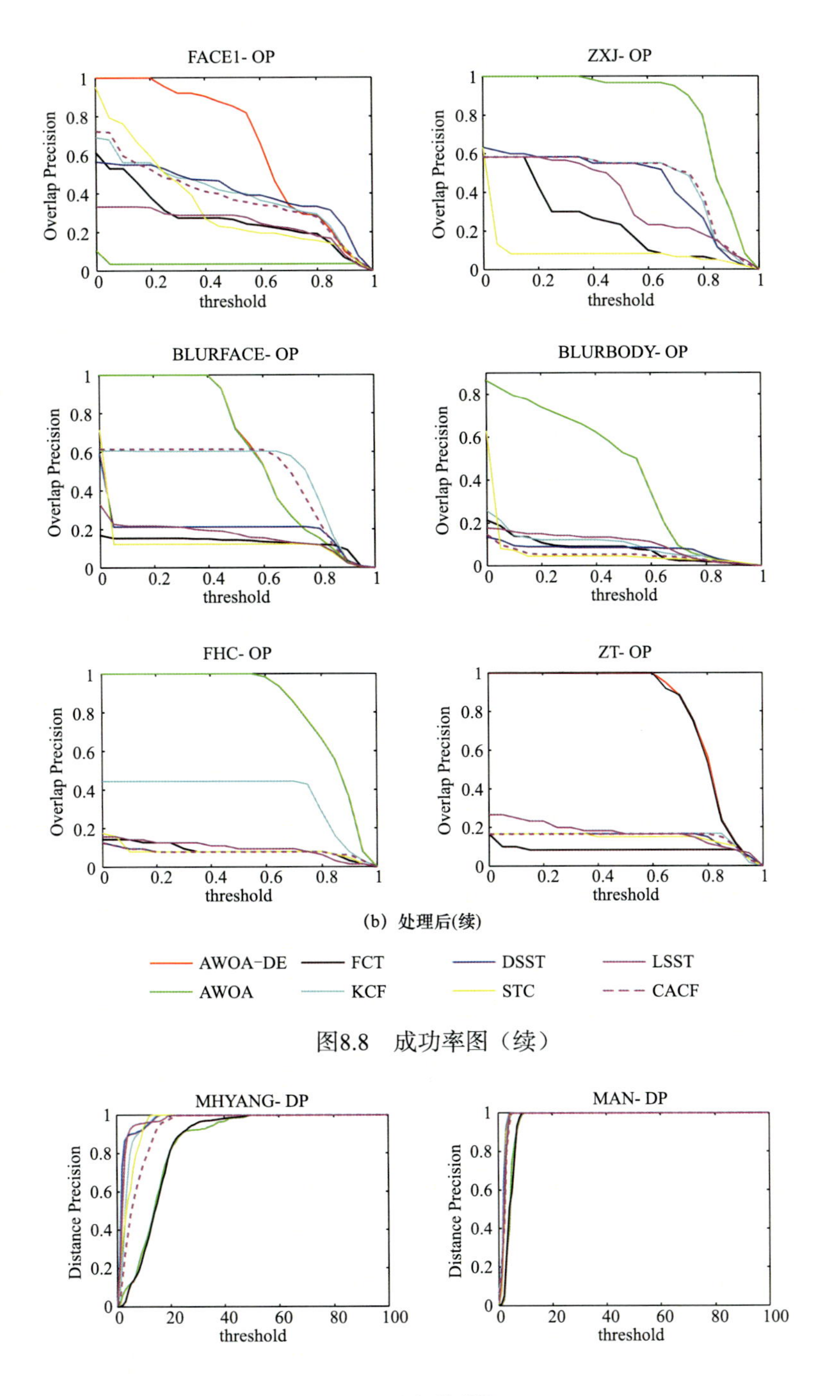


（b）处理后(续)

图8.8　成功率图（续）

（a）处理前

图8.9　跟踪精度图

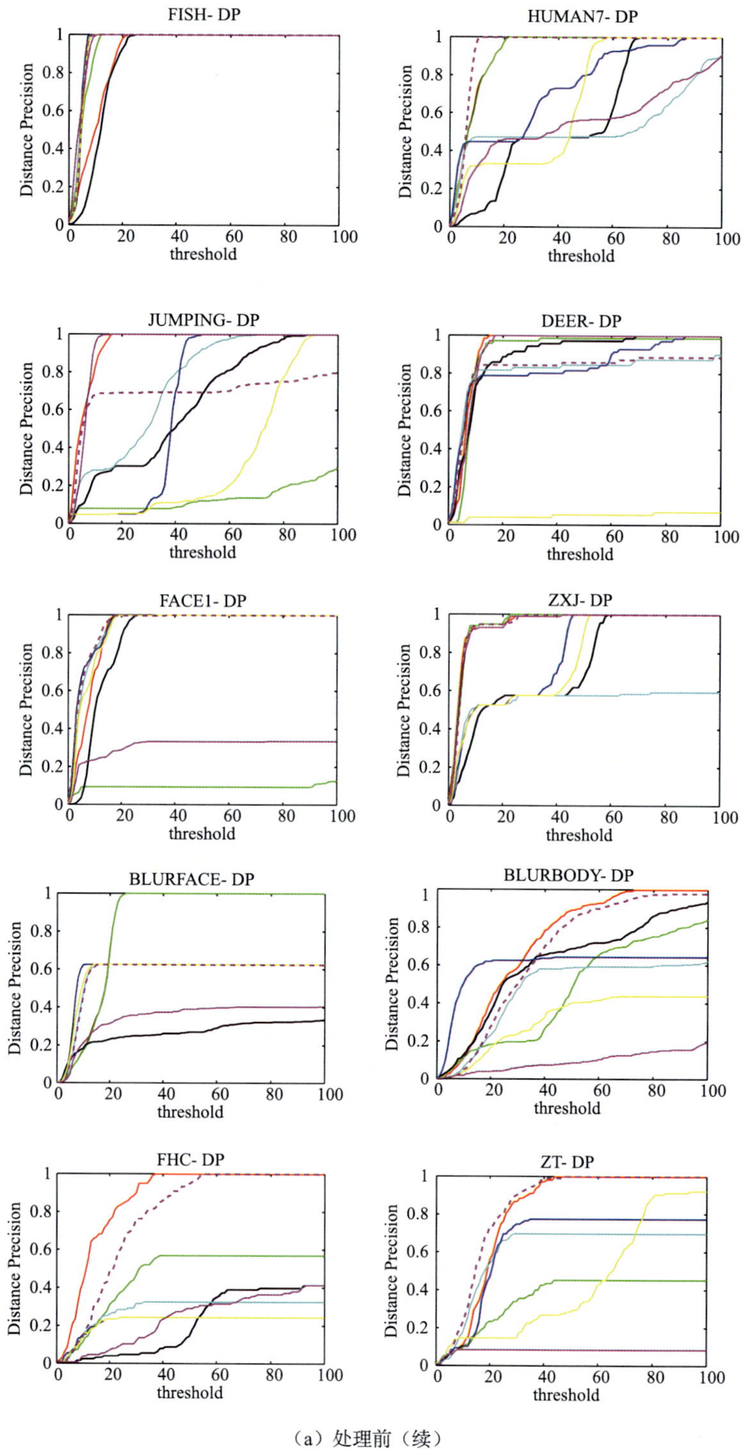


（a）处理前（续）

图8.9　跟踪精度图（续一）

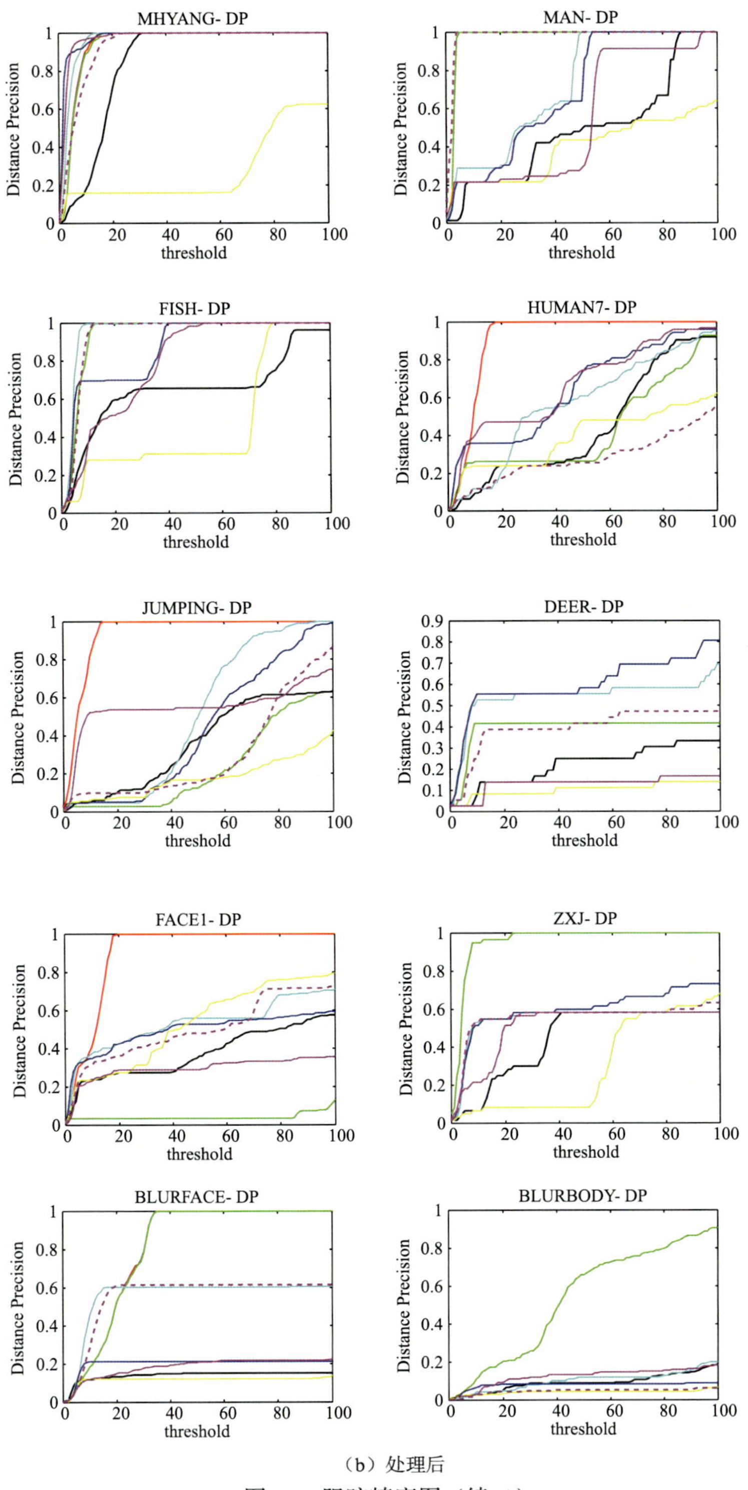


（b）处理后

图8.9　跟踪精度图（续二）

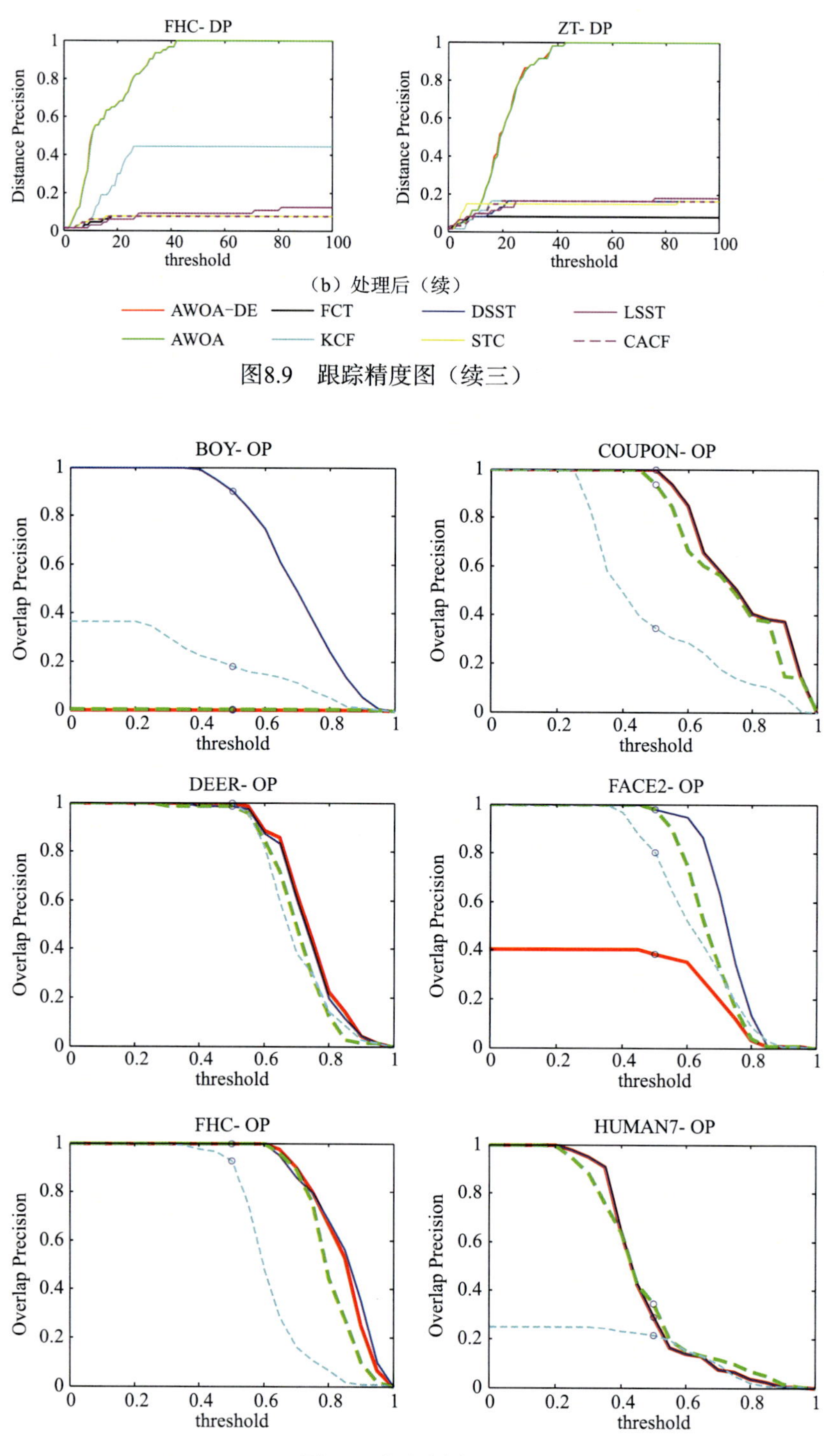


（b）处理后（续）

图8.9　跟踪精度图（续三）

图9.4　成功率图

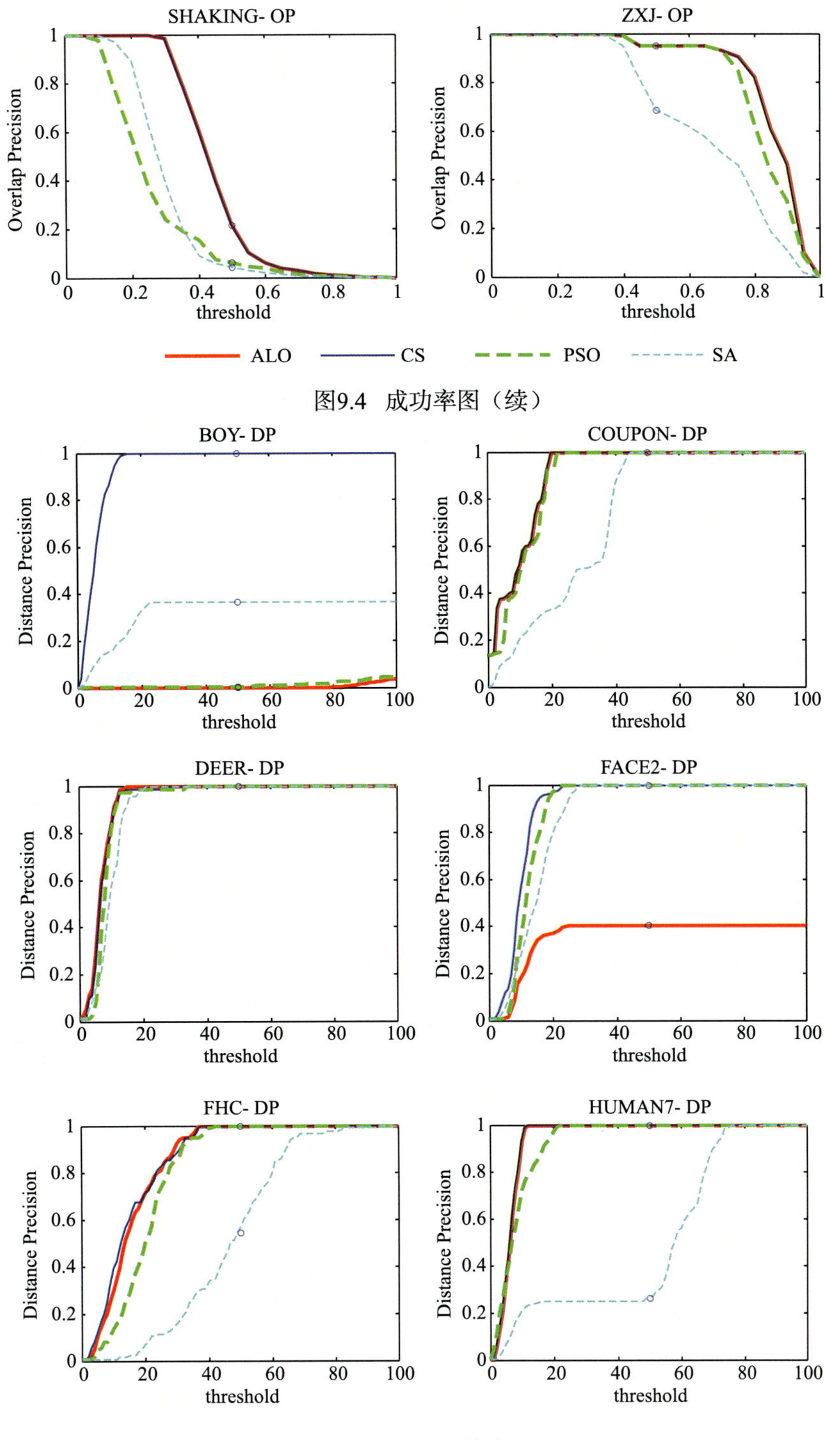


图9.4 成功率图（续）

图9.5 跟踪精度图

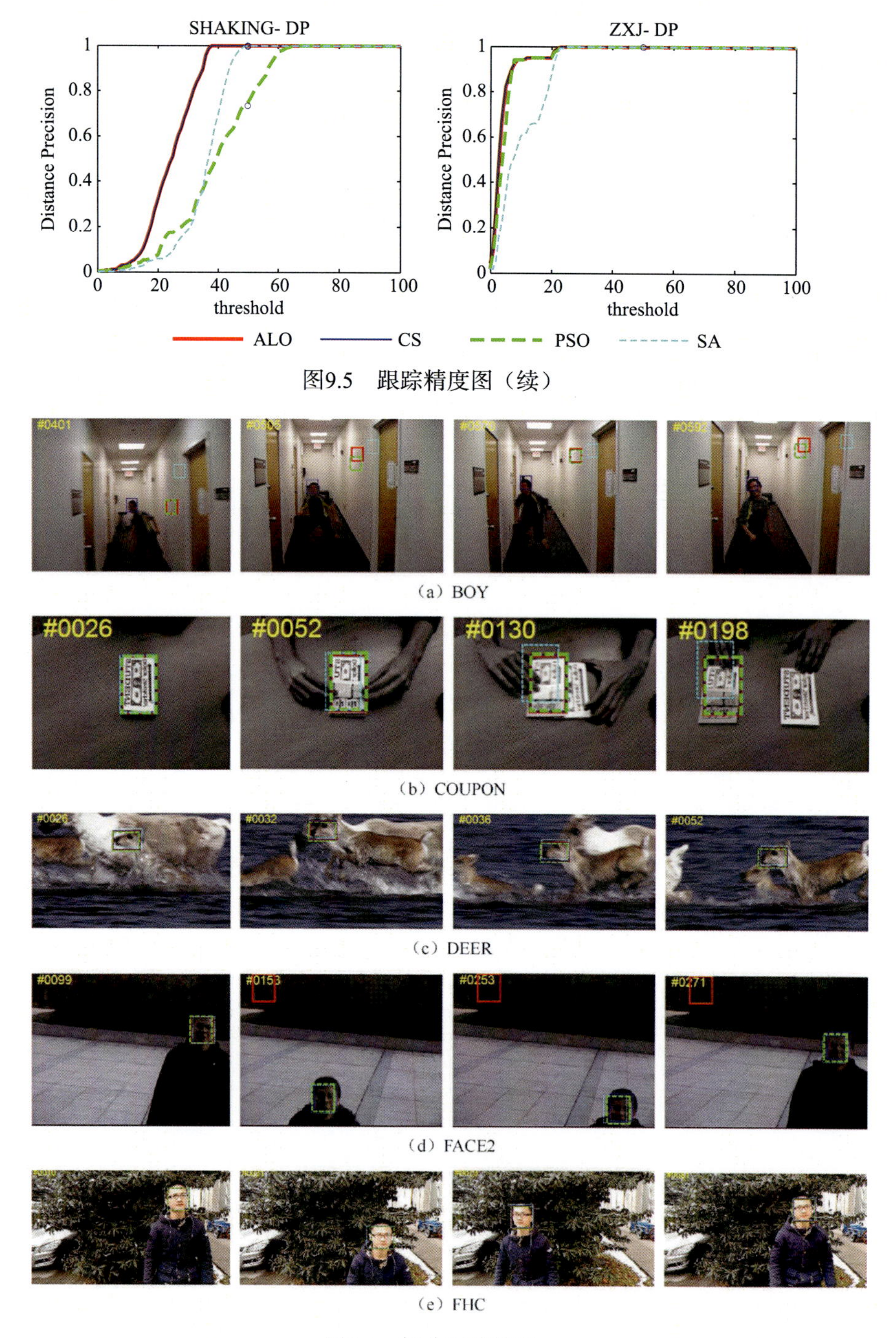


图9.5　跟踪精度图（续）

图9.6　部分跟踪结果

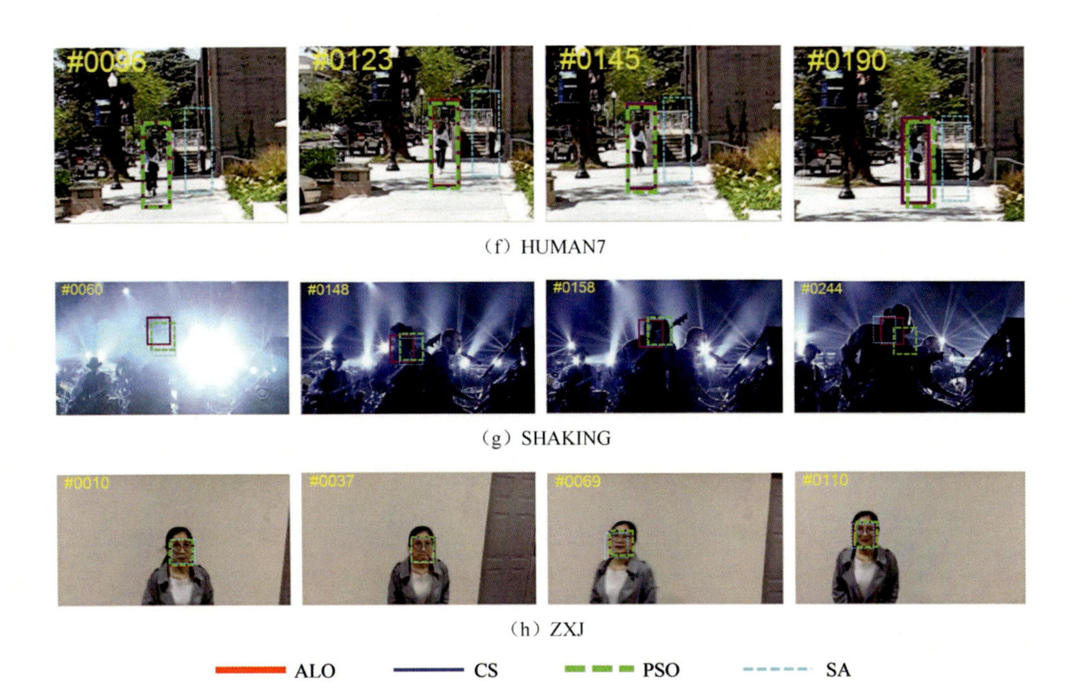


（f）HUMAN7

（g）SHAKING

（h）ZXJ

图9.6　部分跟踪结果（续）